全国高职高专"十二五"规划教材

新编计算机应用基础

（第二版）

主　编　陈星豪　何　媛

副主编　李　莉　伍江华　李　燕　李　倩

中国水利水电出版社
www.waterpub.com.cn

内 容 提 要

本书是根据教育部非计算机专业计算机基础课程教学指导分委员会最新制定的教学大纲、2013 年全国计算机等级考试调整后的考试大纲，并紧密结合高等学校非计算机专业培养目标和最新的计算机技术而编写的。

全书共分 8 章：计算机基础知识、Windows 7 操作系统、文字处理软件 Word 2010、电子表格软件 Excel 2010、计算机网络技术、演示文稿软件 PowerPoint 2010、数据库技术、网页（网站）设计，各章后配有习题，并提供一套综合习题。

本书内容新颖、结构合理、语言流畅、图文并茂、深入浅出、通俗易懂；突出能力培养，强调知识的实用性、完整性和可操作性。

本书配套有《新编计算机应用基础实训指导》（第二版），相关的实验内容、综合训练、常用工具软件的使用均在该书中有详细阐述。

本书可作为高等学校非计算机专业计算机基础教学用书，也可作为全国计算机等级考试一级参考用书和广大计算机爱好者的自学用书。

图书在版编目（ＣＩＰ）数据

新编计算机应用基础 / 陈星豪，何媛主编. -- 2版
. -- 北京：中国水利水电出版社，2014.8（2016.7 重印）
全国高职高专"十二五"规划教材
ISBN 978-7-5170-2289-3

Ⅰ. ①新… Ⅱ. ①陈… ②何… Ⅲ. ①电子计算机－
高等职业教育－教材 Ⅳ. ①TP3

中国版本图书馆CIP数据核字(2014)第160803号

策划编辑：石永峰　　　责任编辑：张玉玲　　　封面设计：李　佳

书　　名	全国高职高专"十二五"规划教材 **新编计算机应用基础（第二版）**	
作　　者	主　编　陈星豪　何　媛 副主编　李　莉　伍江华　李　燕　李　倩	
出版发行	中国水利水电出版社 （北京市海淀区玉渊潭南路 1 号 D 座　100038） 网址：www.waterpub.com.cn E-mail：mchannel@263.net（万水） 　　　　sales@waterpub.com.cn 电话：（010）68367658（发行部）、82562819（万水）	
经　　售	北京科水图书销售中心（零售） 电话：（010）88383994、63202643、68545874 全国各地新华书店和相关出版物销售网点	
排　　版	北京万水电子信息有限公司	
印　　刷	三河市鑫金马印装有限公司	
规　　格	184mm×260mm　16 开本　21 印张　530 千字	
版　　次	2012 年 8 月第 1 版　2012 年 8 月第 1 次印刷 2014 年 8 月第 2 版　2016 年 7 月第 3 次印刷	
印　　数	6001—8000 册	
定　　价	45.00 元	

第二版前言

随着计算机应用技术的迅猛发展,计算机的应用领域不断拓宽,计算机应用能力已经成为 21 世纪人才的必备素质。"计算机应用基础"是高等院校的公共基础课,也是各专业学习的必修课程和先修课程,担负着培养学生计算机应用能力的重任。

一直以来,高等职业教育强调职业能力的重要性,注重基础理论的实用性和技术理论的应用性,课程内容强调"应用性",教学过程注重"实践性"。因此,公共计算机课程的教学也应该以突出应用能力为主,使学生在掌握一定的计算机基础理论知识的同时,紧扣计算机应用能力培养这一主线。

本书编者都是高等职业院校多年从事计算机基础教学的一线教师,在教材内容的设计上,融入了学生在日常生活、学习和将来的工作中会遇到的典型实例,既涵盖了应知应会的知识和技能,也兼顾到学生的学习兴趣。

本书特点如下:

- 以项目化课程教学为模式,使学生在完成任务的过程中掌握知识、训练技能。
- 紧密结合计算机在日常生活工作中的典型应用、围绕计算机能力培养的目标设计教学内容和任务。
- 教材内容满足高职高专院校非计算机专业的教学要求,同时涵盖《全国高校计算机等级考试一级考试大纲》最新规定的内容。
- 与《新编计算机应用基础实训指导》(第二版)(黄俊蓉主编)配套,使理论与实践紧密配合,为计算机能力训练提供保证。

本书由陈星豪、何媛任主编,李莉、伍江华、李燕、李倩任副主编,第 1 章由陈星豪编写,第 2 章由黄俊蓉编写,第 3 章由许业进、陶国飞编写,第 4 章由伍江华、范燕侠编写,第 5 章由何媛编写,第 6 章由黄纬维、李莉编写,第 7 章由李燕编写,第 8 章由梁毅娟编写,综合习题由李倩收集整理。

由于编者水平有限,书中难免有不当之处,恳请广大读者批评指正!

编 者

2014 年 6 月

第一版前言

随着计算机应用技术的迅猛发展，计算机的应用领域不断拓宽，计算机应用能力已经成为 21 世纪人才必备素质。计算机应用基础是高等院校公共基础课，也是各专业学习的必修课程和先修课程，担负着培养学生计算机应用能力的重任。

一直以来，高等职业教育强调职业能力的重要性，注重基础理论的实用性和技术理论的应用性，课程内容强调"应用性"，教学过程注重"实践性"。因此，公共计算机课程的教学也应该以突出应用能力为主，使学生在掌握一定的计算机基础理论知识的同时，紧扣计算机应用能力培养这一主线。

本书的编者都是高等职业院校多年从事计算机基础教学的一线教师，在教材内容的设计时，融入了学生在日常学习、生活和将来工作中的许多典型实例，既涵盖了应知应会的知识和技能，也兼顾到学生的学习兴趣。本书有以下特点：

（1）以项目化课程教学作为教学模式，学生在完成任务的过程中掌握知识、训练技能。

（2）紧密结合计算机在日常生活工作中的典型应用、围绕计算机能力的培养为目标来设计教学内容和任务。

（3）与配套的《计算机应用基础实训指导》（陈星豪 尧有平主编）同期出版，丰富的实例与教学内容相互配合，为学生计算机能力的训练提供了保证。

（4）教材内容符合高职高专非计算机专业的教学要求，也涵盖了《全国高校计算机等级考试（一级考试）大纲》规定的内容，具有一定的针对性，可作为计算机一级考试备考用书。

本书由李士丹、尧有平担任主编。模块一和模块二由李士丹编写，模块三由尧有平和梁球共同编写，模块四由尧有平和许业进共同编写，模块五由何媛编写，模块六由黄纬维编写，模块七由莫小群编写，模块八由李倩编写，模块九由唐伟萍编写，习题和历年考题由李莉收集整理。

限于编者水平，书中难免不当之处，敬请读者不吝批评指正！

编 者
2012 年 6 月

目 录

第二版前言

第一版前言

第1章 计算机基础知识 ················ 1

1.1 计算机的产生与发展趋势 ············· 1

　1.1.1 计算机的产生 ················· 1

　1.1.2 计算机的发展 ················· 3

　1.1.3 计算机的发展趋势 ············· 5

　1.1.4 计算机的分类 ················· 6

1.2 计算机的特点和应用 ··············· 8

　1.2.1 计算机的特点 ················· 8

　1.2.2 计算机的应用 ················· 9

1.3 信息在计算机内部的表示与存储 ······ 11

　1.3.1 数制的概念 ················· 11

　1.3.2 数制转换 ··················· 12

　1.3.3 计算机中的编码 ············· 16

1.4 计算机安全常识 ················· 24

　1.4.1 计算机的硬件安全 ··········· 24

　1.4.2 计算机的软件安全 ··········· 25

　1.4.3 计算机病毒的分类 ··········· 27

　1.4.4 计算机病毒的发展趋势 ······· 29

　1.4.5 计算机病毒的剖析和实用防范方法 ·· 30

　1.4.6 计算机安全技术 ············· 31

习题1 ······························ 32

参考答案 ··························· 35

第2章 Windows 7 操作系统 ·········· 36

2.1 操作系统概述 ··················· 36

　2.1.1 操作系统的概念 ············· 36

　2.1.2 操作系统的功能 ············· 36

　2.1.3 操作系统的分类及主要特性 ···· 39

　2.1.4 常用操作系统介绍 ··········· 41

2.2 Windows 7 操作系统简介 ········· 43

　2.2.1 Windows 7 的版本和功能特色 ·· 43

　2.2.2 Windows 7 的运行要求和运行界面 ·· 44

2.3 Windows 7 的启动与退出 ········· 45

　2.3.1 Windows 7 的启动 ··········· 45

　2.3.2 Windows 7 的退出 ··········· 46

2.4 Windows 7 的基本概念和基本操作 ··· 48

　2.4.1 Windows 7 桌面的组成 ······· 48

　2.4.2 鼠标的基本操作 ············· 50

　2.4.3 键盘的基本操作 ············· 52

　2.4.4 Windows 7 桌面的基本操作 ···· 52

　2.4.5 "开始"菜单简介 ··········· 53

　2.4.6 "任务栏"的基本操作 ······· 55

2.5 Windows 7 的窗口及操作 ········· 61

　2.5.1 窗口的类型和组成 ··········· 61

　2.5.2 窗口的操作 ················· 64

2.6 "计算机"与"资源管理器" ······· 66

2.7 Windows 7 的文件管理 ··········· 70

　2.7.1 文件（夹）和路径 ··········· 70

　2.7.2 文件管理 ··················· 72

　2.7.3 "回收站"管理 ············· 75

　2.7.4 "库"及其使用 ············· 76

2.8 Windows 7 的磁盘管理 ··········· 78

　2.8.1 格式化磁盘 ················· 78

　2.8.2 查看磁盘的属性 ············· 79

　2.8.3 磁盘清理程序 ··············· 79

　2.8.4 磁盘碎片整理程序 ··········· 80

2.9 Windows 7 附件中的常用程序 ····· 81

　2.9.1 媒体播放器 ················· 81

　2.9.2 计算器 ····················· 82

　2.9.3 记事本和写字板 ············· 83

　2.9.4 画图 ······················· 85

2.10　任务管理器和控制面板 ·············· 86
　2.10.1　任务管理器 ················· 86
　2.10.2　控制面板 ················· 87
习题 2 ························· 88
参考答案 ······················ 93

第 3 章　文字处理软件 Word 2010 ··········· 95
3.1　Word 2010 的基本操作 ··········· 95
　3.1.1　打开文档 ················· 95
　3.1.2　新建文档 ················· 95
　3.1.3　保存文档 ················· 97
　3.1.4　文档的保护 ··············· 98
　3.1.5　关闭文档 ················· 99
3.2　Word 文档内容的录入与编辑 ······· 99
　3.2.1　插入点位置的确定 ········· 99
　3.2.2　文字的录入 ·············· 100
　3.2.3　编辑文档 ················ 102
3.3　页面设置与文档排版 ············ 107
　3.3.1　页面设置 ················ 107
　3.3.2　分页与分节 ·············· 109
　3.3.3　文档排版 ················ 112
　3.3.4　打印预览与打印 ·········· 117
3.4　Word 的图文混排 ·············· 118
　3.4.1　插入图片 ················ 119
　3.4.2　插入剪贴画 ·············· 119
　3.4.3　图片的格式化 ············ 120
　3.4.4　绘制图形 ················ 123
　3.4.5　插入 SmartArt 图形 ······· 125
　3.4.6　艺术字的使用 ············ 126
3.5　Word 的表格制作 ·············· 127
　3.5.1　创建和删除表格 ·········· 127
　3.5.2　编辑表格 ················ 129
　3.5.3　设置表格的格式 ·········· 131
　3.5.4　表格的排序与计算 ········ 132
3.6　Word 的高级功能 ·············· 133
习题 3 ························ 134
参考答案 ····················· 138
第 4 章　电子表格软件 Excel 2010 ········· 139

4.1　Excel 2010 的基本概念 ·········· 139
　4.1.1　认识 Excel 2010 的工作界面 ······· 139
　4.1.2　认识工作簿、工作表和单元格 ···· 140
4.2　Excel 工作簿的基本操作 ········· 141
　4.2.1　Excel 2010 的启动和退出 ······· 141
　4.2.2　新建工作簿 ·············· 142
　4.2.3　保存工作簿 ·············· 142
　4.2.4　关闭工作簿 ·············· 143
　4.2.5　打开已有的工作簿 ········ 144
4.3　工作表的建立与格式化 ·········· 144
　4.3.1　工作表的基本操作 ········ 144
　4.3.2　在工作表中输入数据 ······ 150
4.4　单元格的基本操作和格式化 ······ 157
　4.4.1　单元格的选取、插入、合并与拆分 · 157
　4.4.2　单元格的复制与移动、删除与清除 · 159
　4.4.3　单元格的列宽和行高的调整 ·· 160
　4.4.4　隐藏和显示行与列 ········ 161
　4.4.5　单元格的格式化 ·········· 163
4.5　数据计算 ···················· 166
　4.5.1　公式的应用 ·············· 166
　4.5.2　单元格的相对引用与绝对引用 ···· 167
　4.5.3　函数的应用 ·············· 169
4.6　数据的图表化应用 ············· 172
　4.6.1　创建数据图表 ············ 172
　4.6.2　编辑数据图表 ············ 174
4.7　数据的管理 ·················· 178
　4.7.1　数据的排序 ·············· 180
　4.7.2　数据的筛选 ·············· 181
　4.7.3　分类汇总 ················ 184
4.8　数据表的打印 ················· 185
　4.8.1　工作表的页面设置 ········ 185
　4.8.2　工作表的预览与打印 ······ 186
习题 4 ························ 188
第 5 章　计算机网络技术 ··············· 189
5.1　计算机网络的基本概念 ·········· 189
　5.1.1　计算机网络的定义、分类、组成
　　　　　和功能 ················· 189

5.1.2 计算机网络的拓扑结构和传输介质 194

5.1.3 了解计算机网络协议 ……………… 197

5.1.4 了解局域网的基本概念 …………… 197

5.2 Internet 及其应用 …………………… 198

5.2.1 Internet 的概念 …………………… 198

5.2.2 IP 地址与域名地址 ……………… 199

5.2.3 Internet 的基本服务 ……………… 200

5.2.4 Internet 的应用 …………………… 202

5.3 网络信息获取 ………………………… 210

5.3.1 信息概述 …………………………… 210

5.3.2 网络信息资源检索 ………………… 210

5.4 信息安全与计算机病毒防治 ………… 212

5.4.1 计算机信息安全的重要性 ………… 212

5.4.2 计算机信息安全技术 ……………… 214

5.4.3 计算机信息安全法规 ……………… 215

5.4.4 计算机病毒的特点、分类和防治 … 216

习题 5 ……………………………………… 218

第 6 章 演示文稿软件 PowerPoint 2010 …… 221

6.1 PowerPoint 概述 ……………………… 221

6.1.1 PowerPoint 的基本功能、特点
和主要用途 ………………………… 221

6.1.2 PowerPoint 的操作界面 …………… 222

6.2 演示文稿的基本操作 ………………… 223

6.2.1 演示文稿的创建与保存 …………… 223

6.2.2 演示文稿的编辑 …………………… 227

6.3 演示文稿的修饰 ……………………… 235

6.3.1 模板的使用 ………………………… 235

6.3.2 幻灯片母版 ………………………… 238

6.4 幻灯片的放映 ………………………… 239

6.4.1 设置动画效果 ……………………… 239

6.4.2 设置幻灯片切换效果 ……………… 241

6.4.3 放映幻灯片 ………………………… 243

6.5 多媒体技术及应用 …………………… 246

6.5.1 多媒体的基本概念 ………………… 246

6.5.2 音频信息处理 ……………………… 248

6.5.3 图形和图像信息处理基础知识 …… 251

6.5.4 视频信息处理基础知识 …………… 253

习题 6 ……………………………………… 256

第 7 章 数据库技术 ……………………… 257

7.1 数据库概述 …………………………… 257

7.1.1 数据库的相关概念 ………………… 257

7.1.2 数据库系统的特点和数据管理
技术的发展 ………………………… 257

7.1.3 数据模型和数据库分类 …………… 258

7.2 Access 的基本操作 …………………… 259

7.2.1 创建 Access 数据库 ……………… 259

7.2.2 创建表 ……………………………… 261

7.2.3 修改表的结构 ……………………… 266

7.3 表的数据操作 ………………………… 267

7.3.1 添加记录 …………………………… 267

7.3.2 编辑记录 …………………………… 267

7.3.3 保存数据 …………………………… 268

7.3.4 记录的排序和筛选 ………………… 268

7.4 表文件的操作及表间关系 …………… 269

7.4.1 表文件的操作 ……………………… 269

7.4.2 表与表之间的关系 ………………… 270

7.5 查询 …………………………………… 271

7.5.1 查询的分类 ………………………… 271

7.5.2 查询的创建 ………………………… 271

7.6 报表 …………………………………… 275

7.7 窗体 …………………………………… 276

7.7.1 窗体及其类型 ……………………… 276

7.7.2 创建窗体 …………………………… 277

习题 7 ……………………………………… 278

第 8 章 网页（网站）设计 ……………… 279

8.1 认识网页设计 ………………………… 279

8.1.1 网页的组成元素 …………………… 279

8.1.2 网页的设计理念 …………………… 280

8.1.3 优化规划网站结构 ………………… 281

8.1.4 网页的色彩搭配 …………………… 282

8.1.5 网页设计软件 Dreamweaver CS5 … 282

8.2 制作网页 ……………………………… 283

8.2.1 新建站点 …………………………… 283

8.2.2 设计网页布局 ……………………… 287

    8.2.3　添加网页元素 ……………… 290
    8.2.4　创建超级链接 ……………… 296
8.3　发布网站 ………………………… 299
    8.3.1　申请网站空间 ……………… 299
    8.3.2　发布网站 …………………… 300

习题 8 ………………………………… 302
综合习题 ………………………………… 304
    总汇习题集 ……………………… 304
    参考答案 ………………………… 327

第 1 章　计算机基础知识

计算机的发明是人类文明史上一件具有划时代意义的大事，计算机的应用现今已渗透到人们生活的各个方面，由此人们与计算机息息相关。

本章将介绍计算机的产生、发展、特点与应用，信息（数据）在计算机中的表示方法，以及计算机的安全常识。

1.1　计算机的产生与发展趋势

计算机的应用已经渗透到各个领域，成为人们工作、生活、学习不可或缺的重要组成部分，并由此形成了独特的计算机文化和计算机思维。计算机文化和思维作为当今最具活力的一种崭新的文化形态和思维过程，加快了人类社会前进的步伐，其所产生的思想观念、所带来的物质基础以及计算机文化教育的普及推动了人类社会的进步和发展。

1.1.1　计算机的产生

自从人类文明形成，人类就不断地追求先进的计算工具。早在古代，人们就为了计数和计算发明了算筹、算盘等，如图 1-1 所示。

图 1-1　算筹与算盘

17 世纪 30 年代，英国人威廉·奥特瑞发明了计算尺，如图 1-2 所示；法国数学家布莱斯·帕斯卡于 1642 年发明了机械计算器（如图 1-3 所示），机械计算器用纯粹的机械代替了人的思考和记录，标志着人类已开始向自动计算工具领域迈进。

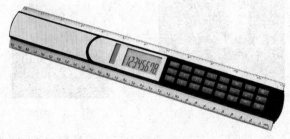

骨片计算尺　　　　　　　　　　　　　现代计算尺

图 1-2　计算尺

机械计算器在程序自动控制、系统结构、输入输出和存储等方面为现代计算机的产生奠定了技术基础。

图 1-3　帕斯卡的机械计算器

19 世纪初，英国人查尔斯设计了差分机和分析机（如图 1-4 所示），设计的理论与现在的电子计算机理论类似。

图 1-4　差分机和分析机

1854 年，英国逻辑学家、数学家乔治·布尔（George Boole，如图 1-5 所示）设计了一套符号，表示逻辑理论中的基本概念，并规定了运算法则，把形式逻辑归结成一种代数运算，从而建立了逻辑代数，应用逻辑代数可以从理论上解决具有两种电状态的电子管作为计算机逻辑元件的问题，为现代计算机采用二进制奠定了理论基础。

1936 年，英国数学家阿兰·麦席森·图灵（Alan Mathison Turing，如图 1-6 所示）发表的论文《论可计算数及其在判定问题上的应用》给出了现代电子数字计算机的数学模型，从理论上论证了通用计算机产生的可能性。

1945 年 6 月，美籍匈牙利数学家约翰·冯·诺依曼（John Von Neumann，如图 1-7 所示）首先提出了计算机中的"存储程序"概念，奠定了现代计算机的结构理论。

图 1-5　乔治·布尔　　　　　图 1-6　图灵　　　　　图 1-7　约翰·冯·诺依曼

1946 年，世界上第一台通用电子数字计算机 ENIAC（Electronic Numerical Integrator And Calculator）在美国宾夕法尼亚大学研制成功。ENIAC 的研制成功，是计算机发展史上的一座里程碑。该计算机最初是为了分析和计算炮弹的弹道轨迹而研制的。

在 ENIAC 内部，总共安装了 17468 个电子管、7200 个二极管、70000 多个电阻器、10000 多个电容器和 6000 个继电器，电路的焊接点多达 50 万个；在机器表面，则布满电表、电线和指示灯。机器被安装在一排 2.75 米高的金属柜里，占地面积为 170 平方米左右，总重量达 30 吨，如图 1-8 所示。这台机器还不够完善，比如它的耗电量超过 174 千瓦，电子管平均每隔 7 分钟就要被烧坏一个，因此 ENIAC 必须不停地更换电子管。

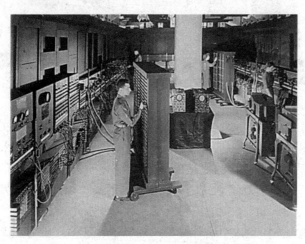

图 1-8　ENIAC 计算机

尽管如此，ENIAC 的运算速度仍达到每秒 5000 次加法，可以在 3/1000 秒时间内做完两个 10 位数乘法。一条炮弹的轨迹 20 秒就能算完，比炮弹本身的飞行速度还要快。ENIAC 标志着电子计算机的问世，人类社会从此大步迈进了计算机时代的门槛。

说明：1973 年 10 月 19 日，美国地方法院终审认为：1941 年夏季，衣阿华州立学院（Iowa State College）的约翰·V·阿塔纳索夫（John.V.Atanasoff）和学生克利福特 E·贝瑞（Clifford E.Berry）完成了能解线性代数方程的计算机，取名叫 ABC（Atanasoff-Berry Computer），他们是第一台计算机的发明人。此机器，用电容作存储器，用穿孔卡片作辅助存储器，时钟频率是 60Hz，完成一次加法运算用时一秒。

ABC 计算机发明之后，由于衣阿华大学没有为该计算机申请专利，这就给电子计算机的发明权问题带来了旷日持久的法律纠纷。

1.1.2　计算机的发展

1. 计算机的发展历程

自从世界上第一台电子计算机问世到现在，计算机技术获得了突飞猛进的发展，在人类科技史上还没有一门技术可以与计算机技术的发展速度相提并论。根据组成计算机的电子逻辑器件，将计算机的发展分成以下 4 个阶段：

（1）电子管计算机（1946～1957）。其主要特点是采用电子管作为基本电子元器件，体积大、耗电量大、寿命短、可靠性低、成本高；存储器采用水银延迟线。在这个时期，没有系统软件，用机器语言和汇编语言编程，计算机只能在少数尖端领域中得到应用，一般用于科学、军事和财务等方面的计算。

（2）晶体管计算机（1958～1964）。其主要特点是采用晶体管（晶体管及其发明人如图 1-9 所示）制作基本逻辑部件，体积小、重量减轻、能耗降低、成本下降，计算机的可靠性和运算速度均得到提高；存储器采用磁芯和磁鼓；出现了系统软件（监控程序），提出了操作系统概念，并且出现了高级语言，如 FORTRAN 语言（1954 年由美国人 John W. Backus 提出）等，其应用扩大到数据和事务处理。

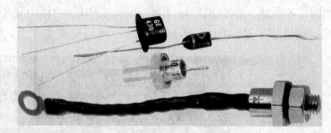

图 1-9　肖克利（W.Shockley）与晶体管

（3）集成电路计算机（1965～1971）。其主要特点是采用中小规模集成电路制作各种逻辑部件，从而使计算机体积更小、重量更轻、耗电更省、寿命更长、成本更低，运算速度有了更大的提高。第一次采用半导体存储器作为主存，取代了原来的磁芯存储器，使存储容量和存取速度有了革命性的突破，提高了系统的处理能力，系统软件有了很大发展，并且出现了多种高级语言，如 BASIC、Pascal、C 等。

（4）大规模、超大规模集成电路计算机（1972 年至今）。其主要特点是基于基本逻辑部件，采用大规模、超大规模集成电路，使计算机体积、重量、成本均大幅降低，计算机的性能空前提高，操作系统和高级语言的功能越来越强大，并且出现了微型计算机。主要应用领域有：科学计算、数据处理、过程控制，并进入以计算机网络为特征的应用时代。

大规模、超大规模集成电路计算机也称为第四代计算机，是指从 1972 年以后采用大规模集成电路（LSI）和超大规模集成电路（VLSI）为主要电子器件制成的计算机。例如 Intel Pentium Dual 在核心面积只有 206 mm^2 的单个芯片上集成了大约 2.3 亿个晶体管。

2. 微处理器和微型计算机的发展

第四代计算机的另一个重要分支是以大规模、超大规模集成电路为基础发展起来的微处理器和微型计算机。微型计算机大致经历了以下 5 个阶段：

（1）第一阶段是 1971 年至 1973 年，微处理器有 4004、4040、8008。1971 年 Intel 公司研制出 MCS-4 微型计算机（CPU 为 4040，四位机）。后来又推出以 8008 为核心的 MCS-8 型。

（2）第二阶段是 1974 年至 1977 年，是微型计算机的发展和改进阶段。微处理器有 8080、8085、M6800、Z80。初期产品有 Intel 公司的 MCS-80 型（CPU 为 8080，八位机），后期有 TRS-80 型（CPU 为 Z80）和 APPLE-II 型（CPU 为 6502），在 20 世纪 80 年代初期曾一度风靡世界。

（3）第三阶段是 1978 年至 1983 年，是 16 位微型计算机的发展阶段，微处理器有 8086、8088、80186、80286、M68000、Z8000。产品有 APPLE 公司的 Macintosh（1984 年）和 IBM 公司的 PC/AT286（1986 年）微型计算机。

（4）第四阶段是从 1983 年开始的 32 位微型计算机的发展阶段，微处理器相继推出 80386 和 80486。1993 年，Intel 公司推出了 Pentium（奔腾）微处理器，它具有 64 位的内部数据通道。Pentium III 处理器出产于 1999 年，它在 Pentium IV 处理器出现后被迅速淘汰。Pentium IV 在 2000 年 10 月推出。2006 年 7 月 27 日发布的 Intel Core 2 Duo（酷睿 2）是 Intel 推出的第八代 X86 架构处理器，标志着 Pentium（奔腾）品牌的终结，也代表着 Intel 移动处理器及桌面处理器两个品牌的重新整合。酷睿 2 分为二核、四核、六核和八核，酷睿 2 已成为主流产品。

由此可见，微型计算机的性能主要取决于它的核心器件——微处理器（CPU）的性能。

（5）第五代计算机（20 世纪 80 年代开始）。

自从 20 世纪 70 年代初第四代计算机问世以来，许多科学家一直预测着第五代计算机将朝哪个方向发展，综合起来大概有以下几个研究方向：

- 人工智能计算机
- 巨型计算机
- 多处理机
- 量子计算机
- 超导计算机
- 生物晶体计算机（DNA 计算机）

第五代计算机将把信息采集、存储、处理、通信和人工智能结合在一起，具有形式推理、联想、学习和解释能力。它的系统结构将突破传统的冯·诺依曼机的理念，实现高度的并行处理。

第五代计算机又称为人工智能计算机，它具有以下几方面的功能：

- 处理各种信息的能力，除目前计算机能处理离散数据外，第五代计算机应对声音、文字、图像等形式的信息进行识别处理。
- 学习、联想、推理和解释问题的能力。
- 对人的自然语言的理解处理能力，用自然语言编写程序的能力。即只需把要处理或计算的问题用自然语言写出要求和说明，计算机就能理解其意，按人的要求进行处理或计算。而不像现在这样，要使用专门的计算机算法语言把处理过程与数据描述出来。
  对第五代计算机来说，只需告诉它要"做什么"，而不必告诉它"怎么做"。

第五代计算机的体系结构从理论上和工艺技术上看与前四代计算机有根本的不同，当它问世以后，提供的先进功能以及摆脱掉传统计算机的技术限制，必将为人类进入信息化社会提供一种强有力的工具。

1.1.3 计算机的发展趋势

随着计算机技术的发展以及社会对计算机不同层次的需求，当前计算机正在向巨型化、微型化、网络化和智能化方向发展。

1. 巨型化

巨型化是指计算机的运算速度更高、存储容量更大、功能更强。目前正在研制的巨型计算机运算速度可达每秒千万亿次。

2. 微型化

微型计算机已进入仪器、仪表、家用电器等小型仪器设备中，同时也作为工业控制的心脏，使仪器设备实现"智能化"。随着微电子技术的进一步发展，笔记本型、掌上型等微型计算机必将以更优的性价比受到人们的欢迎。

3. 网络化

随着计算机应用的深入，特别是家用计算机越来越普及，一方面希望众多用户能共享信息资源，另一方面也希望各计算机之间能互相传递信息进行通信。

计算机网络是现代通信技术与计算机技术相结合的产物。计算机网络已在现代企业的管理中发挥着越来越重要的作用，如银行系统、商业系统、教育系统、交通运输系统等。人们通过网络能更好地传送数据、文本资料、声音、图形和图像，可随时随地在全世界范围的拨打可视电话或收看任意国家的电视和电影。

4. 智能化

计算机人工智能的研究是建立在现代科学基础之上的。智能化是计算机发展的一个重要方向，新一代计算机将可以模拟人的感觉行为和思维过程的机理进行"看"、"听"、"说"、"想"、"做"，具有逻辑推理、学习与证明的能力。

1.1.4　计算机的分类

电子计算机通常按其结构原理、用途、型体和功能、字长4种方式分类。

1. 按结构原理分类

（1）数字电子计算机：是以电脉冲的个数或电位的阶变形式来实现计算机内部的数值计算和逻辑判断，输出量仍是数值。目前广泛应用的都是数字电子计算机，简称计算机。

（2）模拟电子计算机：是对电压、电流等连续的物理量进行处理的计算机输出量仍是连续的物理量。它的精确度较低，应用范围有限。

2. 按用途分类

（1）通用计算机。目前广泛应用的计算机，其结构复杂，但用途广泛，可用于解决各种类型的问题。它是计算机技术的先导，是现代社会中具有战略性意义的重要工具。通用计算机广泛地应用于科学和工程计算、信息的加工处理、企事业单位的事务处理等方面。目前通用计算机已由千万次运算向数亿次发展，而且正在不断地扩充功能。

（2）专用计算机。为某种特定目的而设计制造的计算机，其适用范围窄，但结构简单、价格便宜、工作效率高。

3. 按型体和功能分类

（1）巨型计算机。巨型机是当代运算速度最高、存储容量最大、通道速率最快、处理能力最强、工艺技术性能最先进的通用超级计算机，主要用于复杂的科学和工程计算，如天气预报、飞行器的设计以及科学研究等特殊领域。目前巨型机的处理速度已达到每秒数千亿次。巨型机代表了一个国家的科学技术发展水平，如图1-10所示是"天河二号"，它以峰值计算速度每秒5.49亿亿次、持续计算速度每秒3.39亿亿次双精度浮点运算的优异性能位居榜首，成为全球最快的超级计算机。

图1-10　"天河二号"巨型计算机

衡量计算机运行速度的一个主要指标是每秒百万条指令，简称MIPS。

（2）大中型计算机。大型机体积庞大、速度快且非常昂贵，一般用于为企业或政府的大量数据提供集中的存储、处理和管理。

大型机规模次于巨型机，有比较完善的指令和丰富的外部设备，主要用于计算机网络和大型计算中心，如大型企业、大专院校和科研机构。不过随着微机与网络的迅速发展，大型机正在走下坡路。许多计算中心的大型机正在被高档微机群取代。

（3）小型计算机。小型机可以为多个用户执行任务，通常是一个多用户系统。其结构简单、设计周期短，便于采用先进工艺，并且对运行环境要求低，易于操作和维护。小型计算机目前多为高档微机所替代。

（4）微型计算机。微型机具有体积小、价格低、功能较全、可靠性高、操作方便等突出优点，现已进入社会生活的各个领域。

微型机的运算速度一般在每秒 100 亿次以下，微型机的普及程度代表了一个国家的计算机应用水平。

微型机也可按系统规模分为单片机、单板机、便携式微机、个人计算机、多用户微机、工作站和服务器。

- 单片机。把微处理器、一定容量的存储器、输入/输出接口电路等集成在一个芯片上，就构成了单片计算机（Single Chip Computer）。可见单片机仅是一片特殊的、具有计算机功能的集成电路芯片。单片机的特点是体积小、功耗低、使用方便、便于维护和修理，缺点是存储器容量较小，一般用作专用机或智能化的一个部件，例如用来控制高级仪表、家用电器等。

- 单板机。把微处理器、存储器、输入/输出接口电路安装在一块印刷电路板上，就成为单板计算机（Single Board Computer）。一般在这块板上还有简易键盘、液晶或数码管显示器、盒式磁带机接口，只要再外加上电源便可直接使用，极为方便。单板机广泛应用于工业控制、微型机教学和实验，或作为计算机控制网络的前端执行机。它不但价格低廉，而且非常容易扩展，用户买来这类机器后主要的工作是根据现场的需要编制相应的应用程序并配备相应的接口。

- 个人计算机（PC）。个人计算机就是通常所说的 PC 机，是现在用得最多的一种微型计算机。个人计算机配置有显示器、键盘、软磁盘驱动器、硬磁盘、打印机，以及一个紧凑的机箱和某些可扩展的插槽。个人计算机主要用于事务处理，包括财务处理、电子数据表分析、字处理、数据库管理等。如果把它连入一个公共计算机网络，就能获得电子邮件及其他一些通信能力。目前最常见的是以 Intel Pentium（奔腾）系列 CPU 芯片作为处理器的各种 PC 机，如图 1-11 所示。

- 便携式微机。它是为方便旅行或从家庭到办公室之间携带而设计的。它可以用电池直接供电，具备便携性、灵活性。便携式微机大体上可分为笔记本计算机、袖珍型笔记本计算机、手提式计算机和个人数字助理（PDA）等，如图 1-12 所示。未来的便携式微机将会逐步取代台式个人计算机。

图 1-11 台式个人计算机（PC 机）

图 1-12 便携式微机

- 多用户微机。这类计算机的主要设计目的是为非专业的群体服务。一台主机带有多个终端，可几人到几十人同时使用。终端不能独立工作，每个终端所输入的作业都集中到主机进行处理。微机系统分时地为各个用户服务。这种分时系统在 20 世纪 90 年代之前十分盛行，20 世纪 90 年代之后，微机系统的价格急剧下降，许多人共用一台微机已没有太大意义，所以目前使用的微机主要是个人计算机。

- 工作站。工作站和 PC 机的技术特点是有共同点的，常被看作是高档的微型机。工作站采用高分辨率图形显示器以显示复杂资料，并有一个窗口驱动的用户环境，它的另一个特点是便于应用的联网技术。与网络相连的资源被认为是计算机中的部分资源，用户可以随时采用。典型工作站的特点包括用户透明的联网、高分辨率图形显示、可利用网络资源、多窗口图形用户接口等。例如有名的 Sun 工作站，就有非常强的图形处理能力，如图 1-13 所示。

- 服务器。随着计算机网络的日益推广和普及，一种可供网络用户共享的、商业性能的计算机应运而生，这就是服务器。服务器一般具有大容量的存储设备和丰富的外部设备，其上面运行网络操作系统，要求较高的运行速度，为此很多服务器都配置了双 CPU。服务器上的资源可供网络用户共享。如图 1-14 所示是一般的服务器。

图 1-13　工作站

图 1-14　服务器

4. 按字长分类

在计算机中，字长的位数是衡量计算机性能的主要指标之一。一般巨型机的字长在 64 位以上，微型机的字长在 16～64 位之间，可分为 8 位机、16 位机、32 位机、64 位机。

另外还可按其工作模式分为服务器和工作站。

1.2　计算机的特点和应用

计算机最初的主要目的是用于复杂的数值计算，"计算机"也因此得名，但随着计算机技术的迅猛发展，它的应用范围不断扩大，不再局限于数值计算，而是广泛地应用于自动控制、信息处理、智能模拟等各个领域。

1.2.1　计算机的特点

计算机凭借传统信息处理工具所不具备的特征深入到了社会生活的各个方面，而且它的应用领域变得越来越广泛。计算机主要具有以下特点：

- 记忆能力强：在计算机中有容量很大的存储装置，它不仅可以长久地存储大量的文字、图形、图像、声音等信息资料，还可以存储指挥计算机工作的程序。

- 计算精度高与逻辑判断准确：计算机具有人类望尘莫及的高精度控制或高速操作，具有可靠的判断能力，以实现工作的自动化。
- 高速的处理能力：计算机具有神奇的运算速度，其速度已达每秒几十亿次乃至上百万亿次。例如，为了将圆周率的近似值计算到 707 位，一位数学家曾为此花了十几年的时间，而如果用现代的计算机来计算，可能瞬间就能完成，同时可达到小数点后 200 万位。
- 能自动完成各种操作：计算机是由内部控制和操作的，只要将事先编制好的应用程序输入计算机，计算机就能自动按照程序规定的步骤完成预定的处理任务。
- 具有一定的智能：目前第四代计算机正向第五代计算机发展，具有一定的人工智能能力。

1.2.2　计算机的应用

目前，计算机的应用可概括为以下几个方面：

（1）科学计算。

早期的计算机主要用于科学计算（也称数值计算）。目前，科学计算仍然是计算机应用的一个重要领域，如高能物理、工程设计、地震预测、气象预报、航天技术等。由于计算机具有高运算速度和精度以及逻辑判断能力，因此出现了计算力学、计算物理、计算化学、生物控制论等新的学科。

- 四色猜想的提出来自英国。1852 年，毕业于伦敦大学的弗朗西斯·格思里（Francis Guthrie）来到一家科研单位搞地图着色工作时，发现了一种有趣的现象："看来，每幅地图都可以用四种颜色着色，使得有共同边界的国家着上不同的颜色。"电子计算机问世以后，由于演算速度迅速提高，加之人机对话的出现，大大加快了对四色猜想证明的进程。1976 年，在 J.Koch 算法的支持下，美国数学家阿佩尔（Kenneth Appert）与哈肯（Wolfgang Haken）在美国伊利诺斯大学的两台不同的电子计算机上，用了 1200 个小时，作了 100 亿个判断，终于完成了四色定理的证明。
- 300 多年以前，法国数学家费马（Pierre de Fermat）在一本书的空白处写下了一个定理："设 n 是大于 2 的正整数，则不定方程 $x^n+y^n=z^n$ 没有非零整数解"。费马宣称他发现了这个定理的一个真正奇妙的证明，但因书上空白太小，他写不下他的证明。300 多年过去了，不知有多少专业数学家和业余数学爱好者绞尽脑汁企图证明它，但不是无功而返就是进展甚微。这就是纯数学中最著名的定理——费马大定理，在 20 世纪 80 年代中期，被计算机加以证明。
- 吴文俊与数学机械化——可以让电脑代替人脑去进行几何定理的证明。吴文俊（如图 1-15 所示）建立了多项式组特征列的概念，以此概念为核心，提出了多项式组的"整序原理"，创立了几何定理机器证明的"吴方法"，首次实现了高效的几何定理的机器证明。把非机械化的几何定理证明转化为多项式方程的处理，从而实现了几何定理的机器证明。

图 1-15　吴文俊教授

（2）过程检测与控制。

利用计算机对工业生产过程中的某些信号自动进行检测，并把检测到的数据存入计算机，再根据需要对这些数据进行处理，这样的系统称为计算机检测系统。特别是仪器仪表引进计算机技术后所构成的智能化仪器仪表，将工业自动化推向了一个更高的水平。

（3）信息管理（数据处理）。

信息管理是目前计算机应用最广泛的一个领域，利用计算机来加工、管理与操作任何形式的数据资料，如企业管理、物资管理、报表统计、账目计算、信息情报检索等。近年来，国内许多机构纷纷建设自己的管理信息系统（MIS），生产企业也开始采用制造资源规划软件（MRP），商业流通领域则逐步使用电子信息交换系统（EDI），即所谓的无纸贸易。

（4）计算机辅助系统。

- 计算机辅助设计（CAD）：是指利用计算机来帮助设计人员进行工程设计，以提高设计工作的自动化程度，节省人力和物力。目前，此技术已经在电路、机械、土木建筑、服装等设计中得到广泛的应用。
- 计算机辅助制造（CAM）：是指利用计算机进行生产设备的管理、控制与操作，从而提高产品质量，降低生产成本，缩短生产周期，并且大大改善了制造人员的工作条件。
- 计算机辅助测试（CAT）：是指利用计算机进行复杂而大量的测试工作。
- 计算机辅助教学（CAI）：是指利用计算机帮助教师讲授课程和帮助学生学习的自动化系统，使学生能够轻松自如地从中学到所需要的知识。
- 其他计算机辅助系统，如利用计算机作为工具对学生的教学、训练和对教学事务进行管理的计算机辅助教学系统（CAE），利用计算机对文字、图像等信息进行处理、编辑、排版的计算机辅助出版系统（CAP），以及计算机辅助医疗诊断系统（CAMPS）等。

（5）通信与网络。

随着信息社会的发展，特别是计算机网络的迅速发展，使得计算机在通信领域的作用越来越大，目前遍布全球的因特网（Internet）已把不同地域、不同行、不同组织的人们联系在一起，缩短了人们之间的距离，也改变了人们的生活和工作方式。

例如远程教学，就是人们利用计算机辅助教学和计算机网络在家里学习来代替学校、课堂这种传统的教学方式。

通过网络，人们坐在家中通过计算机便可以预订飞机票、购物，从而改变了传统服务业、商业单一的经营方式。利用网络，人们还可以与远在异国他乡的亲人、朋友实时地传递信息。

（6）计算机模拟。

在传统的工业生产中，经常使用"模拟"对产品或工程进行分析和设计。20 世纪后期，人们尝试利用计算机程序代替实物模型进行模拟试验，并为此开发了一系列通用模拟语言。事实证明，计算机容易实现仿真环境、器件的模拟，特别是破坏性试验模拟，更能突出计算机模拟的优势，从而被科研部门广泛采用，例如模拟核爆炸实验。目前，计算机模拟广泛应用于飞机和汽车等产品设计、危险或代价很高的人体试验和环境试验、人员训练、"虚拟现实"技术、社会科学等领域。

除此之外，计算机在多媒体应用、嵌入式系统、电子商务、电子政务等领域的应用也得到了快速发展。

1.3　信息在计算机内部的表示与存储

数据信息是计算机加工处理的对象，可分为数值数据和非数值数据。数值数据有确定的值，并在数轴上有对应的点，非数值数据一般用来表示符号或文字，它没有确定的值。

在计算机中，无论是数值数据还是非数值数据都是以二进制的形式存储的，即无论是参与运算的数值数据，还是文字、图形、声音、动画等非数值数据，都是以 0 和 1 组成的二进制代码表示的。

计算机之所以能区分这些不同的信息，是因为它们采用不同的编码规则。

1.3.1　数制的概念

数制是指用一组固定的符号和统一的规则来计数的方法。

1. 进位计数制

计数是数的记写和命名，各种不同的记写和命名方法构成计数制。按进位的方式计数的数据称为进位计数制，简称进位制。在日常生活中通常使用十进制数，除此之外，还使用其他进制数。例如，一年有 12 个月，为十二进制；一天 24 小时，为二十四进制；1 小时等于 60 分钟，为六十进制。

数据无论采用哪种进位制表示，都涉及两个基本概念：基数和权。如十进制有 0，1，2，…，9 共 10 个数码，二进制有 0 和 1 两个数码，通常把数码的个数称为基数。十进制数的基数为 10，进位原则是"逢十进一"；二进制数的基数为 2，进位原则是"逢二进一"。一般进制简称为 R 进制，则进位原则是"逢 R 进一"，其中 R 是基数。在进位计数制中，一个数可以由有限个数码排列在一起构成，数码所在数位不同，其代表的数值也不同，这个数码所表示的数值等于该数码本身乘以一个与它所在数位有关的常数，这个常数称为"位权"，简称"权"。如十进制数 345，由 3、4 和 5 三个数码排列而成，3 在百位，代表 300（3×10^2），4 在十位，代表 40（4×10^1）；5 在个位，代表 5（5×10^0），它们分别具有不同的位权，3 所在数位的位权为 10^2，4 所在数位的位权为 10^1，5 所在数位的位权为 10^0。明显地，权是基数的幂。

2. 计算机内部采用二进制的原因

- 易于物理实现：具有两种稳定状态的物理器件容易实现，如电压的高和低、电灯的亮和灭、开关的通和断，这样的两种状态恰好可以表示二进制数中的"0"和"1"。计算机中若采用十进制，则要具有 10 种稳定状态的物理器件，制造出这样的器件是很困难的。
- 运算规则简单：二进制的加法和乘法规则各有 3 条，而十进制的加法和乘法运算规则各有 55 条，从而简化了运算器等物理器件的设计。
- 工作稳定性高：由于电压的高低、电流的有无两种状态分明，因此采用二进制的数字信号可以提高信号的抗干扰能力，可靠性和稳定性高。
- 适合逻辑运算：二进制的"0"和"1"两种状态可以表示逻辑值的"真（True）"和"假（False）"，因此采用二进制数进行逻辑运算非常方便。

3. 计算机中常用的数制

计算机内部采用二进制，但二进制数在表达一个具体的数字时，倍数可能很长，书写烦琐，不易识别。因此，在书写时经常用到八进制数、十进制数和十六进制数。常见进位计数制的基数和数码如表 1-1 所示。

表 1-1　常见进位计数制的基数和数码

进位制	基数	数字符号	标识
二进制	2	0，1	B
八进制	8	0，1，2，3，4，5，6，7	O 或 Q
十进制	10	0，1，2，3，4，5，6，7，8，9	D
十六进制	16	0，1，2，3，4，5，6，7，8，9，A，B，C，D，E，F	H

为了区分不同计数制的数，还采用括号外面加数字下标的表示方法，或在数字后面加上相应的英文字母来表示。如十进制数的 321 可表示为 $(321)_{10}$ 或 321D。

任何一种进位数都可以表示成按位权展开的多项式之和的形式。

$$(X)_R = D_{n-1}R^{n-1} + D_{n-2}R^{n-2} + \cdots + D_0R^0 + D_{-1}R^{-1} + D_{-2}R^{-2} + \cdots + D_{-m}R^{-m}$$

其中，X 为 R 进制数，D 为数码，R 为基数，n 是整数倍数，m 是小数倍数，下标表示位置，上标表示幂的次数。

例如，十进制数 $(321.45)_{10}$ 可以表示为：

$(321.45)_{10} = 3 \times 10^2 + 2 \times 10^1 + 1 \times 10^0 + 4 \times 10^{-1} + 5 \times 10^{-2}$

八进制数 $(321.45)_8$ 可以表示为：

$(321.45)_8 = 3 \times 8^2 + 2 \times 8^1 + 1 \times 8^0 + 4 \times 8^{-1} + 5 \times 8^{-2}$

同理，十六进制数 $(C32.45D)_{16}$ 可以表示为：

$(C32.45D)_{16} = 12 \times 16^2 + 3 \times 16^1 + 2 \times 16^0 + 4 \times 16^{-1} + 5 \times 16^{-2} + 13 \times 16^{-3}$

1.3.2　数制转换

1. 将 R 进制数转换为十进制数

将一个 R 进制数转换为十进制数的方法是：按权展开，然后按十进制运算法则将数值相加。

【例 1-1】将二进制数 $(10110.011)_2$ 转换为十进制数。

$(10110.011)_2 = 1 \times 2^4 + 0 \times 2^3 + 1 \times 2^2 + 1 \times 2^1 + 0 \times 2^0 + 0 \times 2^{-1} + 1 \times 2^{-2} + 1 \times 2^{-3}$

$\qquad\qquad = 16 + 0 + 4 + 2 + 0 + 0 + 0.25 + 0.125$

$\qquad\qquad = (22.375)_{10}$

【例 1-2】将八进制数 $(345.67)_8$ 转换为十进制数。

$(345.67)_8 = 3 \times 8^2 + 4 \times 8^1 + 5 \times 8^0 + 6 \times 8^{-1} + 7 \times 8^{-2}$

$\qquad\qquad = 192 + 32 + 5 + 0.75 + 0.109375$

$\qquad\qquad = (229.859375)_{10}$

【例 1-3】将十六进制数 $(8AB.9C)_{16}$ 转换为十进制数。

$(8AB.9C)_{16} = 8 \times 16^2 + 10 \times 16^1 + 11 \times 16^0 + 9 \times 16^{-1} + 12 \times 16^{-2}$

$\qquad\qquad = 2048 + 160 + 11 + 0.5625 + 0.046875$

$\qquad\qquad = (2219.609375)_{10}$

2. 将十进制数转换成 R 进制数

将十进制数转换成 R 进制数时，应将整数部分和小数部分分别进行转换，然后再相加起来即可得到结果。整数部分采用"除 R 取余"的方法，即将十进制数除以 R，得到一个商和余数，再将商除以 R，又得到一个商和一个余数，如此继续下去，直到商为 0 为止，将每次得到的余数按照得到的顺序逆序排列（即最后得到的余数写到整数的左侧，最先得到的余数写到整数的右侧），即为 R 进制的整数部分；小数部分采用"乘 R 取整"的方法，即将小数部分连续地乘以 R，保留每次相乘的整数部分，直到小数部分为 0 或达到精度要求的位数为止，将得到的整数部分按照得到的数排列，即为 R 进制的小数部分。

【例 1-4】将十进制数$(39.625)_{10}$转换为二进制数。

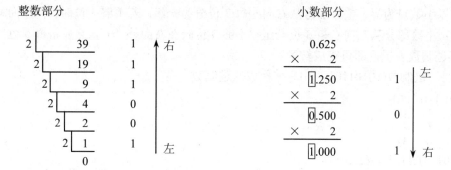

结果为$(39.625)_{10}=(100111.101)_2$

【例 1-5】将十进制数$(678.325)_{10}$转换为八进制数（小数部分保留两位有效数字）。

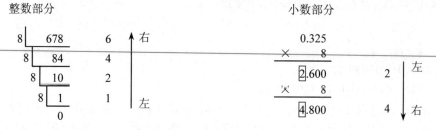

结果为$(678.325)_{10}=(1246.24)_8$

【例 1-6】将十进制数$(2006.585)_{10}$转换为十六进制数（小数部分保留三位有效数字）。

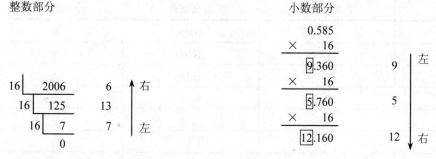

结果为$(2006.585)_{10}=(7D6.95C)_{16}$

3. 二进制数、八进制数与十六进制数的相互转换

（1）二进制数和八进制数的相互转换。由于$2^3=8$，因此 3 位二进制数可以对应 1 位八进制数，如表 1-2 所示，利用这种对应关系，可以方便地实现二进制数和八进制数的相互转换。

表 1-2　二进制数与八进制数相互转换对照表

二进制数	八进制数	二进制数	八进制数
000	0	100	4
001	1	101	5
010	2	110	6
011	3	111	7

转换方法：以小数点为界，整数部分从右向左每 3 位分为一组，若不够 3 位时，在左面补"0"，补足 3 位；小数部分从左向右每 3 位一组，不够 3 位时在右面补"0"，然后将每 3 位二进制数用 1 位八进制数表示，即可完成转换。

【例 1-7】将二进制数$(10101101.1101)_2$转换成八进制数。

$(010\ 101\ 101.110\ 100)_2$

$(\ 2\quad 5\quad 5\ .\ 6\quad 4\ )_8$

结果为$(10101101.1101)_2=(255.64)_8$

反过来，将八进制数转换成二进制数的方法是：将每位八进制数用 3 位二进制数替换，按照原有的顺序排列，即可完成转换。

【例 1-8】将八进制数$(7654.321)_8$转换成二进制数。

$(\ 7\quad 6\quad 5\quad 4\ .\ 3\quad 2\quad 1\ )_8$

$(111\ 110\ 101\ 100.011\ 010\ 001)_2$

结果为$(7654.321)_8=(111110101100.011010001)_2$

（2）二进制数和十六进制数的相互转换。由于$2^4=16$，因此 4 位二进制数可以对应 1 位十六进制数，如表 1-3 所示，利用这种对应关系可以方便地实现二进制数和十六进制数的相互转换。

表 1-3　二进制数与十六进制数相互转换对照表

二进制数	十六进制数	二进制数	十六进制数
0000	0	1000	8
0001	1	1001	9
0010	2	1010	A
0011	3	1011	B
0100	4	1100	C
0101	5	1101	D
0110	6	1110	E
0111	7	1111	F

转换方法：以小数点为界，整数部分从右向左每 4 位一组，若不够 4 位时，在左面补"0"，补足 4 位；小数部分从左向右每 4 位一组，不够 4 位时在右面补"0"，然后将每 4 位二进制数用 1 位十六进制数表示，即可完成转换。

【例 1-9】将二进制数$(1101101.10111)_2$转换成十六进制数。

$(0110\ 1101.1011\ 1000)_2$

$(\quad 6\quad\ \ D\ .\quad B\quad\ \ 8)_{16}$

结果为$(1101101.10111)_2 = (6D.B8)_{16}$

反过来，将十六进制数转换成二进制的方法是：将每位十六进制数用 4 位二进制数替换，按照原有的顺序排列，即可完成转换。

【例 1-10】将十六进制数$(1E2F.3D)_{16}$转换成二进制数。

$(\quad 1\quad\ E\quad\ 2\quad\ F\ .\quad 3\quad\ D)_{16}$

$(0001\ 1110\ 0010\ 1111.0011\ 1101)_2$

结果为$(1E2F.3D)_{16} = (1111000101111.00111101)_2$

八进制数和十六进制数的转换，一般利用二进制数作为中间媒介进行转换。

4．二进制数的算术运算和逻辑运算

二进制数的运算包括算术运算和逻辑运算。算术运算即四则运算，而逻辑运算主要是对逻辑数据进行处理。

（1）二进制数的算术运算。二进制数的算术运算非常简单，它的基本运算是加法。而引入了补码表示后，加上一些控制逻辑，利用加法就可以实现二进制的减法、乘法和除法运算。

二进制数的加法运算规则：

0+0=0；0+1=1+0=1；1+1=10（向高位进位）

二进制数的减法运算规则：

0-0=1-1=0；1-0=1；0-1=1（向高位借位）

二进制数的乘法运算规则：

0×0=0；1×0=0×1=0；1×1=1

二进制数的除法运算规则：

0÷1=0（1÷0 无意义）；1÷1=1

【例 1-11】设有二进制数 $A=(11001)_2$ 和 $B=(101)_2$，分别求 A+B、A-B、A×B 和 A÷B。

```
     A+B              A-B              A×B                  A÷B
                                      11001                    101
                                  ×     101           101 √ 11001
                                      11001                  101
                                                             101
   11001            11001            11001                  101
 +   101          -   101          11001                    101
   11110            10100          1111101                    0
```

（2）二进制数的逻辑运算。现代计算机经常处理逻辑数据，这些逻辑数据之间的运算称为逻辑运算。二进制数 1 和 0 在逻辑上可以代表"真（True）"与"假（False）"、"是"与"否"。计算机的逻辑运算与算术运算的主要区别是逻辑运算是按位进行的，位与位之间不像加减运算那样有进位或借位的关系。

逻辑运算主要有"或"运算、"与"运算、"非"运算和"异或"运算。

1）"或"运算。

又称逻辑加，常用∨、+或 OR 等符号表示，两个数进行逻辑或就是按位求它们的或。运算规则是：$0 \vee 0=0$；$0 \vee 1=1 \vee 0=1$；$1 \vee 1=1$。

2）"与"运算。

又称逻辑乘，常用 $\wedge$ 或 AND 等符号表示，两个数进行逻辑与就是按位求它们的与。运算规则是：$0 \wedge 0=0$；$0 \wedge 1=1 \wedge 0=0$；$1 \wedge 1=1$。

3）"非"运算。

又称求反，例如数 A 的非记为 $\overline{A}$，或 NOT A。对某数进行逻辑非就是按位求反。

4）"异或"运算。

常用 ∞ 或 $\oplus$ 符号表示，运算规则是：$0 \infty 0=0$；$0 \infty 1=1 \infty 0=1$；$1 \infty 1=0$。从运算规则中可以看出，当两个逻辑量相异时，结果才为 1。

【例 1-12】设 A=1101，B=1011，求：$A \wedge B$、$A \vee B$、$A \infty B$、$\overline{A}$。

$$
\begin{array}{cccc}
A \wedge B & A \vee B & A \infty B & \overline{A} \\
1101 & 1101 & 1101 & \overline{1101}=0010 \\
\wedge\ 1011 & \vee\ 1011 & \infty\ 1011 & \\
\hline
1001 & 1111 & 0110 &
\end{array}
$$

1.3.3　计算机中的编码

广义上的数据是指表达现实世界中各种信息的一组可以记录和识别的标记或符号，它是信息的载体，是信息在计算机中的具体表现形式，狭义的数据是指能够被计算机处理的数字、字母和符号等信息的集合。

计算机除了用于数值计算之外，还用于进行大量的非数值数据的处理，但各种信息都是以二进制编码的形式存在的。计算机中的编码主要分为数值型数据编码和非数值型数据编码。

1. 计算机中数据的存储单位

（1）位（bit）。

计算机中最小的数据单位是二进制中的一个数位，简称位（比特），1 位二进制数取值为 0 或 1。

（2）字节（Byte）。

字节是计算机中存储信息的基本单位，规定将 8 位二进制数称为 1 个字节，单位是 B，（1B=8bit）。常用来衡量存储容量的不同单位之间的换算规则如下：

$1KB=1024B=2^{10}B$　　　　　$1MB=1024KB=2^{20}B$

$1GB=1024MB=2^{30}B$　　　　$1TB=1024GB=2^{40}B$

另外用于表示存储容量的单位还有 PB（$1PB=1024TB=2^{50}B$）、EB、ZB、YB、DB 和 NB 等。

（3）字（word）。

字是计算机存储、加工和传递时一次性读取信息的长度。字的长度通常是字节的偶数倍，如 2、4、8 倍等。字的长度越长，相应的计算机配套软硬件越丰富，计算机的性能越高，因此字是反映计算硬件性能的一个指标。

在计算机中通常用"字长"表示数据和信息的长度，如 8 位字长与 16 位字长表示数的范围是不一样的。这样的机器通常称某某字长计算机。

2. 计算机中数值型数据的编码

（1）原码。

二进制数在计算机中的表示形式称为机器数，也称为数的原码表示法，原码是一种直观的二进制机器数表示的形式。机器数具有两个特点：

- 机器数的位数固定，能表示的数值范围受到位数限制。如某 8 位计算机，能表示的无符号整数的范围为 0～255。
- 机器数的正负用 0 和 1 表示。机器中通常是把最高位作为符号位，其余作为数值位，并规定 0 表示正数，1 表示负数。如+71D=01000111B，-71D=11000111B。

机器数的表示有定点和浮点两种方法。

1）定点数表示法（fixed-point number）。

所谓定点格式，即约定机器中所有数据的小数点位置是固定不变的。在计算机中通常采用两种简单的约定：将小数点的位置固定在数据的最高位之前或者固定在最低位之后。一般称前者为定点小数，后者为定点整数。

定点小数是纯小数，约定的小数点位置在符号位之后、有效数值部分最高位之前。若数据 x 的形式为 $x = x_0.x_1x_2...x_n$（其中 x_0 为符号位，$x_1 \sim x_n$ 是数值的有效部分，也称为尾数，x_1 为最高有效位），则在计算机中的表示形式为：

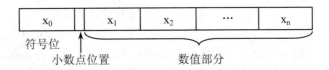

一般说来，如果最末位 $x_n = 1$，前面各位都为 0，则数的绝对值最小，即 $|x|_{min} = 2^{-n}$。如果各位均为 1，则数的绝对值最大，即 $|x|_{max} = 1-2^{-n}$。所以定点小数的表示范围是：$2^{-n} \leqslant |x| \leqslant 1-2^{-n}$。

定点整数是纯整数，约定的小数点位置在有效数值部分最低位之后。若数据 x 的形式为 $x=x_0x_1x_2...x_n$（其中 x_0 为符号位，$x_1 \sim x_n$ 是尾数，x_n 为最低有效位），则在计算机中的表示形式为：

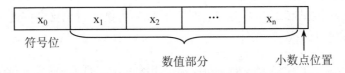

定点整数的表示范围是：$1 \leqslant |x| \leqslant 2^n-1$。

当数据小于定点数能表示的最小值时，计算机将它们当作 0 处理，称为下溢；当数据大于定点数能表示的最大值时，计算机将无法表示，称为上溢，上溢和下溢统称为溢出。

计算机采用定点数表示时，对于既有整数又有小数的原始数据需要设定一个比例因子，数据按其缩小成定点小数或扩大成定点整数再参加运算，运算结果根据比例因子还原成实际数值。若比例因子选择不当，往往会使运算结果产生溢出或降低数据的有效精度。

用定点数进行运算处理的计算机被称为定点机。

2）浮点数表示法（floating-point number）。

与科学记数法相似，任意一个 R 进制数 N，总可以写成如下形式：

$$N = \pm M \times R^{\pm E}$$

式中 M 称为数 N 的尾数（mantissa），是一个纯小数；E 为数 N 的阶码（exponent），是一个整数，R 称为比例因子 R^E 的底数；数 M 和 E 前面的"±"号表示正负数。这种表示方法相当于数的小数点位置随比例因子的不同而在一定范围内可以自由浮动，所以称为浮点表示法。

底数是事先约定好的（常取 2），在计算机中不出现。在机器中表示一个浮点数时，一是要给出尾数，用定点小数形式表示，尾数部分给出有效数字的位数，因而决定了浮点数的表示精度，二是要给出阶码，用整数形式表示，阶码指明小数点在数据中的位置，因而决定了浮点数的表示范围。浮点数也要有符号位。因此一个机器浮点数应当由阶码和尾数及其符号位组成如下：

E_s	E_1 E_2 E_3 $\cdots$ E_n	M_s	M_1 M_2 M_3 $\cdots$ M_n
阶符	阶码	尾符	尾数

其中 E_s 表示阶码的符号，占一位，$E_1 \sim E_n$ 为阶码值，占 n 位，尾符是数 N 的符号，也要占一位。当底数取 2 时，二进制数 N 的小数点每右移一位，阶码减小 1，相应尾数右移一位；反之，小数点每左移一位，阶码加 1，相应尾数左移一位。

若不对浮点数的表示作出明确规定，同一个浮点数的表示就不是唯一的。例如 11.01 可以表示成 0.01101×2^3、0.1101×2^2 等。为了提高数据的表示精度，当尾数的值不为 0 时，其绝对值应大于等于 0.5，即尾数域的最高有效位应为 1，否则要以修改阶码同时左右移小数点的方法使其变成符合这一要求的表示形式，这称为浮点数的规格化表示。

当一个浮点数的尾数为 0 时，不论其阶码为何值，或者当阶码的值遇到比它能表示的最小值还小时，不管其尾数为何值，计算机都把该浮点数看成 0 值，称为机器零。

浮点数所表示的范围比定点数大。假设机器中的数由 8 位二进制数表示（包括符号位），在定点机中这 8 位全部用来表示有效数字（包括符号）；在浮点机中若阶符、阶码占 3 位，尾符、尾数占 5 位，在此情况下，若只考虑正数值，定点机小数表示的数的范围是 $0.0000000 \sim 0.1111111$，相当于十进制数的 $0 \sim 127/128$，而浮点机所能表示的数的范围是 $2^{-11} \times 0.0001 \sim 2^{11} \times 0.1111$，相当于十进制数的 $1/128 \sim 7.5$。显然，都用 8 位，浮点机能表示的数的范围比定点机大得多。

尽管浮点表示能扩大数的表示范围，但浮点机在运算过程中仍会出现溢出现象。下面以阶码占 3 位、尾数占 5 位（各包括 1 位符号位）为例来讨论这个问题。图 1-16 给出了相应的规格化浮点数的数值表示范围。

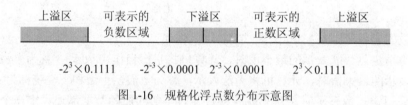

$-2^3 \times 0.1111$　　$-2^{-3} \times 0.0001$　$2^{-3} \times 0.0001$　$2^3 \times 0.1111$

图 1-16　规格化浮点数分布示意图

图 1-16 中，"可表示的负数区域"和"可表示的正数区域"及"0"是机器可表示的数据区域；上溢区是数据绝对值太大，机器无法表示的区域；下溢区是数据绝对值太小，机器无法表示的区域。若运算结果落在上溢区，就产生了溢出错误，使得结果不能被正确表示，要停止机器运行，进行溢出处理。若运算结果落在下溢区，也不能正确表示其结果，机器当 0 处理，称为机器零。

一般来说，增加尾数的位数，将增加可表示区域数据点的密度，从而提高数据的精度；增加阶码的位数，能增大可表示的数据区域。

【例 1-13】用浮点表示法表示数 $(110.011)_2$。

$(110.011)_2 = 1.10011 \times 2^{+10} = 11001.1 \times 2^{-10} = 0.110011 \times 2^{+11}$

（2）反码。反码是一种中间过渡的编码，采用它的主要原因是为了计算补码。编码规则是：正数的反码与其原码相同，负数的反码是该数的绝对值所对应的二进制数按位求反。例如，设机器的字长为 8 位，则$(+100)_{10}$的二进制反码为$(01100100)_2$，$(-100)_{10}$的二进制反码为$(10011011)_2$。

（3）补码。在计算机中，机器数的补码规则是：正数的补码是它的原码，而负数的补码为该数的反码再加 1，如$(+100)_{10}$的二进制补码为$(01100100)_2$，$(-100)_{10}$的二进制反码为$(10011011)_2+1$，即$(10011100)_2$。

在计算机中，由于所要处理的数值数据可能带有小数，根据小数点的位置是否固定，数值的格式分为定点数和浮点数两种。定点数是指在计算机中小数点的位置不变的数，主要分为定点整数和定点小数两种。应用浮点数的主要目的是为了扩大实数的表示范围。

（4）BCD 码。

计算机中使用的是二进制数，而人们习惯使用的是十进制数，因此，输入到计算机中的十进制数需要转换成二进制数；数据输出时，应将二进制数转换成十进制数。为了方便，大多数通用性较强的计算机需要能直接处理十进制形式表示的数据。为此，在计算机中还设计了一种中间数字编码形式，它把每一位十进制数用 4 位二进制编码表示，称为二进制编码的十进制表示形式，简称 BCD 码（Binary Coded Decimal），又称为二－十进制数。

4 位二进制数码可编码组合成 16 种不同的状态，而十进制数只有 0，1，…，9 这 10 个数码，因此选择其中的 10 种状态作 BCD 码的方案有许多种，如 8421BCD 码、格雷码、余 3 码等，编码方案如表 1-4 所示。

表 1-4　用 BCD 码表示的十进制数

十进制数	8421 码	2421 码	5211 码	余 3 码	格雷码
0	0000	0000	0000	0011	0000
1	0001	0001	0001	0100	0001
2	0010	0010	0011	0101	0011
3	0011	0011	0101	0110	0010
4	0100	0100	0111	0111	0110
5	0101	1011	1000	1000	1110
6	0110	1100	1001	1001	1010
7	0111	1101	1100	1010	1000
8	1000	1110	1110	1011	1100
9	1001	1111	1111	1100	0100

最常用的 BCD 码是 8421BCD 码。8421BCD 码选取 4 位二进制数的前 10 个代码分别对应表示十进制数的 10 个数码，1010～1111 这 6 个编码未被使用。从表中可以看到这种编码是有权码。四个二进制位的位权从高到低分别为 8、4、2 和 1，若按权求和，和数就等于该代码所对应的十进制数。例如，$0110=2^2+2^1=6$。

把一个十进制数变成它的 8421BCD 码数串，仅对十进制数的每一位单独进行即可。例如变 1986 为相应的 8421BCD 码表示，结果为 0001 1001 1000 0110。反转换过程也类似，例如变 0101 1001 0011 0111 为十进制数，结果应为 5937。

8421BCD 码的编码值与字符 0～9 的 ASCII 码的低 4 位相同,有利于简化输入输出过程中从字符到 BCD 码和从 BCD 码到字符的转换操作,是实现人机联系时比较好的中间表示。需要译码时,译码电路也比较简单。

8421BCD 码的主要缺点是实现加减运算的规则比较复杂,在某些情况下,需要对运算结果进行修正。

3. 计算机中非数值型数据的编码

计算机中数据的概念是广义的,计算机内除了有数值的信息之外,还有数字、字母、通用符号、控制符号等字符信息,有逻辑信息、图形、图像、语音等信息,这些信息进入计算机都转变成 0、1 表示的编码,所以称为非数值型数据。

（1）字符的表示方法。

字符主要指数字、字母、通用符号、控制符号等,在计算机内它们都被变换成计算机能够识别的十进制编码形式。这些字符编码方式有很多种,国际上广泛采用的是美国国家信息交换标准代码（American Standard Code for Information Interchange）,简称 ASCII 码。

ASCII 码诞生于 1963 年,首先由 IBM 公司研制成功,后来被接受为美国国家标准。ASCII 码是一种比较完整的字符编码,现已成为国际通用的标准编码,已广泛用于计算机与外设的通信。每个 ASCII 码以 1 个字节（Byte）存储,0～127 代表不同的常用符号,例如大写 A 的 ASCII 码是十进制数 65,小写 a 的 ASCII 码是十进制数 97。标准 ASCII 码使用 7 个二进制位对字符进行编码。标准的 ASCII 码字符集共有 128 个字符,其中 94 个可打印字符,包括常用的字母、数字、标点符号等,又称为显示字符。另外还有 34 个控制字符,主要表示一个动作。标准 ASCII 码如表 1-5 所示。

表 1-5　标准 ASCII 字符编码表

L\H	000	001	010	011	100	101	110	111
0000	NUL	DEL	SP	0	@	P	`	p
0001	SOH	DC1	!	1	A	Q	a	q
0010	STX	DC2	"	2	B	R	b	r
0011	ETX	DC3	#	3	C	S	c	s
0100	EOT	DC4	$	4	D	T	d	t
0101	ENQ	NAK	%	5	E	U	e	u
0110	ACK	SYN	&	6	F	V	f	v
0111	DEL	ETB	'	7	G	W	g	w
1000	BS	CAN	(	8	H	X	h	x
1001	HT	EM	)	9	I	Y	i	y
1010	LF	SUB	*	:	J	Z	j	z
1011	VT	ESC	+	;	K	[	k	{
1100	FF	FS	,	<	L	\	l		
1101	CR	GS	-	=	M	]	m	}
1110	SO	RS	.	>	N	^	n	~
1111	SI	US	/	?	O	_	o	DEL

ASCII 码规定每个字符用 7 位二进制编码表示，表 1-5 中横坐标是第 6、5、4 位的二进制编码值，纵坐标是第 3、2、1、0 位的二进制编码值，两坐标交点则是指定的字符。7 位二进制可以给出 128 个编码，表示 128 个常用的字符。其中 94 个编码，对应着计算机终端能敲入并且可以显示的 94 个字符，打印机设备也能打印这 94 个字符，如大小写各 26 个英文字母，0～9 这 10 个数字符，通用的运算符和标点符号=、-、*、/、<、>、,、:、·、?、。、（、）、｛、｝等。34 个字符不能显示，称为控制字符，表示一个动作。

标准 ASCII 码只用了字符的低七位，最高位并不使用。后来为了扩充 ASCII 码，将最高的一位也编入这套编码中，成为八位的 ASCII 码，这套编码加上了许多外文和表格等特殊符号，成为目前的常用编码。对应的标准为 ISO646，这套编码的最高位如果为 0，则表示出来的字符为标准的 ASCII 码，如果为 1，则表示出来的字符为扩充的 ASCII 码，因此最高位又称为校验位。

【例 1-14】查表写出字母 A 和数字 1 的 ASCII 码。

查表 1-5 得知字母 A 在第 2 行第 5 列的位置。行指示 ASCII 码第 3、2、1、0 位的状态，列指示第 6、5、4 位的状态，因此字母 A 的 ASCII 码是$(1000001)_2$=41H。同理可以查到数字 1 的 ASCII 码是$(0110001)_2$=31H。

（2）汉字的表示方法。

1）国标码和区位码。

为了适应中文信息处理的需要，1981 年国家标准局公布了 GB2312－80《信息交换用汉字编码字符集——基本集》，又称为国标码。在国标码中共收集了常用汉字 6763 个，并给这些汉字分配了代码。

在国家标准 GB2312－80 方案中，规定用两个字节的十六位二进制数表示一个汉字，每个字节都使用低 7 位（与 ASCII 码相同），即有 128×128=16384 种状态。由于 ASCII 码的 34 个控制代码在汉字系统中也要使用，为了不至于发生冲突，因此不能作为汉字编码，所以汉字编码表中共有 94（区）×94（位）=8836 个编码，用以表示国标码规定的 7445 个汉字和图形符号。

每个汉字或图形符号分别用两位的十进制区码（行码）和两位的十进制位码（列码）表示，不足的地方补 0，组合起来就是区位码。将区位码按一定的规则转换成二进制代码叫做信息交换码（简称国标区位码）。国标码共有汉字 6763 个（一级汉字，是最常用的汉字，按汉语拼音字母顺序排列，共 3755 个；二级汉字，属于次常用汉字，按偏旁部首的笔画顺序排列，共 3008 个），数字、字母、符号等 682 个，共 7445 个。汉字的区位编码如表 1-6 所示。

用计算机进行汉字信息处理，首先必须将汉字代码化，即对汉字进行编码，称为汉字输入码。汉字输入码送入计算机后还必须转换成汉字内部码才能进行信息处理。处理完毕之后，再把汉字内部码转换成汉字字形码，才能在显示器或打印机输出。因此汉字的编码有输入码、内码、字形码三种。

2）汉字的内码。

同一个汉字以不同输入方式进入计算机时，编码长度以及 0、1 组合顺序差别很大，使汉字信息进一步存取、使用、交流十分不方便，必须转换成长度一致、且与汉字唯一对应的能在各种计算机系统内通用的编码，满足这种规则的编码叫汉字内码。

汉字内码是用于汉字信息的存储、交换检索等操作的机内代码，一般采用两个字节表示。英文字符的机内代码是七位的 ASCII 码，当用一个字节表示时，最高位为"0"。为了与英文字符能够区别，汉字机内代码中两个字节的最高位均规定为"1"。

$$汉字机内码=汉字国标码+8080H$$

表 1-6　汉字区位编码表（部分）

第一字节 / 第二字节							位/区	1	2	3	4	5	6	7	8	9	10	11	12
第二字节							b_6	0	0	0	0	0	0	0	0	0	0	0	0
							b_5	1	1	1	1	1	1	1	1	1	1	1	1
							b_4	0	0	0	0	0	0	0	0	0	0	0	0
							b_3	0	0	0	0	0	0	0	0	1	1	1	1
							b_2	0	0	0	0	1	1	1	1	0	0	0	0
							b_1	0	0	1	1	0	0	1	1	0	0	1	1
							b_0	1	0	1	0	1	0	1	0	1	0	1	0
第一字节							位	1	2	3	4	5	6	7	8	9	10	11	12
a_6	a_5	a_4	a_3	a_2	a_1	a_0	区												
0	1	0	0	0	0	1	1	SP	、	。	·	-	ˇ	¨	〃	々	—	～	‖
0	1	0	0	0	1	0	2	i	ii	iii	iv	v	vi	vii	viii	ix	x		
0	1	0	0	0	1	1	3	！	"	#	￥	%	&	'	(	)	★	＋	，
0	1	…	…	…	…	…	…												
0	1	0	1	0	0	0	16	啊	阿	埃	挨	哎	唉	哀	皑	癌	蔼	矮	艾
0	1	0	1	0	0	1	17	薄	雹	保	堡	饱	宝	抱	报	暴	豹	鲍	爆
…	…	…					…												
1	1	1	0	1	1	1	87	鳌	鳍	鳎	鳏	鳐	鳓	鳔	鳕	鳗	鳘	鳙	鳜

3）汉字字形码。

存储在计算机内的汉字需要在屏幕上显示或在打印机上输出时，需要知道汉字的字形信息，汉字内码并不能直接反映汉字的字形，而要采用专门的字形码。

目前的汉字处理系统中，字形信息的表示大体上有两类形式：一类是用活字或文字版的母体字形形式，另一类是用点阵表示法、矢量表示法等形式，其中最基本的也是大多数字形库采用的便是以点阵的形式存储汉字字形编码的方法。

点阵字形又称为字模，是将字符的字形分解成若干"点"组成的点阵，将此点阵置于一个网上，每一小方格是点阵中的一个"点"，点阵中的每一个点可以有黑白两种颜色，有字形笔画的点用黑色，反之用白色，这样就能描写出汉字字形了。

图 1-17 所示是汉字"次"的点阵，如果用十进制的"1"表示黑色点，用"0"表示没有笔画的白色点，每一行 16 个点用两字节表示，则需要 32 个字节描述一个汉字的字形，即一个字形码占 32 个字节。

一个计算机汉字处理系统常配有宋体、仿宋、黑体、楷体等多种字体。同一个汉字不同字体的字形编码是不相同的。

根据汉字输出的要求不同，点阵的多少也不同。一般情况下，西文字符显示用 7×9 点阵，汉字显示用 16×16 点阵，所以汉字占两个西文字符显示的宽度。汉字在打印时可使用 16×16、24×24、32×32 点阵，甚至更高。点阵越大，描述的字形越细致美观，质量越高，所占存储空间也越大。汉字点阵的信息量是很大的，以 16×16 点阵为例，每个汉字要占用 32 个字节，国标两级汉字要占用 256KB。因此字模点阵只能用来构成汉字库，而不能用于机内存储。

通常，计算机中所有汉字的字形码集合起来组成汉字库（或称为字模库）存放在计算机里，当汉字输出时由专门的字形检索程序根据这个汉字的内码从汉字库里检索出对应的字形码，由字形码再控制输出设备输出汉字。汉字点阵字形的汉字库结构简单，但是当需要对汉字进行放大、缩小、平移、倾斜、旋转、投影等变换时，汉字的字形效果不好，若使用矢量汉字库、曲线字库的汉字，其字形用直线或曲线表示，能产生高质量的输出字形。

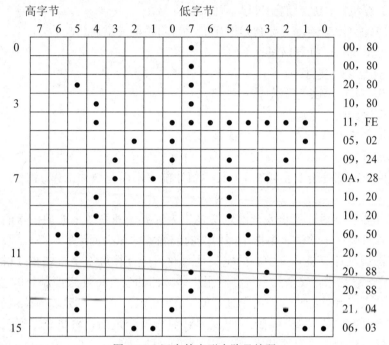

图 1-17 汉字的字形点阵及编码

4）汉字的输入码。

目前，计算机一般是使用西文标准键盘输入，为了能直接使用西文标准键盘输入汉字，必须给汉字设计相应的输入编码方法。其编码方案有很多种，主要分为三类：数字编码、拼音码和字形编码。

● 数字编码：常用的是国标区位码，用数字串将一个汉字输入。区位码是将国家标准局公布的 6763 个两级汉字分为 94 个区，每个区分 94 位，实际上把汉字表示成二维数组，每个汉字在数组中的下标就是区位码。区码和位码各两位十进制数字，因此输入一个汉字需要按键四次。例如"中"字位于第 54 区 48 位，区位码为 5448。数字编码输入的优点是无重码，输入码与内部编码的转换比较方便，缺点是代码难以记忆。

● 拼音码：拼音码是以汉语拼音为基础的输入方法。凡掌握汉语拼音的人，不需要训练和记忆，即可使用，但汉字同音字太多，输入重码率很高，因此按拼音输入后还必须进行同音字选择，影响了输入速度。常用拼音码有全拼、智能 ABC 输入法等。

● 字形编码：字形编码是用汉字的形状来进行的编码。汉字总数虽多，但是由一笔一划组成，全部汉字的部件和笔划其实是有限的。因此，把汉字的笔划部分用字母或数字进行编码，按笔划的顺序依次输入，就能表示一个汉字了。例如五笔字型编码是最有影响的一种字形编码方法。

综上所述，汉字从送入计算机到输出显示，汉字信息编码形式不尽相同。汉字的输入编码、汉字内码、字形码是计算机中用于输入、内部处理、输出三种不同用途的编码，不要混为一谈。

1.4   计算机安全常识

你在使用计算机时，是否遇到过以下情景？

- 电脑速度突然变慢，莫名其妙地死机、自动关机或重启。
- 自动弹出窗口，打开网页。
- IE 浏览器参数被更改。
- E-mail、QQ、网络游戏等账号被盗。
- 一些程序无法正常运行。
- 计算机主机电源开关无法使用或显示器不能正常显示图文。

这说明你的计算机系统出现了安全问题，计算机的安全包括硬件和软件的安全，只有计算机系统在这两方面都处于安全状态下，计算机才能正常而有效地工作。那么，什么是计算机的安全呢？

国际标准化委员会对计算机安全的定义是"为数据处理系统采取的技术的和管理的安全保护，保护计算机硬件、软件、数据不因偶然的或恶意的原因而遭到破坏、更改、泄露。"

美国国防部国家计算机安全中心的定义是"要讨论计算机安全首先必须讨论对安全需求的陈述，……。一般说来，安全的系统会利用一些专门的安全特性来控制对信息的访问，只有经过适当授权的人或者以这些人的名义进行的进程可以读、写、创建和删除这些信息"。

我国公安部计算机管理监察司的定义是"计算机安全是指计算机资产安全，即计算机信息系统资源和信息资源不受自然和人为有害因素的威胁和危害"。

1.4.1   计算机的硬件安全

计算机的安全，除了人们关心的病毒、特洛伊木马和其他涉及到的软件方面的威胁，还有计算机的硬件安全。硬件安全是指系统设备及相关设施受到物理保护，免于破坏、丢失等。

安装好一台计算机后，难免会出现这样或那样的故障，这些故障可能是硬件的故障，也可能是软件的故障。一般情况下，刚刚安装的机器出现硬件故障的可能性较大，机器运行一段时间后，其故障率相对降低。对于硬件故障，我们只要了解各种配件的特性及常见故障的发生，就能逐个排除。

- 接触不良的故障。接触不良一般反映在各种插卡、内存、CPU 等与主板的接触不良，或电源线、数据线、音频线等的连接不良。其中各种适配卡、内存与主板接触不良的现象比较常见，通常只要更换相应的插槽位置或用沙擦胶擦一擦金手指即可排除故障。
- 未正确设置参数。CMOS 参数的设置主要有硬盘、软驱、内存的类型，以及口令、机器启动顺序、病毒警告开关等。由于参数没有设置或没有正确设置，系统都会提示出错。如病毒警告开关打开，则有可能无法成功安装其他软件。
- 硬件本身故障。硬件出现故障，除了本身的质量问题外，也可能是负荷太大或其他原因引起的，如电源的功率不足或 CPU 超频使用等，都有可能引起机器的故障。

磁盘和磁带机等存储设备也应妥善保管，像能抵抗火灾和水灾的保险箱就是个不错的选择。在某些情况下，对软驱和光驱加锁能有效防止人们利用软盘或光盘启动机器从而绕开系统的安全设置。

硬盘保养。一般正品硬盘没什么大问题，但有些水货硬盘就没那么好的运气了，对此，如果你的电脑由于种种原因时常断电或非正常重启，那就应尽快进行硬盘扫描，及时修复磁盘的错误，尽量避免坏道的产生。同时，给自己的机器配个好点的电源。当然，由于病毒等种种原因，建议你最好给硬盘备份好分区表，这样一旦出现问题，也可以减小数据的损失。

计算机周围环境，如合适的温度和湿度，避免热源，并给予计算机充分的空气流通，绝不能把机器安置在有潜在水、烟、灰尘或火患的地方。

最后一点就是正确使用电源。

1.4.2　计算机的软件安全

目前，随着计算机的应用进一步扩展，影响计算机安全的主要因素是计算机的软件安全，尤其是计算机病毒的流行成为计算机安全的最大隐患。

1. 计算机病毒的定义

计算机病毒（Virus）是一个程序，一段可执行的代码，对计算机的正常使用进行破坏，使得计算机无法正常使用甚至整个操作系统或硬盘损坏。就像生物病毒一样，计算机病毒有独特的复制能力。计算机病毒可以很快地蔓延，又常常难以根除。它们能把自身附着在各种类型的文件上。当文件被复制或从一个用户传送到另一个用户时，它们就随同文件一起蔓延开来。这种程序不是独立存在的，它隐蔽在其他可执行的程序之中，既有破坏性，又有传染性和潜伏性。轻则影响机器的运行速度，使机器不能正常运行；重则使机器处于瘫痪，会给用户带来不可估量的损失。通常就把这种具有破坏作用的程序称为计算机病毒。

除复制能力外，某些计算机病毒还有其他一些共同特性：一个被污染的程序能够传送病毒载体。当你看到病毒载体似乎仅仅表现在文字和图像上时，它们可能已经毁坏了文件，再将硬盘驱动格式化或引发其他类型的灾害。病毒可能并不寄生于一个污染程序，它能通过占据存储空间给你带来麻烦，并降低计算机的全部性能。

2. 计算机病毒的特性

计算机病毒具有以下几个特点：

（1）破坏性和危害性。计算机病毒程序从本质上来说是一个逻辑炸弹，一旦满足条件要求而被激活并发起攻击就会迅速扩散，使整个计算机系统无法正常运行，所以它具有极大的破坏性和危害性。

（2）传染性。计算机病毒不但本身具有破坏性，更有害的是具有传染性，一旦病毒被复制或产生变种，其速度之快令人难以预防。所谓传染性，是指病毒具有极强的再生和扩散能力，潜伏在计算机系统中的病毒可以不断进行病毒体的再生和扩散，从而使其很快扩散到磁盘存储器和整个计算机系统。

（3）隐蔽性。计算机病毒程序是人为制造的小巧玲珑的经过精心炮制的程序，这就是病毒的源病毒。这种源病毒是一个独立的程序体，源病毒经过扩散生成的再生病毒往往采用附加或插入的方式隐蔽在可执行程序或数据文件中，可以在几周或几个月内不被人发现，这就是病毒的隐蔽性。

（4）潜伏性和激发性。有些病毒像定时炸弹一样，让它什么时间发作是预先设定好的。

比如黑色星期五病毒，不到预定时间一点都觉察不出来，等到条件具备的时候一下子就爆发开来，对系统进行破坏。

而病毒的激发性是指系统病毒在一定条件下受外界刺激，使病毒程序迅速活跃起来的特性。

（5）针对性。计算机病毒总是针对特定的信息设备、软件系统而编写，有针对 IBM PC 机及其兼容机的，有针对 Apple 公司的 Macintosh 的，还有针对 UNIX 操作系统的。例如小球病毒是针对 IBM PC 机及其兼容机上的 DOS 操作系统的，又如 CIH 病毒是专门针对某一类主板进行破坏和攻击的，"美丽莎"病毒是针对 Microsoft Office 软件的。

（6）寄生性。计算机病毒寄生在其他程序之中，当执行这个程序时，病毒就起破坏作用，而在未启动这个程序之前，它是不易被人发觉的。

（7）不可预见性。从对病毒的检测方面来看，病毒还有不可预见性。不同种类的病毒，它们的代码千差万别，但有些操作是共有的（如驻内存、改中断）。有些人利用病毒的这种共性制作了声称可查所有病毒的程序。这种程序的确可查出一些新病毒，但由于目前的软件种类极其丰富，并且某些正常程序也使用了类似病毒的操作手法甚至借鉴了某些病毒的技术，使用这种方法对病毒进行检测势必会造成较多的误报情况。而且病毒的制作技术也在不断的提高，病毒对反病毒软件永远是超前的。新一代计算机病毒甚至连一些基本的特征都隐藏了，有时可通过观察文件长度的变化来判别。然而更新的病毒也可以在这个问题上蒙蔽用户，它们利用文件中的空隙来存放自身代码，使文件长度不变。许多新病毒则采用变形来逃避检查，这也成为新一代计算机病毒的基本特征。

（8）衍生性。这种特性为一些病毒制造者提供了一种创造新病毒的捷径。计算机病毒传染的破坏部分反映了设计者的设计思想和设计目的。但是，这可以被其他掌握原理的人以其个人的企图进行任意改动，从而又衍生出一种不同于原版本的新的计算机病毒（又称为变种）。这就是计算机病毒的衍生性。这种变种病毒造成的后果可能比源病毒严重得多。

3. 计算机病毒的症状和表现形式

计算机受到病毒感染后，会表现出不同的症状，下面把一些经常碰到的现象列出来，供用户参考。

（1）机器不能正常启动。加电后机器根本不能启动，或者可以启动，但所需要的时间比原来的启动时间变长了，有时会突然出现黑屏现象。

（2）运行速度降低。如果发现在运行某个程序时，读取数据的时间比原来长，存储文件或调用文件的时间都增加了，那就可能是由病毒造成的。

（3）磁盘空间迅速变小。由于病毒程序要进驻内存，而且又能繁殖，因此使内存空间变小甚至变为"0"，用户什么信息也存储不进去。

（4）文件内容和长度有所改变。一个文件存入磁盘后，本来它的长度和内容都不会改变，可是由于病毒的干扰，文件长度可能改变，文件内容也可能出现乱码。有时文件内容无法显示或显示后又消失了。

（5）经常出现"死机"现象。正常的操作是不会造成死机现象的，即使是初学者，命令输入不对也不会死机。如果计算机经常死机，那可能是由于系统被病毒感染了。

（6）外部设备工作异常。因为外部设备受系统的控制，如果机器中有病毒，外部设备在工作时可能会出现一些异常情况，出现一些用理论或经验说不清楚的现象。

4. 计算机病毒的传播途径

计算机病毒的主要传播途径有软盘、光盘、硬盘、BBS、网络等。其中病毒通过网络传播是最主要的形式，且有日益扩大的趋势。

当前，Internet 上病毒的最新趋势是：

（1）不法分子或好事之徒制作的匿名个人网页直接提供下载大批病毒活样本的便利途径。

（2）学术研究的病毒样本提供机构同样可以成为别有用心的人使用的工具。

（3）由于网络匿名登录成为可能，使一些关于病毒制作研究讨论的学术性质的电子论文、期刊、杂志及相关的网上学术交流活动，如病毒制造协会年会等，就有可能成为国内外任何想成为新病毒制造者的人学习、借鉴、盗用、抄袭的目标与对象。

（4）常见于网站上的大批病毒制作工具、向导、程序等，使得无编程经验和基础的人制造新病毒成为可能。

（5）新技术、新病毒使得几乎所有人在不知情时无意中成为病毒扩散的载体或传播者。

1.4.3　计算机病毒的分类

按照计算机病毒的特点，计算机病毒的分类方法有多种。同时，同一种病毒可能有多种不同的分类方法。

1. 按照计算机病毒的链接方式分类

由于计算机病毒本身必须有一个攻击对象以实现对计算机系统的攻击，计算机病毒所攻击的对象是计算机系统可执行的部分。

（1）源码型病毒。该病毒攻击高级语言编写的程序，其在高级语言所编写的程序编译前插入到源程序中，经编译成为合法程序的一部分。

（2）嵌入型病毒。这种病毒是将自身嵌入到现有程序中，把计算机病毒的主体程序与其攻击的对象以插入的方式链接。这种计算机病毒是难以编写的，一旦侵入程序后也较难消除。如果同时采用多态性病毒技术、超级病毒技术和隐蔽性病毒技术，将给当前的反病毒技术带来严峻的挑战。

（3）外壳型病毒。外壳型病毒将其自身包围在主程序的四周，对原来的程序不作修改。这种病毒最为常见，易于编写，也易于发现，一般测试文件的大小即可得知。

（4）入侵病毒。侵入到现有程序中，实际上是把病毒插入到程序之中去，并替换主程序中部分不常用的功能模块。

（5）操作系统型病毒。这种病毒用它自己的程序意图加入或取代部分操作系统进行工作，具有很强的破坏力，可以导致整个系统的瘫痪。圆点病毒和大麻病毒就是典型的操作系统型病毒。

这种病毒在运行时，用自己的逻辑部分取代操作系统的合法程序模块，根据病毒自身的特点和被替代的操作系统中合法程序模块在操作系统中运行的地位与作用等对操作系统进行破坏。

2. 按照计算机病毒的破坏情况分类

按照计算机病毒的破坏情况可分为以下两类：

（1）良性计算机病毒。良性病毒是指其不包含有立即对计算机系统产生直接破坏作用的代码。这类病毒为了表现其存在，只是不停地进行扩散，从一台计算机传染到另一台，并不破坏计算机内的数据。

（2）恶性计算机病毒。恶性病毒是指在其代码中包含有损伤和破坏计算机系统的操作，在其传染或发作时会对系统产生直接的破坏作用。因此，这类恶性病毒是最危险的。

3. 按照计算机病毒的寄生部位或传染对象分类

传染性是计算机病毒的本质属性，根据寄生部位或传染对象分类，即根据计算机病毒的传染方式进行分类，有以下几种：

（1）磁盘引导区传染的计算机病毒。磁盘引导区传染的病毒主要是用病毒的全部或部分逻辑取代正常的引导记录，而将正常的引导记录隐藏在磁盘的其他地方。

（2）操作系统传染的计算机病毒。操作系统传染的计算机病毒就是利用操作系统中所提供的一些程序及程序模块寄生并传染的。通常，这类病毒作为操作系统的一部分，只要计算机开始工作，病毒就处在随时被触发的状态。操作系统传染的病毒目前已广泛存在。

（3）可执行程序传染的计算机病毒。可执行程序传染的病毒通常寄生在可执行程序中，一旦程序被执行，病毒也就被激活，病毒程序首先被执行，并将自身驻留在内存中，然后设置触发条件，进行传染。

对于以上三种病毒的分类，实际上可以归纳为两大类：一类是引导扇区型传染的计算机病毒；另一类是可执行文件型传染的计算机病毒。

4. 按照计算机病毒激活的时间分类

按照计算机病毒激活的时间可分为定时病毒和随机病毒。定时病毒仅在某一特定时间才发作，而随机病毒一般不是由时钟来激活的。

5. 按表现形式分类

（1）逻辑炸弹（Logic bombs）。逻辑炸弹是由写程序的人有意设置的，是一种经过一定的时间或某项特定事务处理的输入作为触发信号而引爆的炸弹，会造成系统中数据的破坏。

（2）陷阱入口（Trap entrance）。陷阱入口也是程序开发者有意安排的，当程序开发完毕并在计算机里实际运行后，只有他自己掌握操作的秘密，使程序完成某种事情，而其他人使用这一程序，则会进入死循环或其他路径。

（3）特洛伊木马（TrojanHorse，简称木马），表示某些有意骗人犯错误的程序，它由程序开发者制造出一个表面上很有魅力而显得可靠的程序，可当使用一定时间或一定次数后，便会出现巨大的故障或各种问题，从功能上看，与逻辑炸弹有相同之处。

6. 按寄生方式和传染途径分类

人们习惯将计算机病毒按寄生方式和传染途径来分类。计算机病毒按其寄生方式大致可分为两类：引导型病毒和文件型病毒。

引导型病毒会去改写（即一般所说的"感染"）磁盘上的引导扇区（BOOT SECTOR）的内容，软盘或硬盘都有可能感染病毒。再就是改写硬盘上的分区表（FAT）。如果用已感染病毒的软盘来启动，则会感染硬盘。

大多数的文件型病毒都会把它们自己的程序码复制到其宿主的开头或结尾处。这会造成已感染病毒文件的长度变长。大多数文件型病毒都是常驻内存中的。

随着微软公司 Word 文字处理软件的广泛使用和计算机网络尤其是 Internet 的推广普及，病毒家族又出现了一种新成员，这就是宏病毒。宏病毒是一种寄存于文档或模板的宏中的计算机病毒。一旦打开这样的文档，宏病毒就会被激活，转移到计算机上，并驻留在 Normal 模板上。从此以后，所有自动保存的文档都会"感染"上这种宏病毒，而且如果其他用户打开了感染病毒的文档，宏病毒又会转移到其他的计算机上。

此外，病毒还可以用以下几种方法进行分类：

（1）按计算机病毒攻击的系统分类，可分为攻击 DOS 系统的病毒、攻击 Windows 系统的病毒、攻击 UNIX 系统的病毒、攻击 OS/2 系统的病毒。

（2）按照病毒的攻击机型分类，分为攻击微型计算机的病毒、攻击小型机的计算机病毒、攻击工作站的计算机病毒等。

（3）按照传播媒介分类，可分为单机病毒和网络病毒。

1.4.4　计算机病毒的发展趋势

随着计算机技术的发展，计算机病毒也在不断发展，计算机病毒与反病毒技术就像敌我双方一样在相互牵制的过程中使自身不断发展壮大，而且从目前的情况来看，计算机病毒总是主动的一方，我们处在被动防御和抵抗中。

1. 计算机网络（互联网、局域网）成为计算机病毒的主要传播途径

计算机病毒最早只通过文件拷贝传播，当时最常见的传播媒介是软盘和盗版光盘。随着计算机网络的发展，目前计算机病毒可通过计算机网络利用多种方式（电子邮件、网页、即时通信软件等）进行传播。计算机网络的发展有助于计算机病毒传播速度的提高，感染的范围也越来越广。可以说，网络化带来了计算机病毒传染的高效率。这一点以"冲击波"和"震荡波"的表现最为突出。

2. 计算机病毒变形（变种）的速度极快并向混合型、多样化发展

当前计算机病毒向混合型、多样化发展，如红色代码病毒（Code Red）就是综合了文件型、蠕虫型病毒的特性，这种发展趋势会造成反病毒工作变得更加困难。如 2004 年 1 月 27 日，一种新型蠕虫病毒"小邮差变种"在企业电子邮件系统中传播，导致邮件数量暴增，从而阻塞网络。该病毒采用的是病毒和垃圾邮件相结合的少见战术，传播速度更快。

3. 运行方式和传播方式的隐蔽性

现在，病毒在运行方式和传播方式上更加隐蔽，如"图片病毒"，可通过以下形式发作：①群发邮件，附带有病毒的 JPG 图片文件；②采用恶意网页形式，浏览网页中的 JPG 文件甚至网页上自带的图片即可被病毒感染；③通过即时通信软件（如 QQ、MSN 等）的自带头像等图片或者发送图片文件进行传播。

此外像"蓝盒子（Worm.Lehs）"、"V 宝贝（Win32.Worm.BabyV）"病毒等，可以将自己伪装成微软公司的补丁程序来进行传播，这些伪装令人防不胜防。此外，还有一些感染 QQ、MSN 等即时通讯软件的计算机病毒会给你一个十分吸引人的网址，只要你浏览这个网址的网页，计算机病毒就会入侵。

4. 利用操作系统漏洞传播

操作系统是个复杂的工程，出现漏洞及错误是难免的，任何操作系统都是在修补漏洞和改正错误的过程中逐步趋向成熟和完善的。目前应用最为广泛的 Windows 系列的操作系统也是如此，但这些漏洞和错误却给了计算机病毒和黑客一个很好的表演舞台。

5. 计算机病毒技术与黑客技术将日益融合

随着计算机病毒技术与黑客技术的发展，病毒编写者最终将会把这两种技术进行融合。如 Mydoom 蠕虫病毒是通过电子邮件附件进行传播的，当用户打开并运行附件内的蠕虫程序后，蠕虫就会立即以用户邮箱内的电子邮件地址为目标向外发送大量带有蠕虫附件的欺骗性邮件，同时在用户主机上留下可以上传并执行任意代码的后门。2006 年底和 2007 年初出现的一种木马病毒"熊猫烧香"更是给计算机用户带来了极大的危害，也使计算机病毒技术与黑客技术的融合达到极致。

1.4.5　计算机病毒的剖析和实用防范方法

对于个人用户来说，计算机病毒的主要防范措施有以下几方面：

（1）留心邮件的附件，不要盲目转发信件。对于邮件附件要尽可能小心，需要安装一套杀毒软件，在打开邮件之前对附件进行预扫描。因为有的病毒邮件恶毒之极，只要你将鼠标移至邮件上，哪怕并不打开附件，它也会自动执行。更不要打开陌生人来信中的附件文件，当你收到陌生人寄来的一些自称是"不可不看"的有趣东西时，千万不要不假思索地打开它，尤其对于一些.exe之类的可执行程序文件，更要慎之又慎。

收到自认为有趣的邮件时，不要盲目转发。

（2）注意文件扩展名。因为Windows允许用户在文件命名时使用多个扩展名，而许多电子邮件程序只显示第一个扩展名，有时会造成一些假相。所以我们可以在"文件夹选项"中设置显示文件名的扩展名，这样一些有害文件，如VBS文件就会原形毕露。注意千万不要打开扩展名为VBS、SHS和PIF的邮件附件，因为一般情况下，这些扩展名的文件几乎不会在正常附件中使用，但它们经常被病毒和蠕虫使用。例如，你看到的邮件附件名称是 wow.jpg，而它的全名实际上是wow.jpg.vbs，打开这个附件意味着运行一个恶意的VBScript病毒，而不是你的JPG查看器。

（3）不要轻易运行程序。对于一般人寄来的程序都不要运行，就算是比较熟悉、了解的朋友寄来的信件，如果其信中夹带了程序附件，但是他却没有在信中提及或是说明，也不要轻易运行。因为有些病毒是偷偷地附着上去的——也许他的计算机已经染毒，可他自己却不知道。比如"happy 99"就是这样的病毒，它会自我复制，跟着你的邮件走。当你收到邮件广告或者商家主动提供的电子邮件时，尽量也不要打开附件以及它提供的链接。

（4）堵住系统漏洞。现在很多网络病毒都是利用了微软的IE和Outlook的漏洞进行传播的，因此大家需要特别注意微软网站提供的补丁，很多网络病毒可以通过下载和安装补丁文件或安装升级版本来消除阻止它们。

（5）禁止Windows Scripting Host。对于通过脚本"工作"的病毒，可以采用在浏览器中禁止Java或ActiveX运行的方法来阻止病毒的发作。禁用Windows Scripting Host（WSH）运行各种类型的文本，但基本都是VBScript或JScript。许多病毒/蠕虫，如Bubbleboy和KAK.worm使用Windows Scripting Host，无需用户单击附件，就可自动打开一个被感染的附件。这时应该把浏览器的隐私设置设为"高"。

（6）注意共享权限。一般情况下勿将磁盘上的目录设为共享，如果确有必要，请将权限设置为只读，写操作需要指定口令，也不要用共享的软盘安装软件，或者是复制共享的软盘，这是导致病毒从一台机器传播到另一台机器的方式。

（7）不要随便接收附件。尽量不要从在线聊天系统的陌生人那里接收附件，如 ICQ 或QQ中传来的东西。有些人通过在QQ聊天中取得你的信任之后，会给你发一些附有病毒的文件，所以对附件中的文件不要打开，先保存在特定目录中，然后用杀毒软件进行检查，确认无病毒后再打开。

（8）从正规网站下载软件。不要从任何不可靠的渠道下载软件，因为通常我们无法判断什么是不可靠的渠道，所以比较保险的办法是对下载的软件在安装前先做病毒扫描。

（9）多做自动病毒检查。确保计算机对插入的软盘、光盘和其他的可插拔介质，以及对电子邮件和互联网文件都会做自动的病毒检查。

（10）使用最新杀毒软件。养成用最新杀毒软件及时查毒的好习惯。但是千万不要以为安装了杀毒软件就可以高枕无忧了，一定要及时更新病毒库，否则杀毒软件就会形同虚设；另外要正确设置杀毒软件的各项功能，充分发挥它的功效。

1.4.6 计算机安全技术

计算机应用系统迅猛发展的同时，也面临着各种各样的威胁。计算机系统安全技术涉及面广，首先需要搞清其基本范畴、基本概念及分类，认识计算机犯罪的由来与计算机系统应该采取的安全对策及措施。对一般用户而言，可以采取如下几方面的措施：

（1）数据备份与恢复。

可以使用 Norton Partition Magic 对计算机中的硬盘进行分区。分区的好处是可以将系统文件和其他的数据文件分区保护，便于以后进行数据恢复。

（2）硬盘数据备份与恢复。

硬盘分区以后，如果要进行数据备份，用户可以使用 Ghost 或类似 Ghost 功能的一键还原精灵等免费软件来备份或恢复系统文件或数据文件。

（3）备份注册表。

平时操作系统出现的一些问题，如系统无法启动、应用程序无法运行、系统不稳定等情况，很多是因为注册表出现错误而造成的，通过修改相应的数据就能解决这些问题。因此应将系统使用的注册表信息进行备份。

（4）数据加密。

现在网上的活动日益增多，如聊天、网上支付、网上炒股等，这些活动经常和用户的账号、密码相关，如果相关的信息被盗取或公开，则损失不可估量。为此可以采用数据加密技术来进行保护。常用的数据加密技术有：

- 信息隐藏技术和数字水印（Digital Watermarking）。信息隐藏技术和数字水印技术都是指将特定的信息经过一系列运算处理后存储在另一种媒介（如文本文件、图像文件或视频文件等）中，只不过两者针对的对象不同。信息隐藏是为了保护特定的信息，而数字水印是为了保护文本文件、图像文件或视频文件的版权，与钞票水印相类似的是在数据中藏匿版权信息。数字水印技术是一种横跨信号处理、数字通信、密码学、计算机网络等多学科的新技术，有广阔的市场前景。
- 数字签名。数字签名在 ISO7498-2 标准中定义为"附加在数据单元上的一些数据，或是对数据单元所做的密码变换，这种数据和密码变换允许数据单元的接收者用以确认数据单元的来源和数据单元的完整性，并保护数据，防止被人（例如接收者）伪造"。

该技术是实现交易安全的核心技术之一。

（5）反病毒软件使用。

常用的反病毒软件有瑞星、卡巴斯基、金山杀毒、360 杀毒等。利用这些杀毒软件可抵御一些常见病毒的入侵。

（6）防火墙技术。

防火墙是在用户和网络之间、网络与网络之间建立起来的一道安全屏障，是提供信息安全服务，实现网络和信息安全的重要基础设施，主要用于限制被保护的对象和外部网络之间进行的信息存取、信息传递等操作。

常见的防火墙有两种类型：包过滤防火墙和代理服务器防火墙。

- 包过滤（Packet Filter）防火墙。包过滤技术是所有防火墙中的核心功能，是在网络层对数据包进行选择，选择的依据是系统设置的过滤机制，被称为访问控制列表（Access Control List，ACL）。通过检查数据流中每个数据包的源地址、目的地址、所用的端口号、协议状态等因素来确定是否允许该数据包通过。

● 代理服务器防火墙。代理（Proxy）技术是面向应用级防火墙的一种常用技术，提供代理服务器的主体对象必须是有能力访问 Internet 的主机，才能为那些无权访问 Internet 的主机作代理，使得那些无法访问 Internet 的主机通过代理也可以完成访问 Internet。

个人常用的防火墙软件有：瑞星防火墙和天网防火墙等。

习题 1

一、选择题

1. 计算机科学的奠基人是（　　）。

　　A. 查尔斯·巴贝奇　　B. 图灵　　　　　　C. 阿塔诺索夫　　　　　　　D. 冯·诺依曼

2. 当今计算机的基本结构和工作原理是由冯·诺依曼提出的，其主要思想是（　　）。

　　A. 存储程序　　　　　B. 二进制数　　　　C. CPU 控制原理　　　　　D. 开关电路

3. 计算机最早的应用领域是（　　）。

　　A. 科学计算　　　　　B. 数据处理　　　　C. 过程控制　　　　　　　D. CAD/CAM/CIMS

4. 计算机辅助制造的简称是（　　）。

　　A. CAD　　　　　　　B. CAM　　　　　　C. CAE　　　　　　　　　D. UNIVAC

5. CAI 是目前发展迅速的应用领域之一，其含义是（　　）。

　　A. 计算机辅助设计　　　　　　　　　　　B. 计算机辅助教育

　　C. 计算机辅助工程　　　　　　　　　　　D. 计算机辅助制造

6. 计算机内部，信息用（　　）表示。

　　A. 模拟数字　　　　　B. 十进制数　　　　C. 二进制数　　　　　　　D. 抽象数字

7. 计算机字长是指（　　）位数。

　　A. 二进制　　　　　　B. 八进制　　　　　C. 十进制　　　　　　　　D. 十六进制

8. 字节是计算机中存储容量的单位，1 个字节由（　　）位二进制序列组成。

　　A. 4　　　　　　　　B. 8　　　　　　　　C. 10　　　　　　　　　　D. 16

9. 存储在计算机内部的一个西文字符占 1 个字节，1 个汉字占（　　）个字节。

　　A. 1　　　　　　　　B. 2　　　　　　　　C. 4　　　　　　　　　　D. 8

10. 二进制数 101101 转换为十进制数是（　　）。

　　A. 46　　　　　　　 B. 65　　　　　　　C. 77　　　　　　　　　D. 45

11. 二进制数 1110111.11 转换成十六进制数是（　　）。

　　A. 77.C　　　　　　 B. 77.3　　　　　　C. E7.C　　　　　　　　D. E7.3

12. 十六进制数 2B4 转换为二进制数是（　　）。

　　A. 10101100　　　　 B. 1010110100　　　C. 10001011100　　　　 D. 1010111000

13. 下列不同进制的 4 个数中，最小的数是（　　）。

　　A. $(11011001)_2$　　B. $(37)_8$　　　　　C. $(75)_{10}$　　　　　　D. $(2A)_{16}$

14. 下列 4 个无符号十进制数中，能用 8 位二进制数表示的是（　　）。

  A. 296   B. 333   C. 256   D. 199

15. 计算机中机器数有三种表示方法，下列不属于这三种表示方法的是（　　）。

  A. 反码   B. ASCII 码   C. 原码   D. 补码

16. 在下面关于字符之间大小关系的说法中，正确的是（　　）。

  A. 空格符>a>A B. 空格符>A>a C. a>A>空格符   D. A>a>空格符

17. 汉字系统中的汉字字库中存放的是汉字的（　　）。

  A. 机内码   B. 输入码   C. 字形码   D. 国标码

18. 汉字的国标码由两个字节组成，每个字节的取值范围均在十进制数（　　）的范围内。

  A. 33～126   B. 0～127   C. 161～254   D. 32～127

19. 汉字的机内码由两个字节组成，每个字节的取值均大于下面的（　　）十六进制数。

  A. B0H   B. A1H   C. 16H   D. A0H

20. 某计算机的内存是 16MB，则它的容量为（　　）个字节。

  A. 16×1024×1024 B. 16×1000×1000 C. 16×1024   D. 16×1000

21. 采用任何一种输入法输入汉字，存储到计算机内一律转换成汉字的（　　）。

  A. 拼音码   B. 五笔码   C. 外码   D. 内码

22. 下面不属于计算机病毒特征的是（　　）。

  A. 传染性   B. 突发性   C. 可预见性   D. 隐藏性

23. 计算机病毒是（　　）。

  A. 一种程序   B. 使用计算机时容易感染的一种疾病

  C. 一种计算机硬件   D. 计算机系统软件

24. 下面关于比特的叙述中，错误的是（　　）。

  A. 比特是组成数字信息的最小单位

  B. 比特只有"0"和"1"两个符号

  C. 比特既可以表示数值和文字，也可以表示图像和声音

  D. 比特"1"总是大于比特"0"

25. 在下列有关商品软件、共享软件、自由软件及其版权的叙述中，错误的是（　　）。

  A. 通常用户需要付费才能得到商品软件的合法使用权

  B. 共享软件是一种"买前免费试用"的具有版权的软件

  C. 自由软件允许用户随意拷贝，但不允许修改其源代码和自由传播

  D. 软件许可证确定了用户对软件的使用方式，扩大了版权法给予用户的权利

26. 人们通常将计算机软件划分为系统软件和应用软件。下列软件中，不属于应用软件类型的是（　　）。

  A. AutoCAD   B. MSN   C. Oracle   D. Windows Media Player

27. 二进制数$(1010)_2$与十六进制数$(B2)_{16}$相加，结果为（　　）。

  A. $(273)_8$ B. $(274)_8$ C. $(314)_8$ D. $(313)_8$

28. 设有一段文本由基本 ASCII 字符和 GB2312 字符集中的汉字组成，其代码为 B0 A1 57 69 6E D6 D0 CE C4 B0 E6，则在这段文本中含有（　　）。

  A. 1 个汉字和 9 个西文字符   C. 3 个汉字和 5 个西文字符

  B. 2 个汉字和 7 个西文字符   D. 4 个汉字和 3 个西文字符

29. 所谓"变号操作"，是指将一个整数变成绝对值相同符号相反的另一个整数。假设使用补码表示的 8

位整数 X=10010101，则经过变号操作后，结果为（　　　）。

　　A．01101010　　　　　B．00010101　　　　　C．11101010　　　　　　D．01101011

30．若计算机内存中连续 2 个字节的内容其十六进制形式为 34 和 64，则它们不可能是（　　　）。

　　A．2 个西文字符的 ASCII 码　　　　　　　　B．1 个汉字的机内码

　　C．1 个 16 位整数　　　　　　　　　　　　D．图像中一个或两个像素的编码

二、填空题

1．第一代电子计算机采用的物理器件是_____。

2．大规模集成电路的英文简称是_____。

3．未来计算机将朝着微型化、巨型化、_____和智能化方向发展。

4．根据用途及其使用的范围，计算机可以分为_____和专用机。

5．微型计算机的种类很多，主要分成台式机、笔记本电脑和_____。

6．未来新型计算机系统有光计算机、分子计算机和_____。

7．_____是现代电子信息技术的直接基础。

8．假定某台计算机的字长为 8 位，$[-67]_原=$_____、$[-67]_反=$_____、$[-67]_补=$_____。

9．浮点数取值范围的大小由_____决定，而浮点数的精度由_____决定。

10．用一个字节表示非负整数，最小值为_____，最大值为_____。

11．2 个字节代码可表示_____个状态。

12．字符"A"的 ASCII 码的值为 65，则可推算出字符"G"的 ASCII 码的值为_____。

13．16*16 点阵的一个汉字，其字形码占_____个字节，若是 24*24 点阵的一个汉字，其字形码占_____字节。

14．汉字输入时采用_____，在计算机内存储或处理汉字时采用_____，输出时采用_____。

15．已知"中"的区位码为 5448，它的国标码为_____，机内码为_____。

三、判断题

1．世界上第一台电子计算机是 1946 年在美国研制成功的。　　　　　　　　　　　　　（　　　）

2．计算机主要应用于科学计算、信息处理、过程控制、辅助系统、通信等领域。　　　（　　　）

3．计算机中"存储程序"的概念是由图灵提出的。　　　　　　　　　　　　　　　　　（　　　）

4．电子计算机的计算速度很快但计算精度不高。　　　　　　　　　　　　　　　　　（　　　）

5．CAD 系统是指利用计算机来帮助设计人员进行设计工作的系统。　　　　　　　　（　　　）

6．计算机辅助制造的英文缩写为 CAI。　　　　　　　　　　　　　　　　　　　　　（　　　）

7．计算机不但有记忆功能，还有逻辑判断功能。　　　　　　　　　　　　　　　　　（　　　）

8．计数制中使用的数码个数被称为基数。　　　　　　　　　　　　　　　　　　　　（　　　）

9．十进制数的 11，在十六进制中仍表示成 11。　　　　　　　　　　　　　　　　　（　　　）

10．计算机中用来表示内存容量大小的最基本单位是位。　　　　　　　　　　　　　　（　　　）

11．计算机的原码和反码相同。　　　　　　　　　　　　　　　　　　　　　　　　　（　　　）

12．计算机中数值型数据和非数值型数据均以二进制数据形式存储。　　　　　　　　　（　　　）

13．微型计算机中使用最普遍的字符编码是 ASCII 码。　　　　　　　　　　　　　　　（　　　）

14．用汉字输入法输入汉字时，只能单个字输入，不能输入词组。　　　　　　　　　　（　　　）

15. 外码是用于将汉字输入计算机而设计的汉字编码。　　　　　　　　　　　　（　　）

参考答案

一、选择题

1-5　BAABB　　6-10　CABBD　　11-15　ABBDB

16-20　CCADA　　21-25　DCADC　　26-30　CBDDB

二、填空题

1. 电子管　　　　　　　　　　　　2. VLSI

3. 网络化　　　　　　　　　　　　4. 通用机

5. 个人数字助理（PDA）　　　　　　6. 量子计算机

7. 微电子技术　　　　　　　　　　8. 1000011　10111100　10111101

9. 阶码　尾数　　　　　　　　　　10. 0　255

11. 65536　　　　　　　　　　　　12. 71

13. 32　72　　　　　　　　　　　　14. 输入码　机内码　字型码

15. 8680　D6D0H

三、判断题

1. √　　2. √　　3. ×　　4. ×　　5. √　　6. ×　　7. √　　8. √

9. ×　　10. ×　　11. ×　　12. √　　13. √　　14. ×　　15. √

第 2 章　Windows 7 操作系统

计算机软件按用途分为系统软件和应用软件，在计算机软件系统中操作系统是最重要的系统软件，是整个计算机系统的管理与指挥机构，管理着计算机的所有资源。因此，要熟练使用计算机的操作系统，首先要了解一些操作系统的基本知识。

Windows 7 操作系统集安全技术、可靠性和管理功能以及即插即用功能、简易用户界面和创新支持服务等各种先进功能于一身，是一款非常优秀的操作系统。其特性是具有系统运行快捷、更具个性化的桌面、个性化的任务栏设计、智能化的窗口停放、无处不在的搜索框、无缝的多媒体体验、超强的硬件兼容性以及实用的 Windows XP 模式。因此，Windows 7 使得用户在工作中能进行有效的交流，从而提高了效率并富于创造性。

2.1　操作系统概述

2.1.1　操作系统的概念

操作系统（Operating System，OS）是管理和控制所有在计算机上运行的程序和整个计算机的资源，合理组织计算机的工作流程以便有效地利用这些资源为用户提供功能强大、使用方便和可扩展的工作环境，为用户使用计算机提供接口的程序集合。它的设计指导思想就是充分利用计算机的资源，最大限度地发挥计算机系统各部分的作用。

在计算机系统中，操作系统位于硬件和用户之间，一方面它能向用户提供接口，方便用户使用计算机；另一方面它能管理计算机软硬件资源，以便充分合理地利用它们。

正是因为有了操作系统，用户才有可能在不了解计算机内部结构及原理的情况下，仍能自如地使用计算机。例如，当用户向计算机输入一些信息时，根本不必考虑这些输入的信息放在机器的什么地方；当用户将信息存入磁盘时，也不必考虑到底放在磁盘的哪一段磁道上。用户要做的只是给出一个文件名，而具体的存储工作则完全由操作系统控制计算机来完成。以后用户只要使用这个文件名即可方便地取出相应信息。如果没有操作系统，除非是计算机专家，普通用户是很难完成这个工作的。

2.1.2　操作系统的功能

从资源管理的角度来看，操作系统是一组资源管理模块的集合，每个模块完成一种特定的功能。

1. 处理器管理

处理器管理的目的是让 CPU 有条不紊地工作。由于系统内一般都有多道程序存在，这些程序都要在 CPU 上执行，而在同一时刻，CPU 只能执行其中一个程序，故需要把 CPU 的时间合理地、动态地分配给各道程序，使 CPU 得到充分利用，同时使得各道程序的需求也能够得到满足。需要强调的是，因为 CPU 是计算机系统中最重要的资源，所以操作系统的 CPU 管理也是操作系统中最重要的管理。

　　为了实现处理器管理的功能，操作系统引入了进程（Process）的概念，处理器的分配和执行都是以进程为基本单位；随着并行处理技术的发展，为了进一步提高系统的并行性，使并发执行单位的力度变强，操作系统又引入了线程（Thread）的概念。对处理器的管理最终归结为对进程和线程的管理。

　　（1）程序、进程和线程。程序是由程序员编写的一组稳定的指令，存储在磁盘上；进程是执行的程序；线程是利用 CPU 的一个基本单位，也称轻量级进程。

　　程序是被动的，进程是主动的，多个进程可能与同一个程序相关联，例如多个用户运行邮件程序的不同拷贝，或者某个用户同时开启了文本编辑器程序的多个拷贝。一个进程可能只包含一个控制线程，现代操作系统的一个进程一般包含多个控制线程，属于同一个进程的所有线程共享该进程的代码段、数据段以及其他操作系统资源，如打开的文件和信号量。

　　（2）进程的查看。例如我们打开了两次记事本程序（NotePad），然后按 Ctrl+Alt+Delete 组合键，再单击"启动任务管理器"按钮，可打开"Windows 任务管理器"窗口，如图 2-1 所示。

图 2-1　"Windows 任务管理器"窗口

　　单击"进程"选项卡，再单击"映像名称"标题名，此时系统已有的进程按字母顺序从 A 到 Z 排序。这时可以看到进程列表框中有两个 notepad.exe，表明计算机内存中已运行了两个"记事本"程序。

　　操作系统对处理器的管理策略不同，其提供的作业处理方式也就不同，例如批处理方式、分时处理方式、实时处理方式等，从而呈现在用户面前成为具有不同性质和不同功能的操作系统。

2. 存储器管理

　　它是指操作系统对计算机系统内存的管理，目的是使用户合理地使用内存。其主要功能如下：

　　（1）存储分配。存储管理将根据用户程序的需要给它分配存储器资源。

　　（2）存储共享。存储管理能让主存中的多个用户程序实现存储资源的共享，以提高存储器的利用率。

　　（3）存储保护。存储管理要把各个用户程序相互隔离起来互不干扰，更不允许用户程序访问操作系统的程序和数据，从而保护用户程序存放在存储器中的信息不被破坏。

（4）存储扩充。由于物理内存容量有限，难以满足用户程序的需求，存储管理还应该能从逻辑上来扩充内存储器，为用户提供一个比内存实际容量大得多的编程空间，方便用户的编程和使用。

操作系统按照存储管理可分为两类：单道程序和多道程序。

- 单道程序。单道程序是同一时刻只运行一道程序，应用程序和操作系统共享存储器，大多数内存用于应用程序，操作系统只占用一小部分，程序整体装入内存，运行结束后由其他程序替代，如图 2-2 中给出了单道程序的内存分配。单道程序工作简单明了，同时具有显著的缺点：程序大小必须小于内存大小，CPU 的利用率很低。

- 多道程序。在分时系统中，允许多个进程同时在存储器里，当某个进程等待 I/O 而阻塞时，其他进程可以利用 CPU，从而提高 CPU 的利用率，为此操作系统引入多道程序的内存管理方案。在多道程序中，同一时刻可以装入多个程序并且能够同时执行这些程序，CPU 轮流为它们服务，图 2-3 给出了多道程序的内存分配方案。

图 2-2　单道程序的内存分配

图 2-3　多道程序的内存分配

实现多道程序最容易的办法是把主存划分为 N 个固定分区（各分区大小可能不相等），当一个作业到达时，可以把它存放到能够容纳它的最小分区的输入队列中，每个作业在排到队列头时被装入一个分区，它停留在主存中直到运行完毕。

3. 设备管理

设备管理的主要任务是对计算机系统内的所有设备实施有效的管理，使用户方便灵活地使用设备。设备管理的目标是：

- 设备分配：根据一定的设备分配原则对设备进行分配。
- 设备传输控制：实现物理的输入输出操作，即启动设备、中断处理、结束处理等。
- 设备独立性：用户程序中的设备与实际使用的物理设备无关。

4. 文件管理

文件管理是对系统中信息资源的管理。在现代计算机中，通常把程序和数据以文件形式存储在外存储器上，供用户使用。这样，外存储器上保存了大量文件，对这些文件如不能采取良好的管理方式，就会导致混乱或破坏，造成严重后果。为此，在操作系统中配置了文件管理，它的主要任务是对用户文件和系统文件进行有效管理，实现按名存取，实现文件的共享、保护和保密，保证文件的安全性，并提供给用户一套能方便使用文件的操作和命令。

- 文件存储空间的管理：负责对存储空间的分配和回收等。
- 目录管理：目录是为方便文件管理而设置的数据结构，它能提供按名存取的功能。
- 文件的操作和使用：实现文件的操作，负责完成数据的读写。

- 文件保护：提供文件保护功能，防止文件遭到破坏。

5. 作业管理

作业是反映用户在一次计算或数据处理中要求计算机所做的工作的集合。作业管理的主要任务是作业调度和作业控制。

6. 网络与通信管理

计算机网络源于计算机与通信技术的结合，近 20 年来，从单机与终端之间的远程通信到今天全世界成千上万台计算机联网工作，计算机网络的应用已十分广泛。联网操作系统至少应具有以下管理功能：

- 网上资源管理功能：计算机网络的主要目的之一是共享资源，网络操作系统应实现网上资源的共享，管理用户应用程序对资源的访问，保证信息资源的安全性和一致性。
- 数据通信管理功能：计算机联网后，站点之间可以互相传送数据，进行通信，通过通信软件，按照通信协议的规定，完成网络上计算机之间的信息传送。
- 网络管理功能：包括故障管理、安全管理、性能管理、记账管理和配置管理。

7. 用户接口

提供方便、友好的用户界面，使用户无需了解过多的软硬件细节就能方便灵活地使用计算机。通常，操作系统以两种接口方式提供给用户使用：

- 命令接口：提供一组命令供用户方便地使用计算机，近年来出现的图形接口（也称图形界面）是命令接口的图形化。
- 程序接口：提供一组系统调用供用户程序和其他系统程序使用。

2.1.3　操作系统的分类及主要特性

不同的硬件结构，尤其是不同的应用环境，应有不同类型的操作系统，以实现不同的目的。

1. 操作系统的分类

（1）按结构和功能分类。

一般分为批处理操作系统、分时操作系统、实时操作系统、网络操作系统、分布式操作系统。

- 批处理操作系统。批处理操作系统的基本特征是批量处理，它把提高系统的处理能力，即作业的吞吐量，作为主要设计目标，同时也兼顾作业的周转时间。所谓周转时间就是从作业提交给系统到用户作业完成并取得计算结果的运转时间。批处理操作系统可分为单道批处理操作系统和多道批处理操作系统两大类。单道批处理操作系统比较简单，类似于单用户操作系统。
- 分时操作系统。分时操作系统是用于连接几十甚至上百个终端的系统，每个用户在他自己的终端上控制其作业的运行，而处理机则按固定时间片轮流地为各个终端服务。这种系统的特点是对连接终端的轮流快速响应。在这种系统中，各终端用户可以独立地工作而互不干扰；宏观上每个终端好像独占处理机资源，而微观上则是各终端对处理机的分时共享。分时操作系统侧重于及时性和交互性，一些比较典型的分时操作系统有 UNIX、XENIX、VAX VMS 等。
- 实时操作系统。实时系统大都具有专用性，种类多，而且用途各异。实时系统是很少需要人工干预的控制系统，它的一个基本特征是事件驱动设计，即当接收了某些外部信息后，由系统选择某一程序去执行，完成相应的实时任务。其目标是及时响应外部设备的请求，并在规定时间内完成有关处理，时间性强、响应快是这种系统的特点，多用于生产过程控制和事务处理。

- 网络操作系统。所谓网络操作系统，就是在计算机网络系统中，管理一台或多台主机的软硬件资源，支持网络通信，提供网络服务的软件集合。
- 分布式操作系统。分布式操作系统也是由多台计算机连接起来组成的计算机网络，系统中若干台计算机可以互相协作来完成一个共同任务。系统中的计算机无主次之分，系统中的资源被提供给所有用户共享，一个程序可分布在几台计算机上并行地运行，互相协调完成一个共同的任务。分布式操作系统的引入主要是为了增加系统的处理能力、节省投资、提高系统的可靠性。把一个计算问题分成若干个子计算，每个子计算可以分布在网络中的各台计算机上执行，并且使这些子计算能利用网络中特定的计算机的优势。这种用于管理分布式计算机系统中资源的操作系统称为分布式操作系统。

（2）按用户数量分类。

一般分为单用户操作系统和多用户操作系统。其中单用户操作系统又可分为单用户单任务操作系统和单用户多任务操作系统两类。

- 单用户操作系统。单用户操作系统的基本特征是：在一个计算机系统内，一次只支持一个用户程序的运行，系统的全部资源都提供给该用户使用，用户对整个系统有绝对的控制权。它是针对一台机器、一个用户设计的操作系统。2000 年以前大多数微机上运行的大多数操作系统都属于这一种。如 MS-DOS、Windows 95/98 等。
- 多用户操作系统。多用户操作系统允许多个用户通过各自的终端使用同一台主机，共享主机中的各类资源。常见的多用户多任务操作系统有 Windows 2000 Server、Windows XP、Windows Server 2003、Windows Vista、UNIX 等。

（3）按操作系统提供的操作界面分类。

按操作系统提供的操作界面进行分类又可把操作系统分为字符类操作系统和图形类操作系统。字符类操作系统有 MS-DOS、PC-DOS、UNIX 等；图形类操作系统有 Windows 系列、OS/2、MAC、Linux 等。

（4）多媒体操作系统。

近年来计算机已不仅能处理文字信息，它还能处理图形、声音、图像等其他媒体信息。为了能够对这类信息和资源进行处理和管理，出现了一种多媒体操作系统。多媒体操作系统是以上各种操作系统的结合体。

2. 操作系统的主要特性

（1）并发性。

并发性（Concurrence）是指两个或两个以上的运行程序在同一时间间隔段内同时执行。操作系统是一个并发系统，并发性是它的重要特征，它应该具有处理多个同时执行程序的能力。多个 I/O 设备同时在输入输出；设备输入输出和 CPU 计算同时进行；内存中同时有多个程序被启动交替、穿插地执行，这些都是并发性的例子。发挥并发性能够消除计算机系统中部件和部件之间的相互等待，有效地改善了系统资源的利用率，改进了系统的吞吐率，提高了系统效率。例如，一个程序等待 I/O 时，就让出 CPU，而调度另一个运行程序占有 CPU 执行。这样，在程序等待 I/O 时，CPU 便不会空闲，这就是并发技术。

为了更好地解决并发性引发的一系列问题，如怎样从一个运行程序切换到另一个运行程序。操作系统中很早就引入了一个重要的概念——进程，由于进程能清晰地刻画操作系统中的并发性，实现多个运行程序的并发执行，因而它已成为现代操作系统的一个重要基础。

采用了并发技术的系统又称为多任务系统（Multitasking）。

（2）共享性。

共享性是操作系统的另一个重要特征。共享是指操作系统中的资源（包括硬件资源和信息资源）可被多个并发执行的进程所使用。出于经济上的考虑，一次性向每个用户程序分别提供它所需的全部资源不但是浪费的，有时也是不可能的。现实的方法是让多个用户程序共用一套计算机系统的所有资源，因而必然会产生共享资源的需要。资源共享的方式可以分成两种：互斥共享和同时访问。

- 互斥共享。系统中的某些资源如打印机、磁带机、卡片机，虽然它们可提供给多个进程使用，但在同一时间内却只允许一个进程访问。当一个进程还在使用该资源时，其他欲访问该资源的进程必须等待，仅当该进程访问完毕并释放资源后，才允许另一进程对该资源进行访问。这种同一时间内只允许一个进程访问的资源称为临界资源，许多物理设备以及某些数据和表格都是临界资源，它们只能互斥地被共享。
- 同时访问。系统中还有许多资源，允许同一时间内多个进程对它们进行访问，这里"同时"是宏观上的说法。典型的可供多进程同时访问的资源是磁盘，可重入程序也可被同时共享。

共享性和并发性是操作系统两个最基本的特性，它们互为依存。一方面，资源的共享是因为运行程序的并发执行而引起的，若系统不允许运行程序并发执行，自然也就不存在资源共享问题；另一方面，若系统不能对资源共享实施有效的管理，势必会影响到运行程序的并发执行，甚至运行程序无法并发执行，操作系统也就失去了并发性，导致整个系统效率低下。

（3）异步性。

操作系统的第三个特性是异步性（Asynchronism），或称随机性。在多道程序环境中，允许多个进程并发执行，由于资源有限而进程众多，多数情况下进程的执行不是一贯到底，而是"走走停停"，例如，一个进程在 CPU 上运行一段时间后，由于等待资源满足或事件发生，它被暂停执行，CPU 转让给另一个进程执行。系统中的进程何时执行、何时暂停、以什么样的速度向前推进、进程总共要多少时间执行才能完成，这些都是不可预知的，或者说该进程是以异步方式运行的，异步性给系统带来了潜在的危险，有可能导致与时间有关的错误，但只要运行环境相同，操作系统必须保证多次运行作业都会获得完全相同的结果。

2.1.4　常用操作系统介绍

操作系统介于计算机与用户之间。小型机、中型机以及更高档次的计算机为充分发挥其效率，多采用复杂的多用户多任务的分时操作系统，而微机上的操作系统则相对简单得多。但近年来微机硬件性能不断提高，微机上的操作系统逐步呈现多样化，功能也越来越强。下面介绍 IBM-PC 及其兼容机上常见的一些操作系统。

1. Windows 操作系统

Windows 系统是由美国 Microsoft（微软）公司开发出来的一种图形用户界面的操作系统，它采用图形的方式替代了 DOS 系统中复杂的命令行形式，使用户能轻松地操作计算机，大大提高了人机交互能力。

Microsoft 于 1985 年推出了 Windows 1.0，1987 年又推出了 Windows 2.0，但由于设计思想和技术原因，效果非常不好。但在 1990 年 5 月，Microsoft 推出了 Windows 3.0，获得了较

大的成功，也标志着 Windows 时代的到来。但是严格地讲，Windows 3.x 还不能称为纯粹的操作系统，因为它必须在 DOS 上运行。但需要指出的是，Windows 3.x 可以完成 DOS 的所有功能，并且与 DOS 有着本质的区别。

1995 年 8 月，Microsoft 公司推出了 Windows 95，相对于 Windows 3.x 来说，它脱离了 DOS 平台，因而这是一个真正的多用户、多任务，完全采用图形界面的操作系统。Windows 95 一经推出，全世界就掀起了 Windows 浪潮，Microsoft 公司也因此获得了巨大的利润，并奠定了其在个人机操作系统领域的垄断地位。随后又陆续推出了 Windows 98（1998 年 6 月）、Windows 2000（2000 年）、Windows XP（2001 年 10 月），使其功能日趋完善，使用更加方便。2009 年 10 月 22 日推出的 Windows 7 操作系统则更具有新的绘图与表现引擎、新的通信架构和新的文件系统。

2. UNIX 操作系统

UNIX 操作系统是一个多用户、多任务的分时操作系统。从 1969 年在美国 AT&T 的 Bell 实验室问世以来，经过了一个长期的发展过程，它被广泛地应用在小型机、超级电脑、大型机甚至巨型机上。

自 1980 年以来，UNIX 凭借其性能的完善和可移植性，在 PC 上也日益流行起来。1980 年 8 月，Microsoft 公司宣布将为 16 位微机提供 UNIX 的变种 XENIX。XENIX 以其精练、灵活、高效、功能强、软件丰富等优点吸引了众多用户。但由于 UNIX 对硬件要求较高，现阶段的 UNIX 系统各版本之间兼容性不好，用户界面虽然有了相当大的改善，但与 Windows 等操作系统相比还有不小的差距，这些都限制了 UNIX 的进一步流行。

3. Linux 系统

Linux 是当今电脑界一个耀眼的名字，它是目前全球最大的自由免费软件，其本身是一个功能可与 UNIX 和 Windows 相媲美的操作系统，具有完备的网络功能。

Linux 最初由芬兰人 Linus Torvalds 开发，其源程序在 Internet 上公开发布，由此引发了全球电脑爱好者的开发热情，许多人下载该源程序并按自己的意愿完善某一方面的功能，再发回网上，Linux 也因此被雕琢成为一个全球最稳定的、最有发展前景的操作系统。曾经有人戏言：要是比尔·盖茨把 Windows 的源代码也作同样处理，现在 Windows 中残留的许多 BUG（错误）早已不复存在，因为全世界的电脑爱好者都会成为 Windows 的义务测试和编程人员。

Linux 操作系统具有如下特点：

- 它是一个免费软件，你可以自由安装并任意修改软件的源代码。
- Linux 操作系统与主流的 UNIX 系统兼容，这使得它一出现就有了一个很好的用户群。
- 支持几乎所有的硬件平台，包括 Intel 系列、680x0 系列、Alpha 系列、MIPS 系列等，并广泛支持各种外围设备。

由于 Linux 具有稳定性、灵活性和易用性等特点，目前 Linux 正在全球各地迅速普及推广，各大软件商如 Oracle、Sybase、Novell、IBM 等均发布了 Linux 版的产品，许多硬件厂商也推出了预装 Linux 操作系统的服务器产品，当然 PC 用户也可以使用 Linux。

4. Mac OS 操作系统

Mac OS 操作系统是美国 Apple 公司推出的操作系统，运行在 Macintosh 计算机上。Mac OS 是全图形化界面和操作方式的鼻祖。由于它拥有全新的窗口系统、强有力的多媒体开发工具和操作简便的网络结构而风光一时。Apple 公司也就成为当时唯一能与 IBM 公司抗衡的 PC 机生产公司。Mac OS 的主要技术特点有：

- 采用面向对象技术。
- 全图形化界面。
- 虚拟存储管理技术。
- 应用程序间的相互通信。
- 强有力的多媒体功能。
- 简便的分布式网络支持。
- 丰富的应用软件。

Macintosh 计算机的主要应用领域为：桌面彩色印刷系统、科学和工程可视化计算、广告和市场经营、教育、财会和营销等。

2.2　Windows 7 操作系统简介

2.2.1　Windows 7 的版本和功能特色

Windows 7 是美国微软公司新一代的操作系统，可供家庭及商业工作环境、笔记本电脑、平板电脑、多媒体中心等使用。Windows 7 于 2009 年 10 月 22 日和 2009 年 10 月 23 日分别发布于美国和中国。Windows 7 保留了 Windows 为大家所熟悉的特点和兼容性，并吸收了在可靠性和响应速度方面的最新技术进步，为用户提供了更高层次的安全性、稳定性和易用性，与此同时，Windows 7 还为用户提供了数据备份和系统修复的功能。微软公司面向不同的用户推出了以下几个不同的版本：

- Windows 7 Home Basic（家庭普通版）：主要新特性有无限应用程序、增强视觉体验（没有完整的 Aero 效果）、高级网络支持（ad-hoc 无线网络和互联网连接支持 ICS）、移动中心（Mobility Center）；缺少的功能：玻璃特效功能、实时缩略图预览、Internet 连接共享、应用主题支持。
- Windows 7 Home Premium（家庭高级版）：具有 Aero Glass 高级界面、高级窗口导航、改进的媒体格式支持、媒体中心和媒体流增强（包括 Play To）、多点触摸、更好的手写识别，允许用户组建家庭网络组。
- Windows 7 Professional（专业版）：替代 Vista 下的商业版，包含的功能：加强网络的功能（如域加入）、高级备份功能、位置感知打印（可在家庭或办公网络上自动选择合适的打印机）、脱机文件夹、移动中心（Mobility Center）、演示模式（Presentation Mode）。
- Windows 7 Enterprise（企业版）：提供一系列企业级增强功能，满足企业数据共享、管理、安全等需求。包含多语言包、UNIX 应用支持、BitLocker 驱动器加密、分支缓存（BranchCache）等。
- Windows 7 Ultimate（旗舰版）：拥有 Windows 7 Home Premium 和 Windows 7 Professional 的全部功能，当然硬件要求也是最高的，包含以上版本的所有功能。

Windows 7 的主要特色如下：

（1）易用。

Windows 7 做了许多方便用户的设计，如快速最大化、窗口半屏显示、跳转列表（Jump List）、系统故障快速修复等。

（2）快速。

Windows 7 大幅缩减了 Windows 的启动时间，据实测，在 2008 年的中低端配置下运行，系统加载时间一般不超过 20 秒。系统加载时间是指加载系统文件所需的时间，而不包括计算机主板的自检以及用户登录时间，且在没有进行任何优化时所得出的数据，实际时间可能根据计算机配置、使用情况的不同而不同。

（3）安全。

Windows 7 包括改进了的安全和功能合法性，还会把数据保护和管理扩展到外围设备。Windows 7 改进了基于角色的计算方案和用户账户管理，在数据保护和兼顾协作的固有冲突之间搭建沟通的桥梁，同时也会开启企业级的数据保护和权限许可。

（4）特效。

使用 Windows 7 的 Aero 效果，使用户界面华丽，具有碰撞、水滴的效果。透明玻璃感让使用者一眼贯穿。Aero 是 Authentic（真实）、Energetic（动感）、Reflective（具反射性）和 Open（开阔）首字母的缩略字，意为 Aero 界面是具立体感、令人震撼、具透视感和开阔的用户界面。Windows 7 中的 Aero 效果共包含 3 种功能：Aero Shake、Aero Snap 和 Aero Peek。

- Aero Shake：当用户在 Windows 7 中打开多个程序窗口时，可以选择一个窗口，按住鼠标，接着晃动窗口，这样一来其他的窗口就会都最小化到任务栏中，只剩下用户选定的那个窗口。当然，如果继续晃动选定的窗口，则那些最小化的窗口将会被还原。
- Aero Snap：Aero Snap 功能可以自动调整程序窗口的大小。拖动窗口到屏幕上部可以最大化窗口；拖动窗口到屏幕一侧可以半屏显示窗口，如果再拖动其他窗口到屏幕另一侧，那么两个窗口将并排显示；从屏幕边缘拉出窗口，窗口将恢复到原来的状态。
- Aero Peek：当用户将鼠标悬停在任务栏程序图标上时，Aero Peek 功能可以预览打开程序窗口。用户可以通过单击预览缩略图打开程序窗口，或通过缩略图右上角的 ⊠ 关闭程序。

（5）小工具。

Windows 7 的小工具更加丰富，小工具可以放在桌面的任何位置，而不只是固定在侧边栏。2012 年 9 月，微软停止了对 Windows 7 小工具下载的技术支持，原因是为了让新发布的 Windows 8 有令人振奋的新功能。

（6）高效搜索框。

Windows 7 系统资源管理器的搜索框在菜单栏的右侧，可以灵活地调节宽窄。它能快速搜索 Windows 中的文档、图片、程序、Windows 帮助甚至网络等信息。Windows 7 系统的搜索是动态的，在搜索框中输入第一个字的时刻，Windows 7 的搜索就已经开始工作，大大提高了搜索效率。

2.2.2　Windows 7 的运行要求和运行界面

1. Windows 7 的运行要求

使用和安装 Windows 7，最低硬件配置要求如下：

处理器：1GHz 32 位或 64 位处理器。

内存：1GB 及以上。

显卡：支持 DirectX 9 128MB 及以上（开启 Aero 效果）。

硬盘空间：16GB 以上（主分区，NTFS 格式）。

显示器：分辨率为 1024×768 像素及以上（低于该分辨率则无法正常显示部分功能）或可支持触摸技术的显示设备。

2．Windows 7 的运行界面

由于 Windows 7 功能强大、界面友好且安全，已受到越来越多的用户青睐，目前国内有越来越多的用户在使用或更新到该操作系统。Windows 7 安装完毕后的运行界面如图 2-4 所示。

图 2-4　Windows 7 操作系统的初始界面

2.3　Windows 7 的启动与退出

2.3.1　Windows 7 的启动

启动 Windows 7 的一般步骤为：依次接通外部设备的电源开关和主机电源开关，计算机执行硬件测试，正确测试后开始系统引导，并出现欢迎界面。

若在安装 Windows 过程中设置了多个用户使用同一台计算机，启动过程将出现如图 2-5 所示的提示画面，选择确定用户后，完成最后启动。

提示：单击 Windows 7 登录界面中的"轻松访问"按钮，用户可以很方便地使用计算机：

● 朗读屏幕内容（讲述人）。

● 放大屏幕上的项目。

● 在较高色彩对比度下查看（高对比度）。

● 不使用键盘键入（屏幕键盘）。

● 一次按一个键盘快捷键（粘滞键）。粘滞键是专为同时按下两个或多个键有困难的人设计的，例如按组合键 CTRL+C 时，用粘滞键就可以一次只按一个键来完成复制的功能。

● 如果重复按键，则忽略额外的按键（筛选键）。筛选键为用户提供了控制重复按键敲击频度的功能，可以在必要的情况下降低接受键盘敲击的速度，避免意外敲击或误操作，减少输入了一串不需要的字母，或用户在按键盘上的其他键时偶然按到了一个不需要的键。

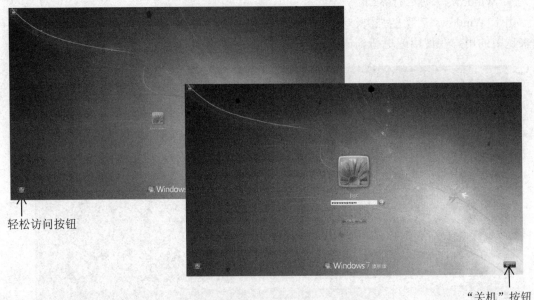

轻松访问按钮

"关机"按钮

图 2-5　Windows 7 用户登录界面

2.3.2　Windows 7 的退出

使用完 Windows 7 后，必须正确退出该系统，而不能在 Windows 7 仍在运行时直接关闭计算机的电源，这是因为 Windows 7 是一个多任务多线程的操作系统，有时前台运行一个程序时，后台可能也在运行其他的程序，不正确地关闭系统可能造成程序数据和处理信息的丢失，严重时甚至会造成系统的崩溃。Windows 7 系统的退出包括关机、休眠、睡眠锁定、重新启动、注销和切换用户几个操作。

1. 关机

计算机在正常使用完毕后，不能直接关闭电源，那样会造成系统文件的丢失或损坏，严重时会直接损坏计算机中的硬件设备。

（1）正常关机。

使用完计算机后，都需要退出 Windows 7 操作系统并关闭计算机，正确的关机操作方法及步骤如下：

1）关闭所有打开的程序和文档窗口。如果用户忘了关闭，系统将会询问是否要结束有关程序的运行。

2）单击"开始"按钮，弹出"开始"菜单，将鼠标移到关机选项按钮处单击"关机"按钮，可关闭 Windows 7，如图 2-6 所示。

（2）非正常关机。

用户在使用计算机的过程中，由于这样或那样的原因实然出现了"死机"、"花屏"、"黑屏"等情况，无法通过"开始"菜单将计算机正常关闭，此时用户需要按下主机箱电源开关按钮并一直持续到断电，然后将显示器的电源关闭即可。

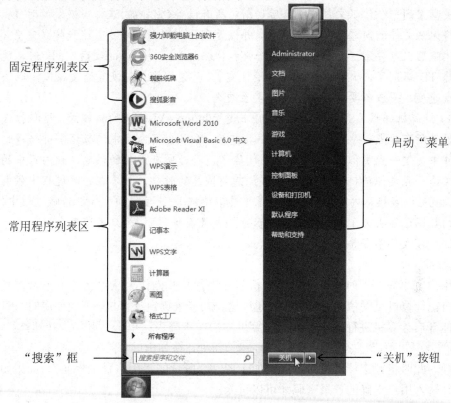

固定程序列表区

常用程序列表区

"搜索"框

"启动"菜单

"关机"按钮

图 2-6　"开始"菜单与"关机"按钮

2. 休眠

Windows 7 中的休眠，可在关闭计算机的同时保存打开的文件或者其他运行程序，然后在开机时恢复这些文件和运行程序，此时计算机并没有真正的关闭，而是进入了一种低耗能状态。

让计算机休眠的具体操作步骤为：单击"开始"按钮 ，弹出"开始"菜单，将鼠标移到关机选项按钮旁的 按钮处，在弹出的"关闭选项"列表框中选择"休眠"选项。

3. 睡眠

在"关闭选项"列表框中有一项为"睡眠"状态，它能够以最小的能耗保证计算机处于锁定状态，将系统切换到睡眠状态后，系统会将内存中的数据全部转存到硬盘上的休眠文件中，然后关闭除了内存外所有设备的供电，让内存中的数据依然保留。从"睡眠"状态恢复到正常模式不需要按主机上的电源开关按钮。启动速度比"休眠"更快，即使在"睡眠"过程中供电出现异常，内存中的数据丢失，还可以在硬盘上恢复。

提示： 待机、休眠、睡眠介绍。

（1）计算机待机（Standby）：将系统切换到该模式后，除了内存计算机其他设备的供电都将中断，只有内存依靠电力维持着其中的数据（因为内存是易失性的，只要断电，数据就没有了）。这样当希望恢复的时候，就可以直接恢复到待机前状态。这种模式并非完全不耗电，因此如果在待机状态下供电发生异常（例如停电），那么下一次就只能重新开机，所以待机前未保存的数据都会丢失。但这种模式的恢复速度是最快的，一般 5 秒之内就可以恢复。

（2）计算机休眠（Hibernate）：将系统切换到该模式后，系统会自动将内存中的数据全部转存到硬盘上的一个休眠文件中，然后切断对所有设备的供电。这样当恢复的时候，系统会从硬盘上将休眠文件的内容直接读入内存，并恢复到休眠之前的状态。这种模式完全不耗电，因此不怕休眠后供电异常，但代价是需要一块和物理内存一样大小的硬盘空间（好在现在的硬盘已经跨越 TB 级别了，大容量硬盘越来越便宜）。而这种模式的恢复速度较慢，取决于内存大小和硬盘速度，一般都要 1 分钟左右，甚至更久。

（3）计算机睡眠（Sleep）：计算机睡眠是 Windows Vista 中的新模式，这种模式结合了待机和休眠的所有优点。将系统切换到睡眠状态后，系统会将内存中的数据全部转存到硬盘上的休眠文件中（这一点类似休眠），然后关闭除了内存外所有设备的供电，让内存中的数据依然维持着（这一点类似待机）。这样，当我们想要恢复的时候，如果在睡眠过程中供电没有发生过异常，就可以直接从内存中的数据恢复（类似待机），速度很快；如果睡眠过程中供电异常，内存中的数据已经丢失了，还可以从硬盘上恢复（类似休眠），只是速度会慢一点。不过无论如何，这种模式都不会导致数据丢失。

4. 锁定

当用户有事需要暂时离开，但计算机还在进行某些操作无法停止，也不希望其他人查看或更改自己计算机里的信息时，就可以通过这一功能来锁定计算机。下次使用时只有输入用户密码才能开启计算机进行操作。锁定计算机的操作步骤为：单击"开始"按钮🪟，弹出"开始"菜单，将鼠标移到关机选项按钮旁的▶按钮处，在弹出的"关闭选项"列表框中选择"锁定"选项。此时将锁定计算机并进入类似于图 2-5 所示的"用户登录界面"。如果想使用计算机，必须输入用户正确的登录密码才可以进入。

5. 重新启动

如果用户对系统进行设置或者安装某些软件后，需要重新启动计算机，可通过"重新启动"按钮让计算机快速完成关闭并开启的操作。重新启动计算机的操作步骤和锁定计算机的操作基本类似，这里不再细述。

6. 注销和切换用户

Windows 7 允许设置多个账户（用户），每个用户都可以拥有自己的工作环境并对其进行相应的设置。当需要退出当前用户环境转入另一个账户（用户）时，可以通过"注销"或"切换用户"的方式切换到如图 2-5 所示的"用户登录界面"。

"注销"和"切换用户"两个功能最大的区别在于利用"切换用户"的功能可以不中止当前用户所运行的程序甚至不必关闭已打开的文件而进入其他用户的工作桌面，而"注销用户"则必须中止当前用户的一切工作。因此，在"注销"操作前用户要保存并关闭当前的任务和程序，否则会造成数据的丢失。

2.4　Windows 7 的基本概念和基本操作

2.4.1　Windows 7 桌面的组成

启动 Windows 7 后，首先出现的是 Windows 7 桌面。Windows 7 桌面是今后一切工作的平台，系统称为 Desktop。默认情况下 Windows 7 的桌面最为简洁，用户也可以在桌面上设置一些程序的快捷图标，如图 2-7 所示。

图 2-7　用户定制的桌面窗口界面

1. 桌面图标

图标是以一个小图形的形式来代表不同的程序、文件或文件夹，除此之外，还可以表示不同的磁盘驱动器、打印机甚至是网络中的计算机等。图标由两部分组成：图形符号和名字。

一个图标的图形含义是：给用户提供一条理解该图标所代表的内容的直观线索以及打开该图标后可能会出现的内容。有时一个图标的形状还表示其内容具有某一特征。

【例 2-1】在 Windows 7 桌面上显示"计算机"、"用户的文件"、"网络"、"回收站"等图标，同时修改桌面的背景。

操作方法如下：

（1）将鼠标指向桌面中的空白处并右击，在弹出的快捷菜单中选择"个性化"选项，打开"个性化"窗口，如图 2-8 所示。

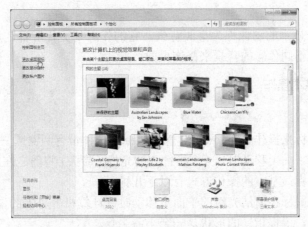

图 2-8　"个性化"窗口

（2）单击左侧上方的"更改桌面图标"链接项，弹出如图 2-9 所示的"桌面图标设置"对话框。

图 2-9   "桌面图标设置"对话框

（3）在"桌面图标"区域中，勾选"计算机"、"用户的文件"、"网络"、"回收站"等复选项。

（4）单击"确定"按钮，回到"个性化"窗口。单击"更改计算机上的视觉效果和声音"列表框下的"桌面背景"链接处，打开"选择桌面背景"窗口，浏览并选择一幅图片作为桌面背景图片，单击"保存修改"按钮回到"个性化"窗口。

（5）单击"个性化"窗口右上角的"关闭"按钮 ✖ 回到 Windows 7 桌面，观察桌面图标和背景的变化。

2. 任务栏

初始的任务栏在屏幕的底部，是一长方条。

任务栏为用户提供了快速启动应用程序、文档及其他已打开窗口的方法。任务栏的最左侧是带微软窗口标志的"开始"按钮；紧接着是用户使用的程序按钮区；任务栏的右侧为系统通知区，有输入法 、显示隐藏的图标 、显示的图标如 、网络 、声音 、当前日期与时间 等指示器；任务栏最右面的长方条 是"显示桌面"按钮。

3. 桌面背景

屏幕上主体部分显示的图像称为桌面背景，它的作用是美化屏幕，用户可以根据自己的喜好来选择不同图案不同色彩的背景来修饰桌面。

2.4.2　鼠标的基本操作

1. 鼠标基本操作

人们经常使用鼠标来操作 Windows 7。普通鼠标是一种带有两键或三键的输入设备。当把鼠标放在清洁光滑的平面上移动时，一个指针式的光标（箭头）将随之在屏幕上按相应的方向和距离移动。使用鼠标最基本的操作方式有以下几种：

- 移动：握住鼠标在清洁光滑的平面上移动时，计算机屏幕上的鼠标指针就随之移动，通常情况下，鼠标指针的形状是一个小箭头 。
- 指向：移动鼠标，将鼠标指针移动到屏幕上一个特定的位置或某一个对象上。
- 单击：又称点击或左击，即快速按下并松开鼠标左键。单击一般用于完成选中某选项、命令或按钮，选中的对象呈高亮显示。

- 双击：快速地连按两下鼠标左键。一般地，双击表示选中并执行。例如，在桌面上双击"回收站"图标，则可直接打开回收站程序窗口。
- 右击：将鼠标的右键按下并松开。右击通常用于一些快捷操作，在 Windows 7 中，右击将会打开一个菜单，从中可以快速执行菜单中的命令，这样的菜单称为快捷菜单。在不同的位置右击，所打开的快捷菜单也不同。

  如图 2-10 所示是在"回收站"图标上右击打开的快捷菜单。

图 2-10　选中并右击后
弹出的快捷菜单

- 拖动：也称左拖，按住鼠标左键不放，把鼠标指针移动到一个新的位置后松开鼠标左键。例如，选中"回收站"图标后拖动到另一个位置。
- 拖放：选中某一个或多个对象后，按下鼠标左键并移动鼠标，此时被选中的对象也随之移动，一直到目标位置时才释放按键。拖放一般用于移动或复制选中的对象。
- 右拖：在 Windows 7 中，按下鼠标右键也可以实现拖放，操作方法是：选中一个或多个对象后，按下鼠标右键并将鼠标移至目标位置并释放，这时弹出一个快捷菜单，再选择相应的命令。选中的对象不同，所出现的菜单也不同。

2. 鼠标的指针形状

通常情况下，鼠标指针的形状是一个小箭头，它会随着它所在位置的不同而发生变化，并且和当前所要执行的任务相对应，例如当它移动到超链接处就会变成一个小手状。常见的鼠标指针形状如表 2-1 所示。

表 2-1　鼠标指针的形状及其意义

指针名称	指针图标	意义
箭头指针		标准指针，用于选择命令、激活程序、移动窗口等
帮助指针		代表选中帮助的对象
后台运行		程序正在后台运行
转动圆圈		系统正在执行操作，要求用户等待
十字形和 I 字指针		精确定位和编辑文字
手写指针		表示可以手写
禁用指针		表示当前操作不可用
窗口调节指针		用于调节窗口大小
对象移动指针		此时可用键盘的方向键移动对象或窗口
手形指针		链接选择，此时单击将出现进一步的信息

在 Windows 7 中，鼠标指针的形状很多，用户应在操作过程中注意观察鼠标形状的变化，以便更好地指导自己的操作。

2.4.3 键盘的基本操作

利用键盘同样可以实现 Windows 7 提供的一切操作功能，利用其快捷键还可以大大提高工作效率。表 2-2 列出了 Windows 7 提供的常用快捷键。

表 2-2 Windows 7 的常用快捷键

快捷键	功能	快捷键	功能
F1	打开帮助	Ctrl+Z	撤消
F2	重命名文件（夹）	Ctrl+A	选定全部内容
F3	打开搜索结果窗口	Ctrl+Esc	打开"开始"菜单
F5	刷新当前窗口	Alt+Tab	在打开的窗口之间选择切换
Delete	删除	Alt+Esc	以窗口打开的顺序循环切换
Shift+Delete	永久删除	+D	显示桌面
Alt+F4	关闭或退出当前窗口	+SpaceBar	预览桌面
Ctrl+Alt+Delete	打开 Windows 任务管理菜单	+F	搜索文件或文件夹
Ctrl+C	复制	+（Shift）+M	（还原）最小化所有窗口
Ctrl+X	剪切	+R	打开"运行"对话框
Ctrl+V	粘贴	+↑（←、→、↓）	最大化、最大化屏幕到左侧、最大化屏幕到右侧、最小化窗口

2.4.4 Windows 7 桌面的基本操作

1. 创建新图标（对象）

是指在桌面上建立新图标对象，该对象可以是一个文件（夹）、程序或磁盘等的快捷方式图标。添加新对象的方法有两个：

- 从别的地方通过鼠标拖动的办法拖来一个新对象。
- 通过在桌面上右击，在弹出的快捷菜单中选择"新建"命令，然后在子菜单中选择所需对象的方法来创建新对象，如图 2-11 所示。

2. 排列桌面上的图标

在桌面空白处右击，在弹出的快捷菜单中选择"排序方式"命令，用户即可调整图标的排列方式，如图 2-12 所示。

3. 删除桌面上的图标

右击桌面上的某对象，然后从弹出的快捷菜单中选择"删除"命令（或直接按 Delete 键）；也可将该对象图标直接拖动到"回收站"图标。

选中某个图标后按 Shift+Delete 组合键，则删除对象后不可恢复。

4. 启动程序或打开窗口

要启动程序或打开窗口只需双击桌面上的相应图标对象。将一些重要且常用的应用程序、文件（夹）或磁盘在桌面上建立快捷方式，以方便操作。

图 2-11　在桌面上创建一个新对象　　　　　图 2-12　排列桌面上的图标

5. 桌面属性的设置

桌面属性设置是指桌面的主题、背景、屏幕保护程序、外观和显示分辨率等的设置。操作方法是：在桌面的空白处右击，在弹出的快捷菜单中选择"个性化"命令，用户可根据需要进行相关的调整。

2.4.5　"开始"菜单简介

任务栏的最左端就是 按钮，单击此按钮将弹出"开始"菜单，如图 2-6 所示。"开始"菜单是使用和管理计算机的起点，同时也是 Windows 7 中最重要的操作菜单，通过它，用户几乎可以完成任何系统使用、管理和维护的工作。

"开始"菜单主要集中了用户能用到的各种操作，如程序的快捷方式、常用的文件夹和系统命令等，使用时只需单击即可。

菜单的使用，如果某项菜单的右侧有 ▶，则说明该项菜单下面还有一级联菜单；如果后跟…，则说明执行该菜单，系统将弹出一个对话框；其他菜单则可直接执行。

1. "固定程序"列表区

"固定程序"列表区会固定地显示在"开始"菜单中，用户通过它可以快速地打开其中的应用程序。

用户可以根据自己的需要在"固定程序"列表区中添加常用的程序。

2. "常用程序"列表区

"常用程序"列表区默认存放了 10 个已用过的系统程序，例如 Internet Explorer、Microsoft Word 2010、Adobe Photoshop CS4、记事本等。随着对一些程序的频繁使用，在该列表中存放的程序如果超过了 10 个，它们会按照使用时间的先后顺序依次顶替。

如果用户要将某程序从列表区中删除或锁定到任务栏，则可右击，在弹出的快捷菜单中选择相应的命令。

3. "所有程序"列表

"所有程序"菜单中主要列出了一些当前用户常用到的程序，单击"所有程序"命令，将显示几乎所有的可执行程序列表。

4. "启动"菜单

"启动"菜单位于"开始"菜单的右窗格中，在"启动"菜单中列出了一些经常使用的 Windows 程序链接，如"文档"、"图片"、"控制面板"等。通过"启动"菜单用户可快速打开相应的程序并进行相关的操作。

5. "搜索"框

如果想使用某个文件但又忘记了其存放的位置，则使用"搜索"框是最便捷的方法之一，用户只需提供文件的名称或类型然后搜索即可。"搜索"框将默认搜索用户的程序以及个人文件夹的所有文件夹，因此是否提供项目的确切位置并不重要。搜索功能还将搜索用户的电子邮件、已保存的即时消息、约会和联系人等。

【例2-2】假设"开始"菜单的"所有程序"中没有"计算器"程序，请搜索并运行计算器程序。

操作方法如下：

（1）单击"开始"按钮，在弹出的"开始"菜单的"搜索"框中输入"计算器"或 Calc，搜索框上方随即出现搜索结果，如图2-13所示。

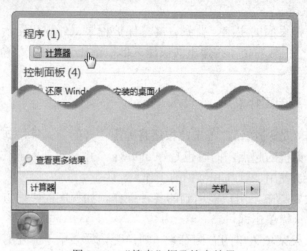

图2-13 "搜索"框及搜索结果

（2）在搜索结果中，单击"程序"栏下的"计算器"链接处可执行并打开"计算器"程序窗口。

6. "关闭选项"按钮区

"关闭选项"按钮区包含"关机"按钮 关机 和"关闭选项"按钮 。单击"关闭选项"按钮，弹出"关闭选项"列表，其中包含"切换用户"、"注销"、"锁定"、"重新启动"、"睡眠"和"休眠"等选项。

【例2-3】在"开始"菜单中设置"常用程序"列表的数量为6个。

操作方法如下：

（1）打开"开始"菜单，将"常用程序"列表区中的项目一一删除。

（2）将鼠标指向任务栏的空白处并右击，在弹出的快捷菜单中选择"属性"命令，弹出"属性"对话框，系统默认选择"任务栏"选项卡，如图2-14（a）所示。

（3）单击"「开始」菜单"选项卡，如图2-14（b）所示。

（4）单击"自定义"按钮，弹出"自定义「开始」菜单"对话框，如图2-14（c）所示。

（5）在"「开始」菜单大小"区域中的"要显示的最近打开过的程序的数目"框中输入6，单击"确定"按钮回到上级对话框，单击"确定"按钮。

 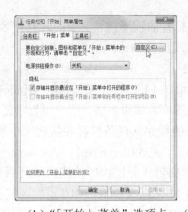 

（a）"任务栏"选项卡　　　（b）"「开始」菜单"选项卡　（c）"自定义「开始」菜单"对话框

图 2-14　"任务栏和「开始」菜单属性"对话框

2.4.6　"任务栏"的基本操作

在Windows系列操作系统中，任务栏（Ttskbar）就是指位于桌面最下方的小长条，主要由"开始"菜单、应用程序按钮区、输入法按钮、通知区和"显示桌面"按钮组成，如图 2-7 所示。

在Windows 7中，任务栏采用大图标、玻璃效果。Windows 7 也会提示正在运行的程序，用户只要将鼠标移动到 Windows 7 任务栏中的程序图标就可以方便地预览各个窗口的内容，并进行窗口切换。使用 Aero Peek 效果会让选定的窗口正常显示，其他窗口则变成透明的，只留下一个个半透明边框。在 Windows 7 中，"显示桌面"图标被移到了任务栏的最右边，操作起来更方便。鼠标停留在该图标上时，所有打开的窗口都会透明化，类似 Aero Peek 功能，这样可以快捷地浏览桌面。单击该图标即会切换到桌面。

1．任务栏的预览功能

与 Windows XP 不同，将鼠标移动到任务栏上的活动任务（正在运行的程序）按钮上稍微停留一会儿，用户将会预览各个打开窗口的内容，并在桌面上的"预览"窗口中显示正在浏览的窗口信息，如图 2-15 所示。

图 2-15　"任务栏"预览效果

从任务栏按钮区中，用户可以容易地分辨出已打开的程序窗口按钮和未打开程序的按钮图标。有凸起的透视图标为已打开的程序按钮。当同时打开多个相同的程序窗口时，任务栏按钮区的该程序图标按钮右侧出现层叠的边框进行标识。

2．将快捷方式锁定到任务栏

任务栏默认情况下只有 Internet Explorer 按钮 、Windows Media Player 按钮 和"资源管理器"按钮 3 个程序按钮图标。如果需要，用户可以将经常使用的程序添加到任务栏程序按钮区，也可以将使用频率低的程序从任务栏程序按钮区中删除。

【例 2-4】在"任务栏"中，完成以下设置：

● 将桌面上的 图标添加到任务栏程序按钮区，然后再删除。
● 将"开始"菜单中的 Microsoft Excel 2010 添加到任务栏程序按钮区。
● 在桌面上创建一个"学生管理.xls"空文件，然后将此文件添加到任务栏 Microsoft Excel 2010 按钮中的跳转列表中。

操作方法如下：

（1）单击任务栏最右侧的"显示桌面"按钮 ，显示出整个桌面。

（2）将鼠标移动到"迅雷 7"图标上，按住鼠标将"迅雷 7"图标拖动到任务栏，此时出现"附到任务栏"的图标和字样 ，松开鼠标，在任务栏中添加了"迅雷 7"按钮。

（3）将鼠标移动到上面添加的"迅雷 7"按钮上，右击并选择快捷菜单中的"将此程序从任务栏解锁"命令，即可将添加到任务栏中的图标删除。

（4）在 Windows 桌面的空白处右击，在弹出的快捷菜单中选择"新建"→"Microsoft Excel 工作表"命令，新建一个名称为"新建 Microsoft Excel 工作表.xls"的文件。

（5）将鼠标指向"新建 Microsoft Excel 工作表.xls"图标并右击，在弹出的快捷菜单中选择"重命名"命令，将此工作簿命名为"学生管理.xls"。

（6）单击"开始"按钮打开"开始"菜单，依次将鼠标指向"所有程序"→Microsoft Office →Microsoft Excel 2010 并右击，在弹出的快捷菜单中选择"锁定到任务栏"命令，此时任务栏中添加了 Microsoft Excel 2010 程序按钮。

（7）在 Windows 桌面上找到"学生管理.xls"图标，按下鼠标左键，将此程序拖动到任务栏中打开的 Microsoft Excel 2010 程序按钮，当出现"附到 Microsoft Excel 2010"字样时松开鼠标，"学生管理.xls"添加到 Microsoft Excel 2010 按钮的跳转列表中。

（8）在任务栏中右击 Microsoft Excel 2010 按钮，会发现上面添加的跳转列表项目"学生管理.xls"，单击此项目可快速打开 Microsoft Excel 2010 并将此文件的内容显示出来。

如果要将项目从此列表中删除，可单击该项目右侧的"图钉"按钮 或右击并选择快捷菜单中的"从此列表解锁"命令。

3．调整任务栏的大小和位置

默认情况下，任务栏显示并锁定在桌面的底部，其大小刚好可以列出一行图标。也可以将任务栏显示在桌面的左、右、上部边缘，操作方法如下：

（1）将鼠标移动到任务栏的空白处并右击，在弹出的快捷菜单中选择"锁定任务栏"命令，将任务栏解除锁定。

（2）将鼠标移动到任务的边框处，鼠标指针变为 时按住鼠标向上拖动，可调整任务栏的高度。

（3）将鼠标移动到任务的空白处，在边框处按住鼠标向左或向右或向上拖动至桌面的边缘，松开鼠标，任务栏的位置被移动。

4．在任务栏中添加工具栏

在任务栏中，除了任务按钮区外，系统还定义了 3 个工具栏：地址、链接和桌面工具栏。如果希望将工具栏在任务栏中显示，则右击任务栏的空白处，弹出"任务栏"快捷菜单，在"工具栏"的子菜单中选择相应的选项，如图 2-16 所示。

用户也可以在任务栏内建立个人的工具栏，方法如下：

（1）右击任务栏的空白处，弹出快捷菜单，单击"工具栏"→"新建工具栏"命令，弹出"新建工具栏"对话框，如图 2-17 所示。

图 2-16　"任务栏"的快捷菜单

图 2-17　"新建工具栏"对话框

（2）在列表框中选择新建工具栏的文件夹，单击"选择文件夹"按钮即可在任务栏中创建个人的工具栏。

创建新的工具栏后，打开"任务栏"快捷菜单，选择"工具栏"，可以发现新建工具栏名称出现在其子菜单中，且在工具栏的名称前有一个"✓"符号。

5．锁定和自动隐藏任务栏

锁定任务栏就是让任务栏不可进行大小和位置的变化，操作方法是：在任务栏空白处右击，在弹出的快捷菜单中选择"锁定任务栏"命令，该命令的前面有"✓"符号。

如果要解除对任务栏的锁定，可以在快捷菜单中再次选择"锁定任务栏"命令。

任务栏在不使用时，可以设置为自动隐藏，以增加桌面的显示范围，操作方法如下：

（1）在任务栏空白处右击，在弹出的快捷菜单中选择"属性"命令，弹出"任务栏和「开始」菜单属性"对话框。

（2）在"任务栏"选项卡的"任务栏外观"区域中勾选"自动隐藏任务栏"复选项。

（3）单击"确定"按钮或"应用"按钮，此时"任务栏"被隐藏。

（4）仔细观察任务栏，用户将会看到原来任务栏所在边缘处出现一条细白色光线，将鼠标移到该处，任务栏自动弹出。

6．控制通知区域的程序

任务栏中的"通知区域"位于任务栏的右侧，通知区域中可以显示系统时钟以及应用程序的图标，如 QQ 图标🐧。将鼠标指向通知区域的图标后会出现屏幕提示，列出有关该程序的状态信息。要控制该区域的应用程序，可以用鼠标右击应用程序，即可看到显示了可用选项的弹出菜单。每个应用程序的菜单选项各不相同，其中大部分都可用于执行最常见的任务。

可以对通知区域进行优化，可以设置属性、控制是否显示或隐藏系统图标，如时钟、音量、网络，另外还可以选择是否显示或隐藏应用程序的图标。

显示或隐藏通知区域内的图标的方法和步骤如下：

（1）在任务栏空白处右击，在弹出的快捷菜单中选择"属性"命令，弹出"任务栏和「开始」菜单属性"对话框。

（2）单击"任务栏"选项卡，单击"通知区域"区域中的"自定义"按钮（用户也可直接单击"通知区域"左侧的"显示隐藏的图标"按钮，在弹出的菜单中选择"自定义"命令），打开如图 2-18 所示的"通知区域图标"窗口。

图 2-18 "通知区域图标"窗口

如果要显示所有图标，可勾选"始终在任务栏上显示所有图标和通知"复选项；如果对显示的图标进行控制，则可取消选中"始终在任务栏上显示所有图标和通知"复选项，随后可对通知方式进行调整。

在"选择在任务栏上出现的图标和通知"列表框中，每一个图标都有 3 种方式供选择：

● 隐藏图标和通知：从不显示图标和通知。

● 仅显示通知：只显示通知。

● 显示图标和通知：总是显示图标和通知。

（3）单击"确定"按钮，完成对通知项的设置。通知区域的图标将显示或隐藏在"显示隐藏的图标"按钮中。

7. 自定义"开始"菜单选项

在 Windows 中，系统提供了大量有关"开始"菜单的选项。用户可以选择哪些程序命令显示在"开始"菜单上，如何排列它们。此外，还可以添加如控制面板、设备和打印机、网络连接以及其他重要工具的选项。针对所有程序菜单还可启用或禁用个性化菜单。

【例 2-5】针对"开始"菜单完成以下设置：

● 将"关机"按钮的功能设置成"重新启动"，即单击"关机"按钮不是关闭计算机而是重新启动计算机。

● 在"开始"菜单中添加"运行"和"控制面板"两个链接选项。

操作方法如下：

（1）鼠标移到任务栏的空白处并右击，在弹出的快捷菜单中选择"属性"命令，弹出"任务栏和「开始」菜单属性"对话框。

（2）单击"「开始」菜单"选项卡，在"电源按钮操作"下拉列表框中选择"重新启动"。

（3）单击"自定义"按钮，弹出"自定义「开始」菜单"对话框。

（4）在"您可以自定义「开始」菜单上的链接、图标以及菜单的外观和行为"列表框中，单击"控制面板"下的"显示为链接"并勾选"运行命令"。

（5）两次单击"确定"按钮，自定义"开始"菜单选项设置完成。

（6）单击"开始"按钮，观察"开始"菜单中项目的变化。

8．指示器

（1）输入法指示器。

单击"输入法指示器"按钮，打开输入法选择菜单供用户选择需要的输入法（也可按 Ctrl+Shift 或 Ctrl+Space 组合健来切换输入法），如图 2-19（a）所示。

如果某种输入法不再需要，也可以从输入法指示器中删除，操作方法如下：

1）右击"输入法指示器"按钮，单击快捷菜单中的"设置"命令，如图 2-19（b）所示，弹出"文本服务和输入语言"对话框，如图 2-19（c）所示。

2）在"常规"选项卡的"已安装的服务"区域中选中需要删除的输入法，单击"删除"按钮，再单击"确定"按钮，完成对输入法的删除。

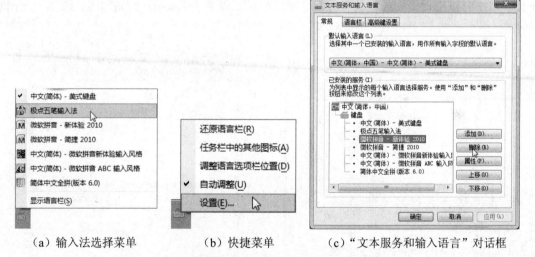

(a) 输入法选择菜单　　(b) 快捷菜单　　(c) "文本服务和输入语言"对话框

图 2-19　输入法指示器及有关设置

（2）音量指示器。

单击"音量指示器"按钮，弹出"显示扬声器的应用程序音量控件"对话框，如图 2-20（a）所示。拖动滑块可以增大或降低音量（或按↑、←增大音量，按↓、→减少音量）。

单击"合成器"按钮，可以调整扬声器、系统声音以及其他打开的应用程序声音的大小，如图 2-20（b）所示。

单击"扬声器"图标，弹出如图 2-20（c）所示的"扬声器 属性"对话框，可以对扬声器进行详细设置。

单击"系统声音"图标，弹出如图 2-20（d）所示的"声音"对话框，可以对系统声音，如 Windows 登录、关闭程序的声音进行设置。

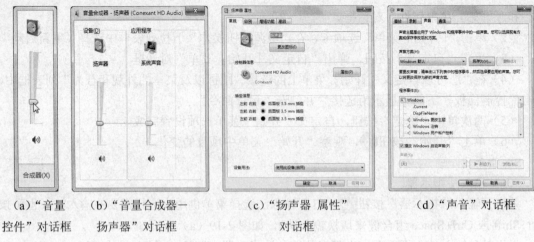

（a）"音量
控件"对话框
（b）"音量合成器—
扬声器"对话框
（c）"扬声器 属性"
对话框
（d）"声音"对话框

图 2-20　音量指示器及有关设置

（3）时间指示器。

在任务栏通知区域有一个电子时钟显示器，鼠标指向该指示器时将显示当前日期。单击该指示器，将弹出如图 2-21（a）所示的"更改日期和时间设置"对话框。

单击"更改日期和时间设置"按钮，弹出"日期和时间"对话框，如图 2-21（b）所示。在其中用户可以设置当前的日期和时间、更改时区、设置与 Internet 时间同步、添加一个附加时钟等。

（a）"更改日期和时间设置"对话框　　　　　（b）"日期和时间"对话框

图 2-21　音量指示器及有关设置

9．"显示桌面"按钮

任务栏最右侧的一块半透明的区域（或按钮）■即为"显示桌面"按钮，其作用有两个：

● 单击此按钮，可显示桌面，最小化所有窗口。

● 当把鼠标移动到该按钮上面时，用户即可透视桌面上的所有对象而查看桌面的情况，当鼠标离开此按钮后恢复原状，如图 2-22 所示。

图 2-22　应用 Aero 效果透视桌面

2.5　Windows 7 的窗口及操作

2.5.1　窗口的类型和组成

所谓窗口是指当用户启动应用程序或打开文档时桌面屏幕上出现的已定义的一个矩形工作区，用于查看应用程序或文档的信息。

在 Windows 7 中，窗口的外形基本一致，可以分为 3 类：应用程序窗口、文档窗口和对话框窗口。

1. 应用程序窗口

应用程序窗口简称窗口，它是一个应用程序运行时的人机交互界面。该程序的数据输入、处理的数据结果都在此窗口中，如图 2-23 所示是一个典型的 Windows 窗口的例子。

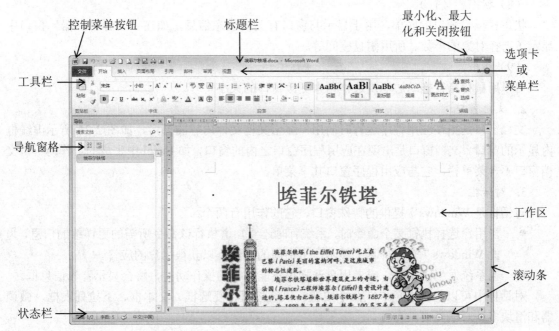

图 2-23　Windows 7 应用程序窗口

（1）标题栏。

标题栏位于窗口的第一行，有的窗口有文字，可用来显示正在运行的应用程序名称。如果在桌面上同时打开多个窗口，其中一个窗口的标题栏比其他窗口的标题栏显示出更亮的颜色，该窗口称为当前窗口。

（2）窗口控制按钮。

在窗口的右上角有 3 个控制按钮："最小化"按钮" ━ "，单击此按钮，窗口将变成一个图标停放在任务栏中；"最大化"按钮 ▣ ，单击该按钮，窗口将放大至整个屏幕，此时该按钮变成"还原"按钮 ▣ ，单击"还原"按钮，窗口变回上次窗口的大小和位置；"关闭"按钮 ✕ ，单击该按钮，将关闭此窗口。

（3）控制菜单按钮。

是位于标题栏左侧的小图标。单击此图标（或按 Alt+Spacebar 组合键）即可打开控制菜单，选择菜单中的相关命令可以改变窗口的大小、位置或关闭窗口。

（4）菜单栏。

菜单栏位于窗口标题栏的下面，其中列出了使用窗口时系统可以提供的各种功能。

（5）工具栏。

在菜单栏的下方就是工具栏，其中列出了工具按钮，让用户更加方便地使用这些形象化的工具。

（6）窗口工作区。

指当前应用程序可使用的屏幕区域，用于显示和处理各种工作对象的信息。

（7）滚动条。

当一个窗口无法显示全部内容时，可以使用滚动条来移动观看尚未显示出的信息。窗口中有上下滚动条和左右滚动条，滚动条需要用鼠标操作。

（8）状态栏（行）。

状态栏位于窗口的底部，用于显示与窗口有关的状态信息，如在"资源管理器"窗口中显示了选择对象的个数、所用磁盘空间等。

（9）边框。

可以用鼠标指针拖动边框及边框角来更改窗口的大小。

2．文档窗口

文档窗口是指在应用程序运行时向用户显示文档文件内容的窗口，如图 2-24 所示虚线框内显示的窗口。文档窗口是出现在应用程序窗口之内的窗口，如 Excel 中生成的工作簿等。文档窗口不含菜单栏，它与应用程序窗口共享菜单。

3．对话框

对话框是 Windows 7 提供的特殊窗口，它的作用有两个：

● 当用户选择执行某个命令时，系统有时还要知道执行该命令所需的更详细的信息，为此 Windows 7 会在屏幕上显示一个询问的画面，以获得用户的应答。

● 当系统发生错误时，或者用户选择了不能执行的操作功能，将会显示警告信息框。

对话框中可以包含选项卡、命令按钮、单选按钮、复选框、文本框、下拉列表框、微调器和滑块多种对话元素。

有的对话框可能只有简单的一种对话元素，有的对话框可能将这 8 种对话元素都包含，如图 2-25 所示。

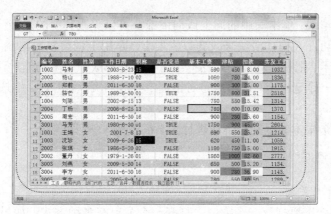

图 2-24　Excel 工作簿——文档窗口

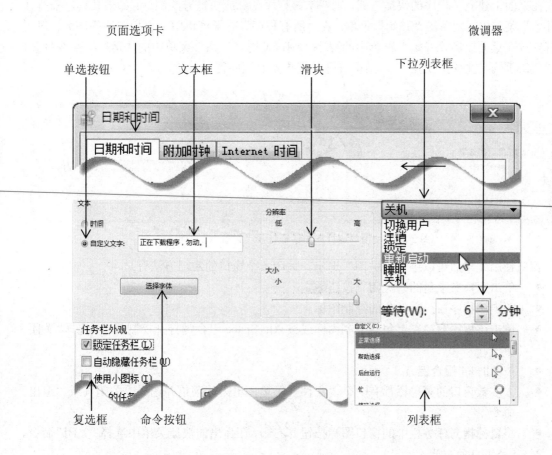

图 2-25　对话框及其对话元素

- 命令按钮：用来执行某种任务的操作，单击即可执行某项命令。
- 单选按钮：单选按钮有多个选项，但某一时间只能选择其中一项，单击即可选中一项。
- 复选框：单击复选框，选项被选中，显示"√"符号；复选框允许用户一次选择多项。
- 文本框：供用户手动输入简单的信息。
- 下拉列表框：单击框右侧的箭头可以查看选项列表，单击从中选择所需的选项。
- 列表框：可以查看选项列表，单击从中选择所需的选项。

- 微调器和滑块：单击其中的向上或向下箭头可以更改其中的数字值，或直接从键盘输入数值；可左右拖动滑块来改变数值大小，常用于调整参数。
- 页面选项卡：把相关功能的对话框组合在一起形成一个多功能对话框，每项功能的对话框称为一个选项卡，选项卡是对话框中叠放的页，单击对话框选项卡标签可显示相应的内容。

对话框与窗口最根本的区别是不能进行大小的改变。

2.5.2 窗口的操作

1. 窗口的打开与关闭

要使用窗口，就需要打开一个窗口。打开一个窗口有多种方式，如果该程序安排在桌面上或在桌面上建立了程序的快捷方式，则双击该程序图标或快捷方式图标；如果某程序安排在"开始"菜单中，则单击"开始"菜单，在"所有程序"的子菜单中单击相应的程序名；对于没有安排在桌面或者"开始"菜单中的程序，则可使用"开始"菜单中的"运行"命令打开，如图 2-26 所示是使用"运行"对话框打开"记事本"程序窗口。

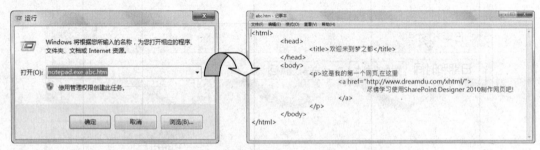

图 2-26   使用"运行"对话框打开"记事本"编辑器

窗口使用完毕后可以进行"关闭"退出。关闭一个窗口的常用方法有：
- 单击窗口右上角的"关闭"按钮 ▅▅▅ 。
- 双击该程序窗口左上角的控制图标。
- 单击该程序窗口左上角的控制图标或按 Alt+Space 组合键打开控制菜单，选择"关闭"命令。
- 按 Alt+F4 组合键。
- 大多数窗口的菜单栏都有一个"文件"菜单，单击此菜单并选择"关闭"或"退出"命令。
- 将鼠标指向任务栏中的窗口图标按钮并右击，在弹出的快捷菜单中选择"关闭"命令。

2. 多个窗口的打开

由于 Windows 7 是一个多任务操作系统，因此它允许同时打开多个窗口，打开多少个窗口一般不限，但要视所使用计算机的内存大小而定。如图 2-27 所示为多个程序窗口被打开的情况。

3. 选择当前窗口

用户可以在 Windows 7 操作系统中同时运行几个窗口，并随时在窗口间进行切换，但在启动的多个窗口中只有一个窗口是处于活动状态的，活动窗口称为当前窗口。当前窗口有以下特征：

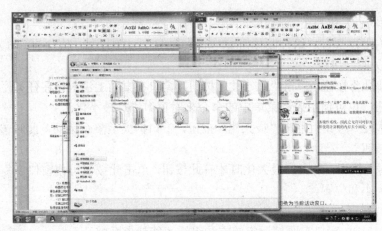

图 2-27　打开多个窗口的桌面系统

- 窗口的标题深色显示。
- 该窗口在其他所有窗口之上。

选择或切换一个窗口的方法有：

- 单击非活动窗口能看到的部分，该窗口即切换为当前活动窗口。
- 对于打开的不同程序的窗口，在任务栏中都有一个代表该程序窗口的图标按钮，若要切换窗口，则单击任务栏上的对应图标。当同一程序多次启动时，会分组显示在同一图标按钮中，该图标表现为不同层次的重叠。若要切换同一程序的不同窗口，将鼠标移动到代表程序的图标上，系统将出现预览窗口，单击预览窗口中的某一个窗口即切换到所需要的内容窗口。
- 切换窗口的快捷键是 Alt+Tab、Alt+Shift+Tab 和 Alt+Esc 组合键（此方法在切换窗口时只能切换非最小化窗口，对于最小化窗口，只能激活）。

4. 操作窗口

窗口的基本操作有移动窗口、改变窗口的大小、滚动查看窗口内容、最大（小）化窗口、还原窗口、关闭窗口等。

（1）移动窗口。

将鼠标指针指向"标题栏"，按下左键不放，移动鼠标到所需要的地方，松开鼠标按键，窗口被移动。

也可以使用键盘进行窗口的移动，方法是：按 Alt+SpaceBar 组合键，弹出窗口控制菜单，选择"移动"命令，这时鼠标指针变为✥，然后按→、←、↑和↓中的一个移动窗口到所需的位置，再按 Enter 键。

（2）改变窗口的大小。

将鼠标指向窗口的边框或角，鼠标指针变为↕、↔、⤢ 或 ⤡，按住鼠标左键不放，拖动到所需大小。

改变窗口的大小也可以键盘结合控制菜单进行操作。

（3）滚动查看窗口内容。

如果一个窗口画面不能完全放下该窗口中的对象，则可将鼠标指针指向窗口的水平或垂直滚动条，拖动滚动条上的滑块到合适的位置。如果单击水平滚动条两端的箭头符号◄和►或垂直滚动条两端的箭头符号▲和▼之一，则可左右或上下滚动一列或一行对象内容。

（4）最大（小）化和还原窗口。

每个窗口右上角都有一组控制按钮 ▭ ▭ ✕ 或 ▭ ▭ ✕ ，依次为："最小化"、"最大化/还原"和"关闭"按钮。

- "最小化"按钮：单击"最小化"按钮，窗口在桌面上消失，在任务栏中显示一个图标按钮；也可使用控制菜单中的命令来对窗口进行最小化。
- "最大化"按钮：单击"最大化"按钮，窗口扩大至整个桌面，此时该按钮变成"还原"按钮。
- "还原"按钮：当窗口最大化时才有此按钮，单击此按钮可使窗口恢复到最后一次窗口的大小和位置。

（5）排列窗口。

打开多个窗口时，窗口需要按一定的方法组织才能使桌面整洁，这时就需要进行窗口的排列。窗口的排列方式有 3 种：层叠、横向平铺和纵向平铺。

使窗口进行排列的方法是：右击"任务栏"，弹出如图 2-28 所示的快捷菜单，从中选择一个命令。

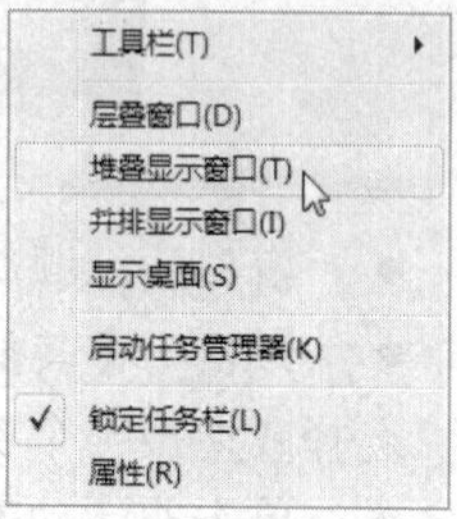

（6）窗口的截取。

| 工具栏(T) ▶ |
| 层叠窗口(D) |
| 堆叠显示窗口(T) |
| 并排显示窗口(I) |
| 显示桌面(S) |
| 启动任务管理器(K) |
| ✓ 锁定任务栏(L) |
| 属性(R) |

图 2-28   排列窗口命令

如果希望将某个窗口画面复制到另一些文档或图像中去，则可以按 Alt+PrintScreen 组合键（如果只按 PrintScreen 键，则把整个屏幕复制到剪贴板）即可把当前窗口画面复制到剪贴板中，然后在处理文档或图像时粘贴进去即可。

2.6   "计算机"与"资源管理器"

在 Windows 7 中，"计算机"与"资源管理器"是两个最重要的窗口，除了打开的初始界面内容不同外，其功能完全相同。"计算机"与"资源管理器"窗口将显示库、软磁盘、硬盘、CD-ROM 驱动器和网络驱动器中的内容。

使用"计算机"和"资源管理器"，用户可以复制、移动、重新命名、搜索和打开文件和文件夹。例如，可以打开要复制或者移动其中文件的文件夹，然后将文件拖动到另一个文件夹或驱动器。也可利用"库"对分散在计算机不同位置的文件（夹）进行统一管理，而不必知道该文件（夹）具体在什么位置。

使用"计算机"和"资源管理器"，用户可以访问控制面板中的选项以修改计算机设置；同时显示了映射到计算机上驱动器号的所有网络驱动器名称。

下面重点介绍"资源管理器"窗口及其操作。

1. "Windows 资源管理器"窗口的组成元素

打开"资源管理器"窗口的方法有以下几种：

- 单击"开始"→"所有程序"→"附件"→"Windows 资源管理器"命令。
- 右击"开始"按钮，在弹出的快捷菜单中选择"打开 Windows 资源管理器"命令。
- 单击"任务栏"中的"Windows 资源管理器"图标 ▤。
- 单击"开始"→"运行"命令，在弹出的"运行"对话框中输入 explorer.exe，按 Enter 键或单击"确定"按钮。
- 按 ⊞+E 组合键。

"Windows 资源管理器"窗口，如图 2-29 所示。

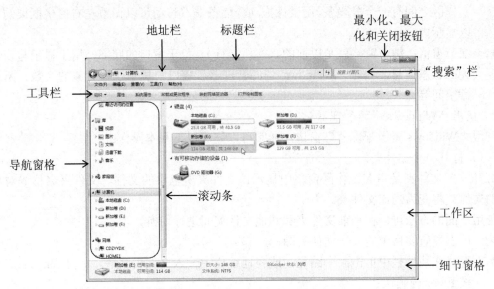

图 2-29　"Windows 资源管理器"窗口

组成"Windows 资源管理器"窗口的元素与图 2-23 所示的应用程序窗口基本相同，但也有如下几个特有的元素：

- 地址栏：显示当前窗口的位置，左侧是"后退"按钮 和"前进"按钮 ，通过它们可快速查看指定位置的文件（夹），如输入 E:，即可显示磁盘 E 中的全部内容。在地址栏中输入某个网络地址，如 http://www.sohu.com，可打开该网站。

- "搜索"栏：在地址栏的右侧是"搜索"栏。将要查找的目标名称输入到"搜索"框中，系统随即在当前地址范围内进行搜索，并将搜索结果显示出来。如果在"搜索"栏中单击，或单击右侧的 按钮，可弹出搜索条件列表，如图 2-30 所示，用户可在列表中选择已存在的条件，还可以添加按日期或大小进行搜索的条件。

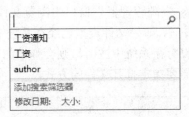

图 2-30　"搜索"栏及搜索条件列表

- 工具栏：在菜单栏的下方就是工具栏，其中列出了工具按钮，让用户更加方便地使用这些形象化的工具，如图 2-31 所示。

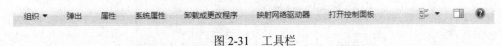

图 2-31　工具栏

- 导航窗格：导航窗格位于工作区的左侧区域，包括 ▷☆收藏夹 、 ▷库 、 ▷家庭组 、 ▷计算机 和 ▷网络 5 部分。单击每部分前面的"折叠"按钮▷可以打开相应的列表，同时本项目前的▷变为◢，表示为"展开"。可以在列表中选择需要打开的项目，选择完成后即可在工作区中显示出选择的内容对象。导航窗格与工作区之间有一个分隔条，用鼠标拖动分隔条左右移动可以调整左右窗格框架的大小以显示内容。

- 细节窗格：细节窗格就是以前的状态栏（行），位于窗口的底部，用于显示与窗口有关的状态信息，如在"Windows 资源管理器"窗口中显示选择对象的个数、所用磁盘空间等。

2. 使用"Windows 资源管理器"

利用"Windows 资源管理器"窗口，通常可以完成以下基本操作：

（1）打开一个文件夹。

打开一个文件夹是指在工作区窗格中显示该文件夹所包含的文件、文件夹名称等对象。打开的文件夹将变为当前文件夹。

使用下面的方法可以在当前文件夹和其他文件夹间进行切换。

- 单击导航窗格中的某一文件夹图标。
- 直接在地址栏中单击某个路径，或在地址栏中输入文件夹路径，如 C:\mysite，然后按 Enter 键确认。
- 单击地址栏左侧的"后退"按钮 或"前进"按钮 。单击"后退"按钮，切换到浏览当前文件夹之前的文件夹；单击"前进"按钮，切换到浏览当前文件夹之后的文件夹。

（2）查看对象和打开一个文件。

工作区窗格为对象显示区域，显示视图的方式有：超大图标、大图标、中等图标、小图标、列表、详细信息、平铺和内容 8 种。单击"查看"菜单中的相应命令即可对对象显示方式进行更改。

在工作区窗格中，当单击某个文件时，细节窗格中还将显示选中对象的大小、创建和修改的日期时间、对象的类型等相关信息；当单击文件夹时，细节窗格中将显示文件夹的修改时间；对于一个图形文件，细节窗格中将显示预览图。

在"计算机"或"Windows 资源管理器"窗口中浏览文件或对象时，按层次关系逐页打开各个文件夹或对象。双击文件时，如果文件类型已经在系统中注册，将会使用与之关联的程序去打开这些文件；如果文件没有在系统中注册，则会弹出如图 2-32 所示的对话框，提示用户不能打开这种类型的文件，需要指定打开文件的方式。

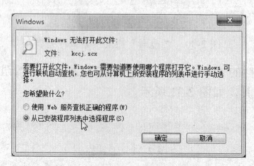

图 2-32　Windows 提示对话框

选择"从已安装程序列表中选择程序"单选按钮，然后单击"确定"按钮，这时弹出如图 2-33 所示的"打开方式"对话框，从中选择一个打开此文件的程序。

图 2-33　"打开方式"对话框

（3）选择文件（夹）或对象。

在 Windows 7 中，往往在操作一个对象前，需要先进行选定操作，例如要删除一个文件，应在执行删除命令 Delete 之前通知操作系统删除哪一个文件。"选定"操作是指被选定的文件（夹）或对象的颜色高亮显示。选定文件（夹）或对象的方法有以下几种：

- 选定一个对象：单击即可选定所需的对象；也可按 Tab 键，将光标定位在对象显示区，然后按光标移动键移动到所需对象上。
- 选定多个连续对象：先单击要选定的第一个对象，再按住 Shift 键，然后单击要选定的最后一个对象，再释放 Shift 键，这时可选定首尾及其之间的所有对象；也可按 Tab 键，将光标定位在对象显示区，然后按光标移动键移动到所需的第一个对象上，然后按住 Shift 键，移动光标移动键到最后一个对象。要选定几个连续对象，也可将鼠标指向显示对象窗格中的某一空白处，按下鼠标左键拖动到某一位置，这时鼠标指针拖出一个矩形框，矩形框交叉和包围的对象将全部选中。
- 选定多个不连续对象：先单击要选定的第一个对象，再按住 Ctrl 键，然后依次单击要选定的对象，再释放 Ctrl 键，这时可选定多个不连续的对象。
- 选定所有对象：单击"编辑"→"全部选定"命令或按 Ctrl+A 组合键，可将当前文件夹下的全部对象选中。
- 反向选择对象：单击"编辑"→"反向选择"命令，可以选中先前没有被选中的对象，同时取消已被选中的对象。如果要取消当前选定的对象，只要单击窗口中的任一空白处或按任一光标移动键。

（4）文件夹选项的设置。

在 Windows 7 中，"文件夹选项"命令位于"控制面板"中，但在"Windows 资源管理器"窗口中也可进行相关的设置。

【例 2-6】对"Windows 资源管理器"窗口完成如下设置：

- 在"Windows 资源管理器"窗口中以打开新窗口的方式浏览文件夹。
- 显示隐藏的文件（夹）。

操作方法如下：

（1）按 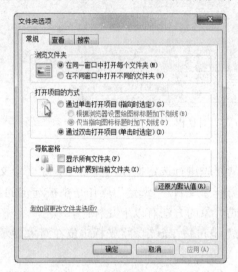+E 组合键，打开"Windows 资源管理器"窗口。

（2）单击"工具"→"文件夹选项"命令，弹出如图 2-34（a）所示的"文件夹选项"对话框，系统默认显示的是"常规"选项卡。

（3）在"浏览文件夹"区域中，单击"在不同窗口中打开不同的文件夹"单选项。

（4）单击"查看"选项卡，移动"高级设置"列表框中的垂直滚动条到"隐藏文件和文件夹"处，单击"不显示隐藏的文件、文件夹或驱动器"或"显示所有文件、文件夹或驱动器"单选按钮，分别用于不显示或显示隐藏文件（夹），如图 2-34（b）所示。

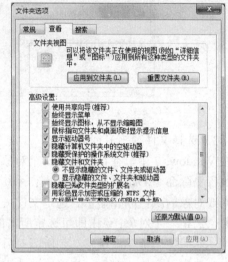

（a）"常规"选项卡　　　　　（b）"查看"选项卡

图 2-34　"文件夹选项"对话框

（5）单击"确定"按钮，完成设置并回到"Windows 资源管理器"窗口。双击打开一个文件夹，这时会发现，该文件夹的内容将在另一个窗口中显示。

注意：如果在"Windows 资源管理器"窗口中没有显示菜单栏，则单击工具栏中的"组织"按钮 组织▼ ，在弹出的命令下拉列表中选择"布局"→"菜单栏"命令。

2.7　Windows 7 的文件管理

2.7.1　文件（夹）和路径

文件是计算机系统中数据组织的最小单位，文件中可以存放文本图像和数据等信息，计算机中可以存放很多文件。为了便于管理文件，我们把文件进行分类组织，并把有内在联系的一组文件存放在磁盘中的一个文件项目下，这个项目称为文件夹或目录。一个文件夹可以存放文件和其项目下的子文件夹，子文件夹中还可以存放子子文件夹，这样一级一级地下去，整个文件夹结构呈现一种树状的组织结构。资源管理器中的"导航窗格"就是显示文件夹结构的地方。

一棵树总是有一个根，在 Windows 7 中，桌面就是文件夹树型结构的根，根下面的系统文件夹有"库"、"计算机"、"网络"等。

1. 文件的命名

在计算机中，每一个文件都有一个名字并存放在磁盘中的一个位置上，其名字称为文件名，对一个文件的所有操作都是通过文件名进行的。

文件名一般由主文件名和扩展名两部分组成。扩展名可有可无，它用于说明文件的类型。主文件名和扩展名之间用符号"."隔开。

在 Windows 7 中，文件名可以由最长不超过 255 个合法的可见 ASCII 字符组成（文件名中也可使用中文），如 My Documets。为一个文件取名时不能使用下列字符：<、>、/、\、?、*、:、"、|。

文件名中可以有英文字母出现，在 Windows 7 的文件名系统中不区分大小写。

为了方便用户理解一个文件名的含义，在 Windows 7 中长文件名可以用符号"."适当地分成几个部分，如 disquisition.computer.language.Java.DOCX。

系统规定在同一个地方不能有相同的两个文件名，在不同的地方可以重名。

2. 路径

路径是指从此文件夹到彼文件夹之间所经过的各种文件夹的名称，比如我们经常在资源管理器的地址栏中键入要查询文件（夹）或对象所在的地址，如 C:\Users\Administrator\Documents\My Web sites，按 Enter 键后系统即可显示该文件夹的内容；如果键入一个具体的文件名，如 C:\mysite\earth.htm，则可在相应的应用程序中打开一个文件。

3. 文件的类型和图标

文件中包含的内容可能是多种多样的，可以是程序、文本、声音、图像等，与之对应，文件被划分为不同的类型，如程序文件（.com、.exe）、文本文件（.txt）、声音文件（.wav、.mp3）、图像文件（.bmp、.jpg）、字体文件（.fon）、Word 文档（.docx）等。

不同类型的文件具有不同的功能，而且是由不同的软件打开或生成。有时一个文件的类型也称为文件的格式，在保存一个文件时都是以某一种文件格式保存。区别一个文件的格式有两种方法：一种是根据文件的扩展名，另一种是根据文件的图标。在 Windows 7 中，每一个文件都有一个图标，不同类型的文件在屏幕上将显示不同的图标，如表 2-3 所示是一些常见的扩展名及其所对应的图标。

表 2-3　文件类型及其对应的扩展名和图标

扩展名	图标按钮	文件类型	扩展名	图标按钮	文件类型
.com 或.exe		命令文件或应用程序文件	.hlp		帮助文件
.txt		文本文件	.htm		Web 网页文件
.bmp		位图文件	.mid		声音文件
.doc		Word 文档文件			代表一个文件夹
.xls		Excel 电子簿文件			硬盘
.ppt		PowerPoint 演示文稿			光盘

4. 一个特殊的文件夹"个人文件夹"

"个人文件夹"是一个特殊的文件夹，它是在安装系统时建立的，它的名称与系统用户相一致，用于存放用户的文件，一些程序常将此文件夹作为存放文件的默认文件夹。要打开"个人文件夹"，可以单击"开始"→"个人文件夹"命令。

2.7.2 文件管理

文件（夹）或对象的管理是 Windows 7 的一项重要功能，包括新建一个文件（夹）、文件的重命名、复制与移动文件、删除文件、查看文件的属性等操作。

1. 新建文件（夹）

文件或文件夹通常是由相应的程序来创建的，在"计算机"或"Windows 资源管理器"中可以创建空文档文件，也可创建空文件夹，等以后再打开并添加内容。创建一个空文件（夹）的操作步骤如下：

（1）打开"计算机"或"Windows 资源管理器"窗口。

（2）在导航窗格中选中一个文件夹，双击打开该文件夹窗口。

（3）单击"文件"→"新建"→"文件夹"命令（或右击，在弹出的快捷菜单中选择"新建"命令），此时出现一个名为"新建文件夹"的文件夹，如图 2-35 所示。

图 2-35 新建一个文件或文件夹

只有当一级文件夹建立之后，才可以在该文件夹中新建文件或文件夹。

2. 文件（夹）的重命名

新建的文件或文件夹，系统会自动为它取一个名字，系统默认的文件名为：新建文件夹、新建文件夹（2）等。如果是一个新建文本文档，则其文件名为：新建文本文档、新建文本文档（2）等。如果用户觉得不太满意，可以重新给文件或文件夹起一个名称。重命名的操作步骤如下：

（1）单击要重命名的文件（夹）。

（2）单击"文件"→"重命名"命令。

（3）这时在文件（夹）名称框处有一个不断闪动的竖线"插入点"，直接输入名称。

（4）按 Enter 键或在其他空白位置单击。

要为一个文件（夹）进行重命名，也可在文件（夹）名称处右击，在弹出的快捷菜单中选择"重命名"命令；或将鼠标指向某文件（夹）名称处并单击，稍等一会儿，再单击；或直接按 F2 功能键。

3．复制与移动文件（夹）

有时要对文件进行备份或将一个文件（夹）从一个地方移动到另一个地方，就需要复制与移动文件（夹）的功能。

（1）复制文件（夹）。

复制文件或文件夹的方法有以下几种：

- 选择要复制的文件或文件夹，按住 Ctrl 键拖动到目标位置，如图 2-36 所示。
- 选择要复制的文件或文件夹，按住鼠标右键并拖动到目标位置，松开鼠标，在弹出的快捷菜单中选择"复制到当前位置"命令。
- 选择要复制的文件或文件夹，单击"编辑"→"复制"命令（或右击，在弹出的快捷菜单中选择"复制"命令；也可按 Ctrl+C 组合键），然后定位到目标位置，单击"编辑"→"粘贴"命令（或右击，在弹出的快捷菜单中选择"粘贴"命令；也可按 Ctrl+V 组合键）。
- 单击"编辑"→"复制到文件夹"命令，弹出"复制项目"对话框在其中选择要复制到的目标文件夹位置，再单击"复制"按钮，如图 2-37 所示。

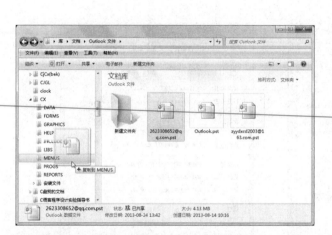 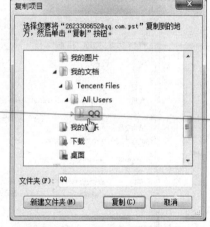

图 2-36　拖动复制文件（夹）到目标文件夹　　　　图 2-37　"复制项目"对话框

（2）移动文件（夹）

移动文件或文件夹的操作步骤如下：

1）选择要移动的文件或文件夹。

2）单击"编辑"→"剪切"命令（或右击，在弹出的快捷菜单中选择"剪切"命令；也可按 Ctrl+X 组合键）。

3）定位到目标位置，单击"编辑"→"粘贴"命令（或右击，在弹出的快捷菜单中选择"粘贴"命令；也可按 Ctrl+V 组合键）。

如果拖动一个文件（夹）到同一张磁盘，则是移动操作；按 Ctrl 键，拖动一个文件（夹）到同一张磁盘，则是复制操作；单击"编辑"→"移动到文件夹"命令，也可将选中的文件（夹）移动到指定的目标文件夹。

4．删除文件（夹）

如果一个文件（夹）不再使用，则可删除该文件（夹）。删除文件（夹）的方法有以下几种：

- 选择要删除的文件（夹），直接按 Delete 键。

- 选择要删除的文件（夹）并右击，在弹出的快捷菜单中选择"删除"命令。
- 选择要删除的文件（夹），单击"文件"→"删除"命令。

上述方法在执行时均会弹出如图 2-38 所示的"删除文件（夹）"对话框，单击"是"按钮可将选定的文件（夹）删除并放入到回收站中。

在使用上述 3 种删除方法时，按住 Shift 键不放，则将删除的文件（夹）不送到回收站而直接从磁盘中删除。

图 2-38　"删除文件（夹）"对话框

5. 文件的属性

每一个文件（夹）都有一定的属性，并且对不同的文件类型，其"属性"对话框中的信息也不相同，如文件夹的类型、文件路径、占用的磁盘、修改和创建时间等。

选定要查看属性的文件（夹），单击"文件"→"属性"命令，弹出文件（夹）的属性对话框。一般一个文件（夹）都包含只读、隐藏、存档几个属性，如图 2-39 所示是文件夹和一个具体文件的属性对话框。

文件夹属性对话框

文件属性对话框

图 2-39　"属性"对话框

"常规"选项卡中各选项的基本含义如下：

- 类型：显示所选文件（夹）的类型，如果类型为快捷方式，则显示项目快捷方式的属性，而非原始项目文件的属性。
- 位置：显示文件（夹）在计算机中的位置。
- 大小：显示文件（夹）的大小，以数字（字节）的形式显示占用空间的大小。
- 创建时间/修改时间/访问时间：显示文件（夹）的创建时间、修改时间和访问时间等信息。
- 属性：如果文件（夹）设置为只读，则表示文件不能进行修改和删除；隐藏，则表示为不可见；存档，则表示该文件可进行备份。

【例 2-7】在"个人文件夹"中完成如下设置：

● 新建一个文件夹并命名为 My Picture，然后在新建文件夹中创建一个名为"我的图像.bmp"的文件。

● 将"我的图像.bmp"文件设置为隐藏属性。

操作方法如下：

（1）在 Windows 桌面上双击打开"个人文件夹"窗口。

（2）在"个人文件夹"窗口空白处右击，在弹出的快捷菜单中选择"新建"→"BMP 图像"命令，即创建了名为"新建位图图像.bmp"的图形文件。

（3）单击"文件"→"重命名"命令，将"新建位图图像.bmp"命名为"我的图像.bmp"。

（4）右击"我的图像.bmp"并选择"属性"命令，打开"文件属性"对话框，在"属性"区域中勾选"隐藏"复选框。

（5）单击"确定"按钮回到"个人文件夹"窗口。

（6）单击"查看"→"刷新"命令（或按 F5 功能键），观察屏幕的效果。

2.7.3 "回收站"管理

"回收站"的使用目的是：如果用户不小心误删除了文件（夹），一般情况下是先将删除的文件（夹）放入到"回收站"中，如果后悔了，还可以从"回收站"中将文件还原回去。

"回收站"占用硬盘中的一部分空间。删除文件（夹）时，如果"回收站"空间不够大，则最先删除的文件（夹）就移出"回收站"；如果要删除的文件（夹）比整个"回收站"空间还要大，则该文件夹不再放入"回收站"而直接删除。

桌面上的"回收站"图标露出纸张，表明"回收站"中有被删除的对象，否则为空，图标为。

双击桌面上的"回收站"图标，Windows 7 系统打开"回收站"窗口。

1. 从回收站中还原或删除文件（夹）

如果用户要将已删除的某个文件（夹）还原，则在"回收站"窗口中选中要还原的文件或文件夹，再单击"文件"→"还原"命令（或右击，在弹出的快捷菜单中选择"还原"命令），选中的文件（夹）就恢复到了原来的位置，如图 2-40 所示。

图 2-40　还原文件（夹）

如果要真正删除一个文件（夹），则可选中一个或多个文件（夹）并右击，在弹出的快捷菜单中选择"删除"命令（也可单击"文件"→"删除"命令）。

2. 清空"回收站"

"回收站"中的文件（夹）没有真正地被删除，而是暂时被删除，它们仍然占据了硬盘空间，所以应及时清理。

清空"回收站"的操作方法有以下几种：

- 在 Windows 桌面上右击"回收站"图标，在弹出的快捷菜单中选择"清空回收站"命令。
- 打开"回收站"窗口，单击"文件"→"清空回收站"命令。
- 在"回收站"窗口的空白处右击，在弹出的快捷菜单中选择"清空回收站"命令。
- 在"回收站"窗口中，单击工具栏中的"清空回收站"按钮 清空回收站 。

3. "回收站"属性的设置

要改变"回收站"的一些设置，如"回收站"的空间大小、执行删除操作是否出现"确认"对话框等，可以通过修改"回收站"的属性来实现。具体的操作方法是：右击桌面上的"回收站"图标，在弹出的快捷菜单中选择"属性"命令，弹出"回收站属性"对话框（如图 2-41 所示），在"回收站位置"列表框中选择一个磁盘，在"自定义大小"栏下的"最大值"文本框中输入用于存放删除文件的空间大小，如 4096，即 4GB；勾选"显示删除确认对话框"复选项，则在用户执行删除操作时会出现提示对话框，否则不出现提示对话框；单击选中"不将文件移到回收站。移除文件后立即将其删除"单选按钮，则执行删除文件时将直接进行删除操作。

图 2-41   "回收站属性"对话框

2.7.4   "库"及其使用

在 Windows 7 系统中新增了一个"库"的概念，那么"库"到底是什么呢？库有点像是大型的文件夹，不过与文件夹又有一点区别，它的功能相对要强大些，因此这里特别介绍一个 Windows 7 中的"库"。

简单地说，Windows 7 中的"库"就是为了方便用户查找计算机中的文件，给文件分类。

"库"可以把存放在计算机不同位置中的文件夹关联到一起，关联以后便无须记住存放这些文件夹的详细位置，可以随时轻松查看。用户也不必担心文件夹关联到"库"中会占用额外的存储空间，因为它们就像桌面的快捷方式一样，为用户提供了一个方便查找的路径。

删除库及其内容时，也不会影响到那些真实的文件。

在 Windows 7 默认的"库"中有图片、文档、音乐、视频这 4 个分类，如图 2-42 所示。

1．新建"库"

在图 2-42 中，用户可以建立自己的库，方法是：单击"文件"→"新建"→"库"命令（或者右击"库"窗口中的空白处，在弹出的快捷菜单中选择"新建"→"库"命令），系统随即创建一个新库，然后重新命名即可使用。

2．向"库"中添加文件夹

如果用户所需要的文件（夹）没有放在"库"中的某个分类中，可以将它们都添加到库中，方法有以下几个：

● 右击想要添加到库中的文件夹，选择"包含到库"，再选择包含到"库"的一个分类中。文件（夹）虽然包含到库中，但文件还是存储在原始的位置，不会改变。

● 如果添加到"库"的文件夹已经打开，可以单击工具栏中的"包含到库中"按钮 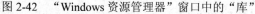，在弹出命令列表中选择要添加到"库"中的一个分类中。

● 在图 2-42 所示的"库"中右击某个分类图标，例如"文档"，在弹出的快捷菜单中选择"属性"命令，弹出如图 2-43 所示的"文档 属性"对话框。单击"包含文件夹"按钮，弹出"将文件夹包括在'文档'中"对话框，找到要包含到"文档"库的文件夹，再单击"包含文件夹"按钮。

 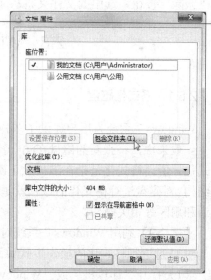

图 2-42　"Windows 资源管理器"窗口中的"库"　　　图 2-43　"文档 属性"对话框

【例 2-8】在磁盘 D 中新建一个文件夹 Image，再新建一个名称为"我的图片"的库，库中包含 Image 文件夹。

操作方法如下：

（1）在 Windows 桌面上双击打开"计算机"窗口。

（2）找到并双击磁盘 D 打开 D 盘窗口，右击窗口的空白处，在弹出的快捷菜单中选择"新建"→"文件夹"命令，创建一个名称为 Image 的文件夹。

（3）单击导航窗格中的"库"打开"库"窗口，右击"库"窗口中的空白处，在弹出的快捷菜单中选择"新建"→"库"命令，创建一个名为"我的图片"的空库。

（4）双击"我的图片"库，如图 2-44 所示。由于此库为空，单击"包括一个文件夹"按钮，弹出如图 2-45 所示的"将文件夹包括在'我的图片'中"对话框。

图 2-44　创建的"我的图片"库窗口　　　　图 2-45　"将文件夹包括在'我的图片'中"对话框

（5）选择文件夹 Image，单击"包括文件夹"按钮，回到"我的图片"库，这时可以看到"我的图片"库中包含了文件夹 Image。

3. 从"库"中删除文件夹

在图 2-43 所示的"文档 属性"对话框中，在"库位置"列表框中选中一个文件夹，再单击"删除"按钮，选中的文件夹将从库中移除。

2.8　Windows 7 的磁盘管理

2.8.1　格式化磁盘

Windows 7 系统为用户提供了多种管理磁盘的工具，以使用户的磁盘工作得更好。

一般来说，一张新的磁盘在第一次使用之前一定要进行格式化。所谓格式化是指在磁盘上正确地建立文件的读写信息结构。对磁盘进行格式化的过程就是对磁盘进行划分磁面、磁道和扇区等相关操作。

【例 2-9】利用 Windows 7 系统对 U 盘进行格式化。

对 U 盘进行格式化的操作步骤如下：

（1）打开"计算机"或"Windows 资源管理器"窗口，选择将要进行格式化的磁盘符号，这里选择可移动磁盘（I:）。

（2）单击"文件"→"格式化"命令（或右击，在弹出的快捷菜单中选择"格式化"命令），弹出"格式化"对话框，如图 2-46 所示。在其中确定磁盘的容量大小、设置磁盘卷标名（最多使用 11 个合法字符）、确定格式化选项，格式化设置完毕后单击"开始"按钮，开始格式化所选定的磁盘。

注意：如果磁盘上的文件已打开、磁盘的内容正在显示、

图 2-46　"格式化"对话框

磁盘包含系统或引导分区等，则这张磁盘不能进行格式化操作。

2.8.2　查看磁盘的属性

一个磁盘的属性包括磁盘的类型、卷标、容量大小、已用和可用的空间、共享设置等。查看磁盘属性的操作步骤如下：

（1）打开"计算机"或"Windows 资源管理器"窗口，选择要查看属性的磁盘符号（如 I:）。

（2）单击"文件"→"属性"命令（或右击，在弹出的快捷菜单中选择"属性"命令），弹出如图 2-47 所示的"属性"对话框。

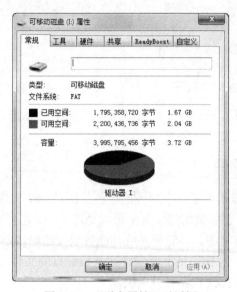

图 2-47　"磁盘属性"对话框

（3）在其中可以详细地查看这张磁盘的使用信息，如已用空间、可用空间、文件系统的类型等；也可以进行一些必要的设置，如更改卷标名、设置磁盘共享等。

2.8.3　磁盘清理程序

在计算机的使用过程中，由于多种原因，系统会产生许多"垃圾文件"，如"回收站"中的删除文件、系统使用的临时文件、Internet 缓存文件以及一些可安全删除的不需要的文件等。这些垃圾文件越来越多，它们占据了大量的磁盘空间并影响计算机的正常运行，因此必须定期清除。磁盘清理程序就是为了清理这些垃圾文件而特殊编写的一个程序。

磁盘清理程序的使用方法如下：

（1）单击"开始"→"所有程序"→"附件"→"系统工具"→"磁盘清理"命令，系统弹出如图 2-48 所示的"磁盘清理：驱动器选择"对话框。

（2）单击"驱动器"右侧的下拉列表按钮，选择一个要清理的驱动器符号，如 C:，单击"确定"按钮。

（3）系统弹出如图 2-49 所示的"磁盘清理"对话框，在其中选择要清理的文件（夹），如果单击"查看文件"按钮，用户可以查看文件中的详细信息。

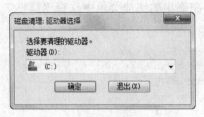

图 2-48 "选择驱动器"对话框

图 2-49 选择要清理的文件（夹）

（4）单击"确定"按钮，系统弹出"磁盘清理"确认对话框，单击"是"按钮，系统开始清理并删除不需要的垃圾文件（夹）。

2.8.4 磁盘碎片整理程序

通常一个文件的大小都超过了一个扇区的容量，所以一个文件在磁盘上存储时是分散在不同扇区里的，而这些扇区在磁盘物理位置上可以是连续的，也可以是不连续的。一个文件的存放无论是连续的还是不连续的，计算机系统都能找到并读取，但速度不一样。

"磁盘碎片整理程序"的作用是重新安排计算机磁盘的文件、程序以及未使用的空间，以便程序运行得更快，文件打开和读取得更快。

【例 2-10】对 D 盘进行碎片整理。

操作步骤如下：

（1）单击"开始"→"所有程序"→"附件"→"系统工具"→"磁盘碎片整理程序"命令，系统弹出如图 2-50 所示的"磁盘碎片整理程序"窗口。

图 2-50 "磁盘碎片整理程序"窗口

（2）选中要分析或整理的磁盘，如 D:盘，单击"磁盘碎片整理"按钮，系统开始整理磁盘。

由于磁盘碎片整理的时间比较长，因此在整理磁盘前一般要先进行分析以确定磁盘是否需要进行整理。为此单击"分析磁盘"按钮，这样系统便开始对当前磁盘进行分析，以决定是否需要进行碎片整理。

2.9　Windows 7 附件中的常用程序

在 Windows 7 中，系统自带了许多可以在日常工作中使用的程序。下面对几个常用程序的功能进行介绍。

2.9.1　媒体播放器

使用 Windows Media Player 可以播放多种类型的音频和视频文件，还可以播放和制作 CD 副本、播放 DVD（如果有 DVD 硬件）、收听 Internet 广播、播放电影剪辑或观赏网站中的音乐电视。

打开 Windows Media Player 的方法是单击任务栏中的 Windows Media Player 图标，Windows Media Player 播放器窗口如图 2-51 所示。

图 2-51　Windows Media Player 窗口

要使用 Windows Media Player 播放音频文件，需要有声卡和扬声器。在窗口的下方有许多控制按钮，用于控制当前正在播放的文件。下面就播放一首歌和一个电影片段来说明 Windows Media player 的使用过程。

1．播放歌曲

使用 Windows Media Player 播放歌曲的操作步骤如下：

（1）在 Windows Media Player 窗口中，单击"文件"→"打开"命令，加载要播放的一首或多首歌曲，如"白狐-陈瑞.mp3"。

（2）按住鼠标左键移动窗口底部的音量滑块　——●——　调节音量大小。

（3）单击按钮 ◄◄◄ 或 ►►► 到上一首或下一首歌曲（按住这两个按钮可快速后退或前进）。如果单击"播放"→"无序播放"命令（或按 Ctrl+H 组合键），则可启动随机播放功能。

2．播放一个影片

使用 Windows Media Player 播放影片的操作步骤如下：

（1）在 Windows Media Player 窗口中，单击"文件"→"打开"命令。

（2）在弹出的"打开"对话框中选择要加载播放的影片，如"奴里"。如果光盘中一时找不到所需的文件，可在"文件类型"下拉列表框中选择"所有文件"，然后找到所需的文件。

（3）单击"打开"按钮，该影片即可放映。

2.9.2 计算器

在 Windows 7 中，系统提供了 4 种计算器，即标准型计算器、科学型计算器、程序员计算器、统计信息计算器。使用"标准型"计算器可以进行简单的算术运算，并且可以将结果保存在剪贴板中，以供其他应用程序或文档使用；使用"科学型"计算器可以进行比较复杂的函数运算；使用"程序员"计算器可进行逻辑运算和数制转换；使用"统计信息"计算器可以进行统计运算。

在使用计算器时，数字或字母的输入既可使用键盘，也可使用鼠标。

依次单击"开始"→"所有程序"→"附件"→"计算器"命令即可打开如图 2-52（a）所示的"计算器"窗口。单击"查看"→"科学型"、"程序员"、"统计信息"命令，即可打开相应的计算器窗口。

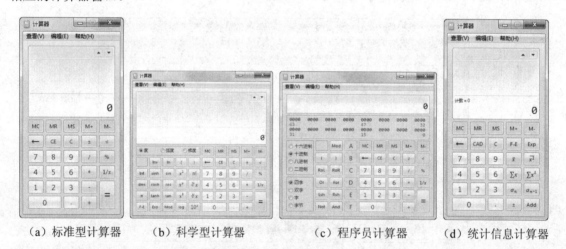

（a）标准型计算器　（b）科学型计算器　　　（c）程序员计算器　　（d）统计信息计算器

图 2-52　"计算器"窗口

1．执行简单的计算

【例 2-11】利用"标准型"计算器计算表达式 4*9+15 的值。

操作方法如下：

（1）打开"标准型"计算器窗口。

（2）键入计算的第一个数字，如 4。

（3）单击"+"执行加、"-"执行减、"*"执行乘或"/"执行除，如*。

（4）键入计算的下一个数字，如 9。

（5）输入所有剩余的运算符和数字，这里是+15。

（6）单击"="，最后得 51。

2．科学计算

【例 2-12】利用"科学型"计算器计算表达式 10！的值。

操作方法如下：

（1）单击"查看"→"科学型"命令，打开如图 2-52（b）所示的"科学型"计算器窗口。

（2）键入数字 10，再单击 n!，得到 10 的阶乘数 3628800。

3．逻辑计算

【例 2-13】利用"程序员"计算器计算表达式 Not 5 的值。

操作方法如下：

（1）单击"查看"→"程序员"命令，打开如图 2-52（c）所示的"程序员"计算器窗口。

（2）键入数字 5，再单击 Not，得到对 5 的取反值-6。

4．统计计算

【例 2-14】利用科学型计算器计算表达式 1+2+3+…+10 的值。

操作方法如下：

（1）单击"查看"→"统计信息"，打开如图 2-52（d）所示的"统计信息"计算器窗口。

（2）键入数字 1，然后单击 Add，将 1 添加到上方的"数字"列表中。

（3）依次键入数字 2、3、…、10，每输入一个数字，都要单击 Add。

（4）单击 Σx，可以求出连加的和为 55。

注意：单击"编辑"→"复制"命令（或按 Ctrl+C 组合键），可将计算结果保存在剪贴板中，以备将来其他程序使用。

2.9.3　记事本和写字板

"记事本"（NotePad）是一个纯文本编辑器，功能单一，常用于编辑简单的文本文档（*.txt）或创建网页（*.html）。"记事本"可以输入文字，但不能处理诸如字体的大小、类型、行距和字间距等格式。要创建和编辑带格式的文件，可以使用"写字板"或其他更好的字处理软件（如 Word、WPS 等）。

"写字板"（WordPad）可以创建或编辑包含格式或图形的文件，也可以进行基本的文本编辑或创建网页。它的功能和 Word 软件相似，但不如 Word 功能强大。对于编辑一些不太长、不太复杂的文章，"写字板"完全能够胜任，其特点是启动快、不需要特别安装。

单击"开始"→"所有程序"→"附件"→"记事本"（或"写字板"）命令，即可打开如图 2-53 所示的窗口。

如果"记事本"窗口是新打开的，则系统会赋予它一个无标题的文件名，用户可直接在窗口的工作区内输入和编辑文字；如果这个"记事本"窗口中原来有内容，而又要创建新文件，则只需单击"文件"→"新建"命令，即可编辑新文件了。

如果要编辑一个文件，则需要打开该文件；编辑完后，则需要保存和关闭该文件。

1．打开文件

打开一个现成的文本文件的操作步骤如下：

（1）单击"文件"→"打开"命令。如果使用的是"写字板"，则单击"写字板"按钮 ▤▾，在弹出的下拉列表中选择"打开"命令。

（2）在弹出的"打开"对话框中选择想要打开的文件，然后单击"打开"按钮。

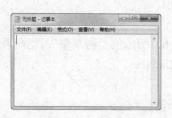
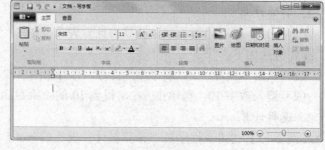

（a）"记事本"窗口　　　　　　　　　　　（b）"写字板"窗口

图 2-53　"记事本"与"写字板"窗口

2．保存文件

对处理过的文件进行保存有两种方式：如果是一个现有的文件，希望按原有的文件名保存，则单击"文件"→"保存"命令；如果是新建的文件，则单击"文件"→"另存为"命令，在弹出的"另存为"对话框中输入保存文件的文件名，然后按 Enter 键。

如果使用的是"写字板"，则单击"写字板"按钮，在弹出的下拉列表中选择"保存"命令，也可以单击"快速访问工具栏"中的"保存"按钮。

3．关闭窗口

"记事本"窗口是一个标准的 Windows 应用程序窗口，因此要关闭该窗口，可使用关闭 Windows 窗口的任何一种方法。

4．打印

如果用户要把编辑的文件内容打印出来，可以使用"文件"菜单中的"打印"命令。在打印之前，可以使用"文件"菜单中的"页面设置"命令对打印页面进行设置，如纸张大小、页边距、打印方向等。

如果使用的是"写字板"，则单击"写字板"按钮，在弹出的下拉列表中选择"页面设置"和"打印"命令，可对文档进行页面设置和打印操作。

【例 2-15】利用"写字板"程序完成如图 2-54 所示的操作。

计算器的使用

一、计算器的特殊键

在使用电子计算器进行四则运算的时候，一般要用到数字键，四则运算键和清除数据键。除了这些按键，还有一些特殊键，可以使计算更加简便迅速。

- MS：将显示的数值放入存储区。
- MR：将放入存储区的数据取出。
- MC：清除存储区中的数据。
- M+：将显示的数值与存储区中已有的任何数值相加。
- CE：删除当前显示数据的最后一位。如：要输入数据987，按键986，最后一位输入错误，按CE显示98。

二、计算

使用Windows自带的计算器可以很方便地将下列数学问题计算出来。

1、$\dfrac{4}{3}m^2\cos\dfrac{25\pi}{3}+3n^2\tan^2\dfrac{13\pi}{6}-\dfrac{1}{2}n^2\sec^2\dfrac{9\pi}{4}-\dfrac{1}{3}m^2\sin^2\dfrac{7\pi}{3}$

2、把两只半径分别为6.87cm和10.56cm的小铁球，熔化后铸成一只大铁球，已知每立方厘米铁重7.8克，求铸成的大铁球的重量（不计损耗，π取3.14，精确到克）。

图 2-54　使用"写字板"程序制作的文档

操作步骤如下：

（1）打开"写字板"程序，并完成图 2-54 所示文字的录入。

（2）用鼠标拖动将"计算器的使用"选中，单击"主页"选项卡"段落"组中的"居中"按钮 ，在"字体"组的"字体系列"列表框中选择"幼圆"，在字体"大小"框中选择或输入 22 磅。

（3）分别选中第二和第九自然段，设置字体和大小分别为隶书、14 磅。

（4）选中第四至第八自然段，单击"段落"组中的"启动一个列表"按钮 右侧的下拉按钮▼，在弹出的下拉列表中选择"项目符号●"，完成段落项目符号的设定。

（5）将插入点定位在第十一自然段"1、"的后面，单击"段落"组中的"插入对象"按钮 ，弹出如图 2-55 所示的"插入对象"对话框。

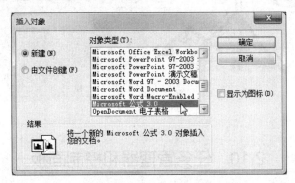

图 2-55　"插入对象"对话框

（6）选择"新建"单选按钮，在"对象类型"列表框中选择"Microsoft 公式 3.0"，单击"确定"按钮，"写字板"窗口中出现一个公式编辑区域，同时打开如图 2-56 所示的"公式编辑器"窗口。

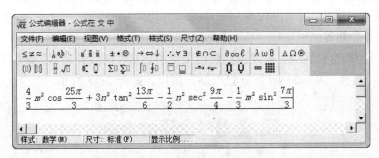

图 2-56　"公式编辑器"窗口

（7）在"公式编辑器"窗口中，利用有关符号和公式模板建立文中的公式。

（8）单击"文件"→"退出并返回正文"命令（或单击窗口右上角的"关闭"按钮 ），返回到"写字板"编辑窗口。

（9）单击"写字板"按钮 ，在弹出的下拉列表中选择"退出"命令，弹出提示对话框，提示用户是否保存文档，单击"是"按钮，保存并结束"写字板"的使用。

2.9.4　画图

"画图"（又称画板 Mspaint）。利用画图，用户可以创建商业图形、公司标志、示意图以及其他类型的图形等，也可以使用 OLE 技术把画板中的图形添加到其他应用程序中。

启动画图应用程序的方法是，单击"开始"→"所有程序"→"附件"→"画图"命令。画图窗口如图 2-57 所示，可在其中绘制和处理图形。

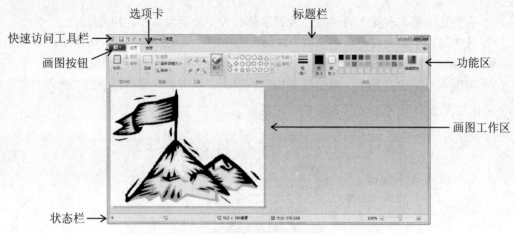

图 2-57 "画图"窗口

2.10 任务管理器和控制面板

2.10.1 任务管理器

Windows 7 中的任务管理器为用户提供了有关计算机性能的信息，并显示了计算机上所运行的程序和进程的详细信息。如果计算机已经与网络连接，则还可以使用任务管理器查看网络状态、网络是如何工作的。这里介绍应用程序的管理功能，如结束一个程序或启动一个程序等。

1. 启动任务管理器

右击任务栏上的空白区域，在弹出的快捷菜单中选择"任务管理器"命令（或按 Ctrl+Alt+Delete 组合键），打开"Windows 任务管理器"窗口，如图 2-58 所示。

图 2-58 "Windows 任务管理器"窗口

2. 管理应用程序

在"任务管理器"窗口中，单击"应用程序"选项卡，用户可看到系统中已启动的应用程序及其当前状态。在该窗口中用户可以关闭正在运行的应用程序、切换到其他应用程序、启动新的应用程序。

- 结束任务：单击选中一个任务，再单击"结束任务"按钮，可关闭一个应用程序。
- 切换任务：单击选中一个任务，如 Windows Media Player，再单击"切换至"按钮，这时系统切换到 Windows Media Player 窗口。
- 启动任务：单击"新任务"按钮（或单击"文件"→"新建任务"命令），弹出"创建新任务"对话框，如图 2-59 所示。

图 2-59　"创建新任务"对话框

在"打开"组合框中输入要运行的程序，如 notepad.exe，单击"确定"按钮，系统打开相应的应用程序。

2.10.2　控制面板

"控制面板"提供了丰富的专门用于更改 Windows 7 的外观和行为方式的工具。在"控制面板"中，有些工具可用来调整计算机设置，从而使操作计算机变得更加有趣。例如，可以通过"鼠标"选项将标准鼠标指针替换为可以在屏幕上移动的动画图标。

单击"开始"→"控制面板"命令，会出现如图 2-60 所示的"控制面板"窗口。

图 2-60　"控制面板"窗口

下面介绍如何删除一个程序，至于控制面板的其他功能，请读者参考相关书籍。

在使用 Windows 7 时，经常需要安装、更新和删除已有的应用程序。安装应用程序可以简单地从软盘或 CD-ROM 中运行安装程序（通常是 Setup.exe 或 Install.exe）；但删除一个应用程序就不是找到安装文件夹，直接按 Delete 键进行删除那么简单了。在"控制面板"中系统提供了一个添加和删除应用程序的工具。

　　"添加或删除程序"工具的使用方法为：在"控制面板"窗口中单击"程序和功能"图标，弹出如图 2-61 所示的"程序和功能"窗口，系统默认显示"卸载程序"界面。如果要删除一个应用程序，可在"卸载或更改程序"列表框中选择要删除的程序名，再单击工具栏中的"卸载/更改"按钮 卸载/更改 。

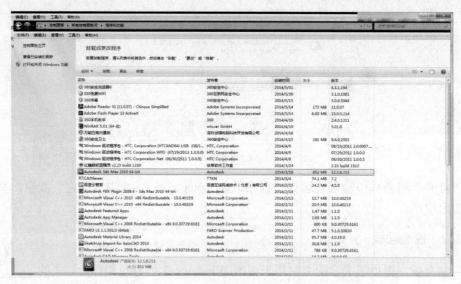

图 2-61　"程序和功能"窗口

习题 2

一、选择题

1. 在计算机系统中，操作系统是（　　）。
  A. 一般应用软件　　　　　　　　B. 核心系统软件
  C. 用户应用软件　　　　　　　　D. 系统支撑软件

2. 进程和程序的一个本质区别是（　　）。
  A. 前者是动态的，后者是静态的
  B. 前者存储在内存中，后者存储在外存中
  C. 前者在一个文件中，后者在多个文件中
  D. 前者分时使用 CPU，后者独占 CPU

3. 某进程在运行过程中需要等待从磁盘上读入数据，此时该进程的状态将（　　）。
  A. 从就绪变为运行　　　　　　　B. 从运行变为就绪
  C. 从运行变为阻塞　　　　　　　D. 从阻塞变为就绪

4. 下面关于操作系统的叙述正确的是（　　）。
  A. 批处理作业必须具有作业控制信息

　　B．分时系统不一定都具有人机交互能力

　　C．从响应时间的角度看，实时系统与分时系统差不多

　　D．由于采用了分时技术，用户可以独占计算机的资源

5．（　　）不是操作系统关心的主要问题。

　　A．管理计算机裸机

　　B．提供用户程序与计算机硬件系统的界面

　　C．管理计算机系统资源

　　D．高级程序设计语言的编译器

6．下列 4 个操作系统中，（　　）是分时系统。

　　A．MS-DOS　　　　　　B．Windows 7　　　　　C．UNIX　　　　　　　　D．OS/2

7．实时操作系统追求的目标是（　　）。

　　A．高吞吐率　　　　　　　　　　　　B．充分利用内存

　　C．快速响应　　　　　　　　　　　　D．减少系统开销

8．从用户的观点看，操作系统是（　　）。

　　A．用户与计算机之间的接口

　　B．由若干层次的程序按一定的结构组成的有机体

　　C．合理地组织工作流程的软件

　　D．控制和管理计算机资源的软件

9．（　　）是用户和应用程序之间信息交流的区域。

　　A．剪贴板　　　　　　　B．回收站　　　　　　C．对话框　　　　　　D．控制面板

10．Windows 中，在同一对话框的不同选项之间进行切换，不能采用的操作是（　　）。

　　A．用鼠标单击标签　　　　　　　　　B．按组合键 Ctrl+Tab

　　C．按组合键 Shift+Tab　　　　　　　D．按组合键 Ctrl+Shift+Tab

11．在 Windows 中，下面文件的命名不正确的是（　　）。

　　A．QWER.ASD.ZXC.DAT　　　　　　B．QWERASDZXCDAT

　　C．QWERASDZXC.DAT　　　　　　　D．QWER.ASD\ZXC.DAT

12．在 Windows 中，操作具有（　　）的特点。

　　A．先选择操作命令，再选择操作对象

　　B．先选择操作对象，再选择操作命令

　　C．需要同时选择操作对象和操作命令

　　D．允许用户任意选择

13．在 Windows 的"资源管理器"窗口中，为了将选定硬盘上的文件或文件夹复制到 U 盘，应进行的操作是（　　）。

　　A．先将它们删除并放入"回收站"，再从"回收站"中恢复

　　B．用鼠标左键将它们从硬盘拖动到软盘

　　C．先执行"编辑"→"剪切"命令，再执行"编辑"→"粘贴"命令

　　D．鼠标右键将它们从硬盘拖动到软盘，并从弹出的快捷菜单中选择"移动到当前位置"命令

14．当一个应用程序正在执行时，其窗口被最小化，该应用程序将（　　）。

　　A．被暂停执行　　　　　　　　　　　B．被终止执行

　　C．被转入后台执行　　　　　　　　　D．继续在前台执行

15. 在 Windows 的资源管理器中，选定多个连续文件的方法是（   ）。

    A．单击第一个文件，然后单击最后一个文件

    B．双击第一个文件，然后双击最后一个文件

    C．单击第一个文件，然后按住 Shift 键单击最后一个文件

    D．单击第一个文件，然后按住 Ctrl 键单击最后一个文件

16. 下列在资源管理器中打开文件的操作，错误的是（   ）。

    A．双击该文件

    B．在"编辑"菜单中选择"打开"命令

    C．选中该文件，然后按 Enter 键

    D．右击该文件，在快捷菜单中选择"打开"命令

17. 在 Windows 中，下列说法错误的是（   ）。

    A．单击任务栏上的按钮不能切换活动窗口

    B．窗口被最小化后，可以通过单击它在任务栏上的按钮使它恢复原状

    C．启动的应用程序一般在任务栏上显示一个代表该应用程序的图标按钮

    D．任务按钮可用于显示当前运行程序的名称和图标信息

18. 同一个目录中，已有一个"新建文件夹"，再新建一个文件夹，则此文件夹的名称为（   ）。

    A．新建文件夹   B．新建文件夹（1）

    C．新建文件夹（2）   D．不能同名

19. 以下有关 Windows 删除操作的说法，不正确的是（   ）。

    A．网络位置上的项目不能恢复

    B．从 U 盘上删除的项目不能恢复

    C．超过回收站存储容量的项目不能恢复

    D．直接用鼠标拖入回收站的项目不能恢复

20. 在应用程序窗口中，当鼠标指针为沙漏形状时，表示应用程序正在运行，请用户（   ）。

    A．移动窗口   B．改变窗口位置

    C．输入文本   D．等待

21. 由于用户在磁盘上频繁写入和删除数据，使得文件在磁盘上留下许多小段，在读取和写入的时候，磁盘的磁头必须不断地移动来寻找文件的一个一个小段，最终导致操作时间延长，降低了系统的性能。此时用户应使用操作系统中的（   ）功能来提高系统性能。

    A．磁盘清理   B．磁盘扫描

    C．磁盘碎片整理   D．使用文件的高级搜索

22. 在 Windows 中，需要查找近一个月内建立的所有文件，可以采用（   ）。

    A．按名称查找   B．按位置查找

    C．按日期查找   D．按高级查找

23. 下列关于"回收站"的叙述正确的是（   ）。

    A．"回收站"中的文件不能恢复

    B．"回收站"中的文件可以被打开

    C．"回收站"中的文件不占用硬盘空间

    D．"回收站"用来存放被删除的文件或文件夹

24. 下列关于在"计算机"窗口中移动文件的说法不正确的是（   ）。

　　A. 可通过"编辑"菜单中的"剪切"和"粘帖"命令来实现

　　B. 不能移动只读和隐含文件

　　C. 可同时移动多个文件

　　D. 可用鼠标拖放的方式完成

25. 关于 Windows 窗口的概念，以下说法正确的是（　　）。

　　A. 屏幕上只能出现一个窗口

　　B. 屏幕上可出现多个窗口，但只有一个窗口是活动的

　　C. 屏幕上可以出现多个窗口，且可以有多个窗口处于活动状态

　　D. 屏幕上可出现多个活动窗口

26. 在 Windows 中，窗口的排列方式没有（　　）。

　　A. 层叠　　　　　　　　　　　　B. 堆叠

　　C. 并排显示　　　　　　　　　　D. 斜向平铺

27. 把当前活动窗口作为图形复制到剪贴板上，使用（　　）组合键。

　　A. Alt+PrintScreen　　　　　　　B. PrintScreen

　　C. Shift+PrintScreen　　　　　　D. Ctrl+PrintScreen

28. 在 Windows 中查找文件时，如果输入"*.doc"，表明要查找当前目录下的（　　）。

　　A. 文件名为*.doc 的文件　　　　　B. 文件名中有一个*的 doc 文件

　　C. 所有的 doc 文件　　　　　　　D. 文件名长度为一个字符的 doc 文件

29. 在 Windows 中，当一个应用程序窗口被关闭后，该应用程序将（　　）。

　　A. 仅保留在内存中　　　　　　　B. 同时保留在内存和外存中

　　C. 从外存中清除　　　　　　　　D. 仅保留在外存中

30. 由于突然停电原因造成 Windows 操作系统非正常关闭，那么（　　）。

　　A. 再次开机启动时，必须修改 CMOS 设定

　　B. 再次开机启动时必须使用软盘启动，系统才能进入正常状态

　　C. 再次开机启动时，系统只能进入 DOS 操作系统

　　D. 再次开机启动时，大多数情况下系统自动修复由停电造成损坏的程序

31. 要在"开始"菜单中修改显示最近打开的程序的数目，可以通过（　　）实现。

　　A. 资源管理器　　　　　　　　　B. 任务栏和开始菜单属性

　　C. 控制面板　　　　　　　　　　D. 不能修改

32. 在资源管理器窗口的左窗格中，文件夹图标含有▷时，表示该文件夹（　　）。

　　A. 含有子文件夹，并已被展开　　　B. 不含子文件夹，并已被展开

　　C. 含有子文件夹，还未被展开　　　D. 不含子文件夹，还未被展开

33. 在 Windows 的资源管理器中，选定一个文件后，在地址栏中显示的是该文件的（　　）。

　　A. 共享属性　　　B. 文件类型　　　C. 文件大小　　　　D. 存储位置

34. 下列说法中正确的是（　　）。

　　A. 回收站中的文件全部可以被还原　　B. 资源管理器不能管理隐藏的文件

　　C. 回收站的作用是保存重要的文档　　D. 资源管理器是一种附加的硬件设备

35. 在 Windows 7 中，最小化窗口是指（　　）。

　　A. 窗口只占屏幕的最小区域

　　B. 窗口尽可能小

C．窗口缩小为任务栏上的一个图标

D．关闭窗口

二、填空题

1．操作系统的主要功能是处理机管理、_____、设备管理、文件管理和_____，除此之外还为用户使用计算机提供了用户接口。

2．操作系统的基本特征是_____、_____和_____。

3．能使计算机系统接收到_____后及时进行处理，并在严格的规定时间内处理结束，再给出_____的操作系统称为"实时操作系统"。

4．当一个进程被选中并占用处理器时，就从_____态变为_____态。

5．Windows 的任务栏默认是_____，若取消则拖动边框可改变任务栏的_____。

6．窗口之间进行切换的快捷键为_____或_____。

7．选择全部文件的快捷键为_____，当选择多个连续的文件名时需要按_____键，若全部选中，按_____键可以取消被选中的对象。

8．回收站是_____上的一块空间，将一个文件进行物理删除的快捷键为_____。

9．在 Windows 系统中，安装和删除应用程序要通过_____来执行。

10．在 Windows 中管理计算机文件时，用_____可以标示文件的类型。

11．任务栏上显示的是_____以外的所有窗口。

12．当用户打开多个窗口时，只有一个窗口处于_____状态，称之为当前窗口，并且这个窗口覆盖在其他窗口之上。

13．对话框除了有标题栏、控制图标等与程序窗口相同的部分以外，还可能或多或少具有若干_____按钮和 5 种类型的矩形框：文本框、列表框、下拉列表框、单选按钮和复选框。

14．窗口在非最大最小的情况下，可用鼠标左键拖曳_____来完成窗口位置的调整。

15．要设置和修改文件夹或文档的属性，可用鼠标右击该文件夹或文档的图标，再选择_____命令。

16．对话框和窗口的标题栏非常相似，不同的是对话框的标题栏左上角没有控制图标，右上角没有改变_____的按钮。

17．在 Windows 7 资源管理器中，当删除一个或一组子目录时，该目录或目录组下的_____也一起删除。

18．对话框和非最大最小化的窗口非常相似，但_____不能调整大小。

19．要查找所有第一个字母为 A 且含有 wav 扩展名的文件，则在"搜索"框中填入_____。

20．一般情况下，我们都是在任务栏上右击并选择"启动任务管理器"，或者按 Ctrl+Alt+Del 键，再选择"启动任务管理器"，就可打开"启动任务管理器"窗口。无论如何都要进行两个步骤，其实，在 Windows 环境中任何时候按下_____三个键，就可以直接启动任务管理器了。

三、判断题

1．在采用树型目录结构的文件系统中，各用户的文件名必须互不相同。　　　　　　（　　）

2．Windows 的注销就是删除操作。　　　　　　　　　　　　　　　　　　　　　　（　　）

3．要删除 Windows 应用程序，只需找到应用程序所安装的文件夹并将其删除。　　（　　）

4．要使用快捷键，必须打开"开始"菜单。　　　　　　　　　　　　　　　　　　　（　　）

5．打印文件时，任务栏上"通知区"中将出现一个打印机图标。　　　　　　　　　（　　）

6. 将某程序的图标拖到"启动"文件夹中，启动 Windows 时，该程序将自动运行。 （　　）

7. 使用键盘操作打开"开始"菜单应按 Ctrl + Esc 组合键。 （　　）

8. Windows 打开的多个窗口，既可以平铺，也可以层叠。 （　　）

9. Windows 中，不同磁盘间不能用鼠标拖动文件名的方法来实现文件的移动。 （　　）

10. 在 Windows 环境中，鼠标是重要的输入工具，而键盘只能在窗口操作中使用，不能在菜单操作中使用。 （　　）

11. 在 Windows 环境中，当运行一个应用程序时，就打开该程序自己的窗口，把运行程序的窗口最小化，就是暂时中断该程序的运行，但用户可以随时加以恢复。 （　　）

12. 在 Windows 环境中，用户可以同时打开多个窗口，此时只有一个窗口处于激活状态，其标题栏的颜色与众不同。 （　　）

13. 在 Windows 中，图标可以表示程序，也可以表示文档。 （　　）

14. Windows 中，拖动标题栏可移动窗口位置，双击标题栏可最大化或还原窗口。 （　　）

15. 凡是有"剪切"和"复制"命令的地方，都可以把选取的信息送到剪贴板上去。 （　　）

16. 在 Windows 中，打开在桌面上的多个窗口的排列方式只能由系统自动决定。 （　　）

17. 在"控制面板"中可更改计算机的设置。 （　　）

18. Windows 中系统是以文件夹的形式组织和管理文件的。 （　　）

19. 将回收站清空或在"回收站"窗口内删除文件，被删除的文件还可以恢复。 （　　）

20. 将桌面上的快捷方式图标拖到回收站中，该项目仍然保留在磁盘中。 （　　）

21. Windows 中的文件名不能有空格，但可以是汉字。 （　　）

22. 拖动文件时如原文件夹和目标文件夹在同一驱动器上所做的操作是复制操作。 （　　）

23. 在"Windows 资源管理器"窗口菜单中，提供了对磁盘格式化的命令。 （　　）

24. Windows 对所有的文件、文件夹可实现改名的操作。 （　　）

25. 启动 Windows 后，出现在屏幕的整个区域称为桌面。 （　　）

参考答案

一、选择题

1-5　BACAD　　6-10　CCAAC　　　11-15　DBBCC　　　16-20　BACDD

21-25　CCDBB　　26-30　DACDD　　31-35　BCDAC

二、填空题

1. 存储器管理、用户接口管理　　　2. 并发、共享、异步性

3. 外部信号、反馈信号　　　　　　4. 就绪、运行

5. 锁定的、大小和位置　　　　　　6. Alt+Tab、Alt+Esc

7. Ctrl+A、Shift、Ctrl　　　　　　8. 硬盘、Shift+Delete

9. 控制面板　　　　　　　　　　　10. 扩展名

11. 对话框　　　　　　　　　　　　12. 活动

13. 命令　　　　　　　　　　　　　14. 标题栏

15. 属性　　　　　　　　　　　　　16. 大小

17. 所有子目录及其所有文件　　　18. 对话框

19. A*.wav　　　20. Ctrl+Shift+Esc

三、判断题

1. ×　　2. ×　　3. ×　　4. ×　　5. √　　6. √　　7. √　　8. √

9. √　　10. ×　　11. ×　　12. √　　13. √　　14. √　　15. √　　16. ×

17. √　　18. √　　19. ×　　20. √　　21. ×　　22. ×　　23. ×　　24. ×　　25. √

第 3 章　文字处理软件 Word 2010

3.1　Word 2010 的基本操作

3.1.1　打开文档

对保存在磁盘上的文档，要想对其进行编辑、排版和打印等操作，就要先将其打开。打开文档的常用方法有以下两种：

- 在"Windows 资源管理器"窗口中，双击要打开的文档的图标。
- 单击"文件"选项卡中的"打开"命令（或按 Ctrl+O 组合键，也可单击"快速访问工具栏"中的"打开"按钮），弹出"打开"对话框，选择文档所在的文件夹，选择一个或多个文档，再单击"打开"按钮。

3.1.2　新建文档

启动 Word 2010 时，系统会自动创建一个名为"文档 1"的空白文档，标题栏上显示"文档.docx-Microsoft Word"。

如果用户还要创建新的文档，则可通过下面的方法实现。

1. 新建空白文档

新建空白文档的方法很简单，主要有以下 3 种方法：

- 按 Ctrl+N 组合键。
- 单击"快速访问工具栏"中的"新建"按钮。
- 单击"文件"→"新建"命令，再单击"空白文档"图标并单击"创建"按钮，如图 3-1 所示。

图 3-1　"文件"选项卡中的"新建"命令界面

2．新建模板文档

如果要创建具有某种格式的新文档，可在图 3-1 所示的界面中单击"可用模板"列表框中的"样本模板"、"我的模板"或"Office.com 模板"选项。

（1）"样本模板"选项。

如图 3-2 所示，在"样本模板"列表中选择一个模板，单击"创建"按钮，可创建一个文档。

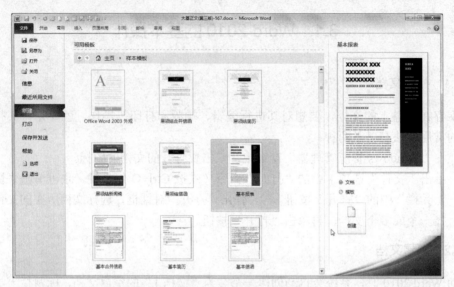

图 3-2　利用"样本模板"创建新文档

（2）"我的模板"选项。

如图 3-3 所示，在"新建"对话框中选择一个模板，选择要创建文档的类型："文档"或"模板"，单击"确定"按钮，可创建一个文档。

图 3-3　利用"新建"对话框创建新文档

（3）"Office.com 模板"选项。

如图 3-4 所示，显示出 Office.com 网站搜索到的模板，选择需要的模板选项，然后单击"下载"按钮，可创建一个文档。

图 3-4　利用 Office.com 网站提供的模板创建新文档

3.1.3　保存文档

为了永久保存所建立和编辑的文档，在退出 Word 前应将它作为磁盘文件保存起来。保存文档分为：保存新建文档和保存已有的文档。

1．保存新建文档

当文档输入完毕后，此文档的内容还驻留在计算机的内存中，如果要保存此文档，方法有以下两种：

● 单击"快速访问工具栏"中的"保存"按钮。

● 单击"文件"选项卡中的"保存"命令或按 Ctrl+S 组合键。

上述两种方法均会弹出"另存为"对话框，在其中进行如图 3-5 所示的设置，单击"保存"按钮完成保存新建文档的操作。

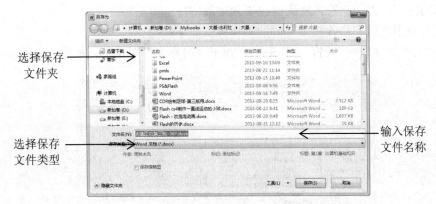

选择保存
文件夹

选择保存
文件类型

输入保存
文件名称

图 3-5　保存新建文档的"另存为"对话框

2．保存已有的文档

对已有的文档进行编辑和修改后，用上述方法可将修改的文档以原来的文件名、原来的类型保存在原来的文件夹中，此时不再出现"另存为"对话框。

3．换名保存文档

可以把已经保存过的且正在编辑的文件以另外的文件名、另外的类型保存在另外的文件夹中，方法是单击"文件"选项卡中的"另存为"命令（或按 F12 功能键）打开"另存为"对话框，其后的操作与保存新建文档一样。

4. 自动保存文档

为了防止突然断电等意外事故，Word 提供了在指定时间间隔中为用户自动保存文档的功能，方法是单击"文件"→"选项"命令，在弹出的"Word 选项"对话框中单击"保存"选项卡，在其中指定自动保存的时间间隔，系统默认为 10 分钟，如图 3-6 所示。

图 3-6　设置自动保存文档的"Word 选项"对话框

3.1.4　文档的保护

可以给文档设置"打开权限密码"和"修改权限密码"以保护文档，并将其记录下来保存在安全的地方。如果丢失密码，将无法打开或访问受密码保护的文档。密码可以是字母、数字、空格以及符号的任意组合，最长可达 40 个字符。密码区分大小写，因此如果在设置密码时有大小写的区别，则用户输入密码时也必须键入同样的大小写。

设置打开权限密码和修改权限密码的操作步骤如下：

（1）单击"文件"→"另存为"命令，弹出"另存为"对话框，如图 3-7 所示。

图 3-7　"另存为"对话框

（2）单击"工具"下拉列表中的"常规选项"命令，弹出"常规选项"对话框，如图 3-8 所示。

　　注意：设置"修改权限密码"之前该文档已保存过。

　　（3）在"打开文件时的密码"和"修改文件时的密码"文本框中输入密码，对应密码的每一个字符显示一个星号。

　　（4）单击"确定"按钮，会出现"确认密码"对话框，要求用户再次输入所设置的密码，如图 3-9 所示。在文本框中重复输入所设置的密码并单击"确定"按钮，如果密码核对正确则返回"另存为"对话框。

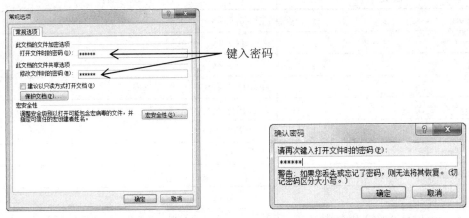

图 3-8　"常规选项"对话框　　　　　图 3-9　"确认密码"对话框

　　（5）单击"保存"按钮即完成密码的设置。

　　用户可取消已设置的密码，方法与设置密码的相似，只是在"常规选项"对话框中应删除在"打开文件时的密码"和"修改文件时的密码"文本框中已有的密码星号，单击"确定"按钮返回"另存为"对话框，再单击"保存"按钮。

3.1.5　关闭文档

　　关闭新创建的文档或保存修改过的文档时，关闭前都要回答是否保存的提问。关闭文档的方法有以下几种：

- 单击"文件"→"关闭"命令。
- 按 Ctrl+W 组合键。
- 单击标题栏右上角的"关闭"按钮 或按 Alt+F4 组合键。

　　前两种方法只能关闭文档但不退出 Word 系统，而第 3 种方法则既关闭文档又关闭 Word 工作窗口。

3.2　Word 文档内容的录入与编辑

　　文档的基本操作包括：确定插入点位置、输入文字、文字的移动、复制与删除、文字的查找与替换等。

3.2.1　插入点位置的确定

　　在 Word 编辑窗口中，有一个垂直闪烁的竖光标"|"，这就是插入点，也称为当前输入位

置。在插入状态下（这是 Word 的默认设置，按 Insert 键或状态栏中左侧的"插入"方框 插入
可改变插入状态为改写状态），每输入一个字符或汉字，插入点右面的所有文字都应该右移一
个位置。

　　表 3-1 列出了键盘移动插入点的几个常用键的功能。

表 3-1　用键盘移动插入点

按键	执行操作
←（→）	左（右）移一个字符
Ctrl+←（→）	左（右）移一个单词
Ctrl+↑（↓）	上（下）移一段
Tab	在表格中右移一个单元格
Shift+Tab 组合键	在表格中左移一个单元格
↑（↓）	上（下）移一行
Home（End）键	移至行首（尾）
Alt+Ctrl+Page Up（Page Down）组合键	移至窗口顶端（结尾）
Page Up（Page Down）键	上（下）移一屏（滚动）
Ctrl+Page Up（Page Down）组合键	移至上（下）页顶端
Ctrl+Home（End）组合键	移至文档开头（结尾）
Shift+F5 组合键	移至前一处修订位置
Shift+F5 组合键	对新打开的文件，移至上一次关闭文档时插入点所在的位置

3.2.2　文字的录入

　　新建或打开一个文档后，当插入点移动到所需位置时，就可以输入文本了。输入文本时，
插入点自左向右移动。如果输入了一个错误的字符或汉字，可以按 Backspace 键删除该错字，
按 Delete 键删除插入点右边的字或字符，然后继续输入。

　　Word 中的"即点即输"功能允许在文档的空白区域通过双击方便地输入文本。

　　1. 自动换行与人工换行

　　当输入到达每行的末尾时不必按 Enter 键，Word 会自动换行，只在建立另一个新段落时
才按 Enter 键。按 Enter 键表示一个段落的结束和新段落的开始。可以按 Shift+Enter 组合键插
入一个人工换行符，两行之间行距不增加。

　　2. 显示或隐藏编辑标记

　　单击"开始"选项卡"段落"组中的"显示/隐藏编辑标记"按钮，可检查在每段结束
时是否按了回车符和其他隐藏的格式符号。

　　3. 插入符号

　　在文档输入过程中，可以插入特殊字符、国际通用字符和符号，也可用数字小键盘输入
字符代码来插入一个字符或符号。

　　单击要插入符号的位置设置插入点，再单击"插入"选项卡"符号"组中的"符号"按钮，
弹出"符号"列表，如果要插入的符号在此列表中，单击该称号即可插入到当前位置上。

　　单击"符号"列表中的"其他符号"命令，弹出"符号"对话框，单击"符号"选项卡，如图 3-10 所示。单击要插入的符号后再单击"插入"按钮（或双击要插入的符号或字符），则插入的符号出现在插入点上。如果要插入多个符号或字符，可多次双击要插入的符号或字符。最后单击"取消"按钮。

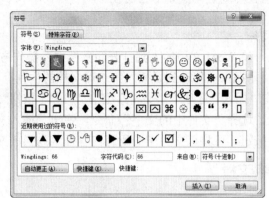

图 3-10　"符号"命令列表和"符号"对话框

4．插入数学公式

　　利用 Word 中的公式编辑器，只要选择了公式工具"设计"选项卡中相关的命令并键入数字和变量即可建立复杂的数学公式。

5．插入日期和时间

　　在 Word 中可以插入一个需要的日期和时间。

　　（1）插入当前日期和时间。

　　插入当前日期和时间的操作步骤如下：

　　1）单击要插入日期或时间的位置。

　　2）单击"插入"选项卡"文本"组中的"日期和时间"按钮 日期和时间，弹出如图 3-11 所示的对话框。

图 3-11　"日期和时间"对话框

　　如果要对插入的日期或时间应用其他语言的格式，则在"语言"下拉列表框中选择其他语言。

　　3）在"可用格式"列表框中选择日期或时间格式。如果要将日期和时间随系统日期和时间自动更新，则选中"自动更新"复选框；反之清除"自动更新"复选框。

　　4）单击"确定"按钮。

（2）自动插入当前日期。

系统可以在输入日期时使用自动输入功能。

例如，如果当前日期为 2013 年 9 月 17 日，键入"2013 年"后，Word 会在该文字的右上方以灰色 `2013年9月17日星期二 (按 Enter 插入)` 进行屏幕提示，如果需要直接按 Enter 键可插入当前日期。

6. 插入文件

可以将另一篇 Word 文档插入到打开的文档中，操作方法如下：

（1）将文本插入点移动到要插入第二篇文档的位置。

（2）单击"插入"选项卡"文本"组中"对象"按钮 `对象` 右侧的下拉按钮，弹出"对象"命令列表，选择"文件中的文字"命令，弹出"插入文件"对话框，找到要插入的文件，单击"插入"按钮，可将该文件中的所有内容插入到当前文档中。

3.2.3　编辑文档

1. 对象的选取

在 Word 文档中，对象的选定是一项基本操作。用户经常需要选取某个字符、某一行、某一段或整个文档进行处理，如移动、复制、删除、重排文本等。被选取的文本称为文本块，通常情况下以反白（即白字蓝灰底的方式）显示在屏幕上。选取操作也可以选取一个图形等对象。

（1）使用鼠标选取对象。最简单的选取操作是使用鼠标，如在一个对象上单击即可选取一个对象。这里主要是指文本块的选取。

- 选定任何数量的文字：这里采用拖动的方法选取文本，把鼠标指针移到要选择文本开始位置的文字前，按下左键不放，拖动鼠标使所需内容都反白显示，松开鼠标按键，如图 3-12 所示。

图 3-12　选定一个文本块

- 选定一个单词：双击该单词。
- 选定一行或多行文字：将鼠标移动到该行的左侧，鼠标指针变成一个指向右上的箭头 时所指的区域称为选定区或选定栏，单击即可选定一行，在选定区按住左键不放，向上或向下拖动鼠标，可以选定多行。
- 选定一个句子：按住 Ctrl 键，然后在某句的任何位置单击。
- 选定一个段落：在选定区双击或者在该段落的任何位置三击。
- 选定多个段落：将鼠标移动到选定区域后双击，并向上或向下拖动鼠标。
- 选定一大块文字：单击所选内容的开始，滚动到所选内容的结束，然后按住 Shift 键并单击。
- 选定整篇文档：在选定区三击或按住 Ctrl 后，单击（或按 Ctrl+A 组合键）。
- 选定页眉和页脚：单击"插入"选项卡"页眉和页脚"组中的"页眉"或"页脚"按钮，在弹出的命令列表中选择"编辑页眉（页脚）"命令，或在页面视图中双击灰色的页眉或页脚文字，然后将鼠标移动到选定区单击。
- 选定垂直的一块文字（不包括表格单元格）：按住 Alt 键，然后拖动鼠标，如图 3-13 所示。

图 3-13 选定一个矩形文本块

（2）使用键盘选取文本。用户在编辑文档时，可以将光标移到想要选取的文本起始位置，按住 Shift 键不放，再用↑、↓、←、→等可以移动插入点的键来选取范围。

（3）使用扩展方式选取文本。在 Word 中，可以使用扩展方式来选取文本。按下 F8 键表示已进入扩展选取方式，状态栏出现"扩展式选定"方框，如图 3-14 所示，单击此框表示"扩展式选定"结束。

图 3-14 状态栏中的"扩展式选定"方框

提示：状态栏在按下 F8 功能键时，若没有出现"扩展式选定"方框，可右击状态栏，在弹出的快捷菜单中选择"选定模式"选项。

在扩展方式下，使用↑、↓、←、→等可以移动插入点的键即可选取从原插入点到当前插入点之间的所有文本；单击则可以选取插入点到单击点之间的所有文本；按一个字符键，则选取从插入点到该字符最近出现的位置之间的所有文本。

此外，Word 还为用户提供了一个非常快捷的方式，就是将插入点移到要选取文本的起始处，按 F8 键进入扩展选择方式，然后再按 F8 键选取插入点的汉字或单词，第三次按 F8 键选取插入点所在的句子，第四次按 F8 键选取插入点所在的段落，第五次按 F8 键则选取整个文档。而其间每按一次 Shift+F8 组合键可以逐步缩小选取范围。

按 Ctrl+Shift+F8 组合键，状态栏中的"扩展式选定"框显示为"列方式选定"，此时用↑、↓、←、→等键可按矩形方式从文档中选取从插入点开始的任意大小的矩形文本块。

（4）多重选定（或不连续）区域。选定一块区域后，再按住 Ctrl 键，选定其他的区域。

2. 删除、移动或复制文本

在选定了操作对象后，可在文档内、文档间或应用程序间移动或复制文本，也可以删除文本。

（1）删除文本。

删除一个字符最简单的方法是把插入点置于该字符的右边，然后按 Backspace 键，该字符被删除同时后面的字符左移一格填补被删除的位置。

按 Delete 键可以删除插入点后面的字符。要删除插入点左边的词组或单词，可按 Ctrl+Backspace 组合键；要删除插入点右边的词组或单词，按 Ctrl+Delete 组合键。

当需要删除一大块文本时，可选定该文本块，然后按 Delete 键或 Backspace 键（也可单击"开始"选项卡"剪贴板"组中的"剪切"按钮 ✂ 剪切；或者右击，在弹出的快捷菜单中选择"剪切"命令，或按 Ctrl+X 组合键）。

（2）在窗口内移动或复制文本。

选定要移动或复制的文本对象，单击"复制"按钮 🗐 复制（或按 Ctrl+C 组合键），确定目的地，单击"粘贴"按钮 （或按 Ctrl+V 组合键）。

（3）远距离移动或复制文本。

如果远距离移动或复制文本，或者将其移动或复制到其他文档，则要借助"剪贴板"任务窗格。剪贴板是特殊的存储空间，在 Word 内部系统共提供了 24 个剪贴板。

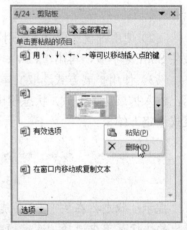

单击"开始"选项卡"剪贴板"组右下角的"对话框启动器"按钮 打开"剪贴板"任务窗格，如图 3-15 所示。选中要粘贴的一项内容，直接单击即可。

（4）使用键盘复制文本。使用键盘可以方便地复制文本。选取要复制的文档，按 Shift+F2 组合键，状态栏左侧将显示"复制到何处？"提示信息，将鼠标移动到目标位置处（此时光标呈虚线"┇"），然后按 Enter 键，完成复制。

3．撤消与恢复

在输入或编辑文档时，经常要改变文档中的内容，若文本改变后发现不符合要求，则可用撤消功能把改变后的文本恢复为原来的形式。

图 3-15　"剪贴板"任务窗格

（1）撤消。

Word 支持多级撤消，在"快速访问工具栏"中单击"撤消"按钮 ↩▾（或按 Ctrl+Z 组合键），可取消对文档的最后一次操作。多次单击"撤消"按钮，依次从后向前取消多次操作。单击"撤消"按钮右边的下拉箭头，打开可撤消操作的列表，从最后一次操作的位置上连续选定其中几次操作，可一次性恢复此操作后的所有操作。撤消某操作的同时，也撤消了列表中所有位于它上面的操作。

（2）恢复。

在撤消某操作后，单击"快速访问工具栏"中的"恢复"按钮 ↪（或按 Ctrl+Y 组合键），可恢复刚才撤消的操作。

4．查找

如果文本内容很长，用人工的方法找到其中的某个和某些相同字句是非常麻烦的，而且容易遗漏。为此 Word 提供了非常方便的查找和替换功能。

在 Word 中，可以使用多种方法进行查找。

（1）使用"导航窗格"进行查找。

利用"导航窗格"，用户可以按照文本、图形、表格、公式、脚注/尾注和批注进行查找，具体操作方法如下：

1）在"视图"选项卡的"显示"组中勾选"导航窗格"复选框☑导航窗格（或按 Ctrl+F组合键），即可在 Word 工作区左侧显示"导航窗格"。

2）选定需要搜索的区域，在导航窗格上方的"搜索"框中输入要搜索的内容，Word 会自动将搜索到的内容突出显示。单击"搜索"框右侧的"取消"按钮或按 Esc 键，可取消查找和突出显示的标记。

3）单击"导航窗格"中的"浏览您的文档中的标题"按钮，可以查看包含查找文本的段落。

如果查找有更高级的要求，可以单击"搜索"框右侧的"查找选项和其他搜索命令"下拉按钮，在弹出的列表中选择相应的操作命令，如图 3-16 所示。

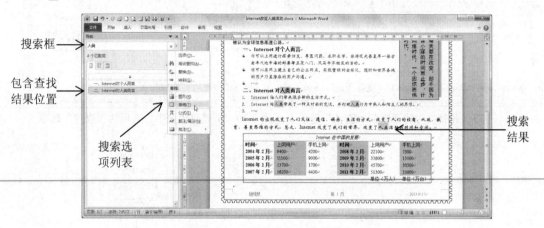

图 3-16　"导航窗格"中的搜索功能

（2）使用"选择浏览对象"按钮进行查找。

使用"选择浏览对象"按钮可快速查找某项，如图形、表格或批注等，操作方法如下：

1）单击垂直滚动条上的"选择浏览对象"按钮◎，弹出如图 3-17 所示的列表。

2）在其中将鼠标移动到各对象图标上，单击所需的项，单击"前一次查找"按钮▲或"下一次查找"按钮▼，查找同类型的下一项或上一项。

（3）使用"编辑"按钮进行查找。

图 3-17　选择浏览对象窗口

还可以使用"开始"选项卡"编辑"组中的"查找"按钮查找来进行查找，操作过程如下：

1）单击"开始"选项卡"编辑"组中"查找"按钮右侧的下拉按钮▼，在弹出的列表中选择"高级查找"命令，弹出"查找和替换"对话框。在"查找内容"文本框中输入要查找的文本，如"人类"，如图 3-18 所示。

2）单击"查找下一处"按钮。在查找过程中可按 Esc 键取消正在进行的搜索。

3）查找特定格式。单击"更多"按钮，此按钮变成"更少"，"查找和替换"对话框变成如图 3-19 所示，用于查找特定的格式和字符，其中部分选项的含义如下：

- "搜索"下拉列表框：设置搜索的方向，有向下、向上和全部 3 种。
- "区分大小写"复选框：用于英语字母。
- "不限定格式"按钮：取消"查找内容"或"替换为"文本框中指定的所有格式。
- "格式"按钮：涉及"查找内容"或"替换为"文本框内容的排版格式，如字体、段落、样式的设置，如图 3-20（a）所示。
- "特殊格式"按钮：查找对象是特殊字符，如通配符、制表符、分栏符、分页符等，如图 3-20（b）所示。

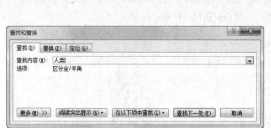

图 3-18   "查找和替换"对话框的"查找"选项卡   图 3-19   扩展有"更多"选项的"查找"选项卡

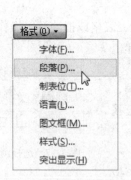

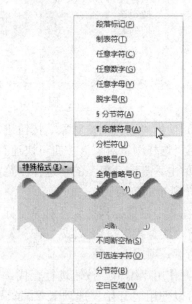

（a）"格式"下拉列表   （b）"特殊格式"下拉列表

图 3-20   "格式"与"特殊字符"按钮的部分命令

要查找指定格式的文本，在"查找内容"文本框内输入文本，如果只查找指定的格式，则要删除"查找内容"框内的文本，单击"格式"按钮，选择所需的格式，然后单击"查找下一处"按钮。

5. 替换

在文档编辑过程中，有时需要对某一内容进行统一替换。对于较长的文档，如果用手工逐字逐句进行替换，将是不可想象的。利用 Word 中提供的替换功能可以方便地完成这个工作，具体方法为：单击“开始”选项卡“编辑”组中的“替换”按钮 ![替换] （或按 Ctrl+H 组合键），弹出“查找和替换”对话框，在“查找内容”文本框内输入要查找的文本，在“替换为”文本框内输入替换文本，再单击“查找下一处”按钮和“替换”按钮或“全部替换”按钮。

6.　自动更正

Word 提供的自动更正功能可以帮助用户更正一些常见的键入错误、拼写和语法错误等。单击“文件”→“选项”命令，在弹出的对话框中单击“校对”选项卡，如图 3-21 所示。

图 3-21　“Word 选项”对话框中的“校对”选项卡

图中系统已经为用户配置了一些自动更正的功能。例如，如果要一次性检查拼写和语法错误，可勾选“随拼写检查语法”复选框。这样，当系统检查到有错误的文本时，一般用红色波浪线标记输入有误码的或系统无法识别的中文和单词，用绿色波浪线标记可能的语法错误。

若要添加一些自动更正功能，可单击“自动更正选项”按钮，在弹出的对话框中单击“自动更正”选项卡，选中“键入时自动替换”复选项，在“替换”和“替换为”文本框中输入原内容和需要替换为的内容，可以简化输入。例如在文档中输入“JSJ”，将自动替换为“计算机”。

3.3　页面设置与文档排版

所谓排版就是对文档中插入的文本、图像、表格等基本元素进行格式化处理，以便打印输出。下面介绍页面设置、文字格式的设置、段落的排版、分栏、首字下沉和文档的打印等主要功能。

3.3.1　页面设置

默认状态下，Word 在创建文档时，使用的是一个以 A4 纸大小为基准的 Normal 模板，内有预置的页面格式，其版面可以适用于大部分文档。Word 文档中的内容以页为单位显示或打印到页上，如果用户不满意可以对其进行调整，即进行页面设置。在 Word 中，页面的结构如图 3-22 所示。

　　根据需要可以重新对整个页面、页边距、每页的行数和每行的字数进行调整，还可以给文档加上页眉、页脚、页码等。

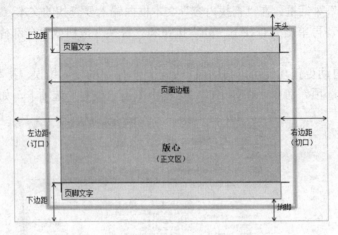

图 3-22　纸张大小、页边距和文本区域示意图

　　要进行页面设置，应单击"页面布局"选项卡"页面设置"组中的相应按钮（或使用"页面设置"对话框），如图 3-23 所示。

图 3-23　"页面布局"选项卡

1. 选择纸型

　　在"页面布局"选项卡的"页面设置"组中单击"对话框启动器"按钮，弹出"页面设置"对话框，如图 3-24 所示。

　　单击"纸张"选项卡，在其中可选择纸张大小、纸张应用范围等。

　　如果要修改文档中一部分内容的纸张大小，可在"应用于"下拉列表框中选择"所选文字"选项，Word 自动在设置了新纸大小的文本前后插入分节符，如果文档已经分成节，可以单击某节中的任意位置或选定多个节，然后修改纸张大小。

　　所谓节是指由一个或多个自然段组成的，页面结构与其他页不同的文本块。

2. 调整行数和字符数

　　根据纸型的不同，每页中的行数和每行中的字符数都有一个默认值，可以满足用户的特殊需要。在"页面设置"对话框中单击"文档网格"选项卡，单击"指定行和字符网格"单选按钮，然后改变相应数值，如图 3-25 所示。在此选项卡中还可以对"字体设置"、"栏数"和"文字排列"等进行设置。

　　如果要把改后的设置保存为默认值，以便应用于所有基于这种纸型的页面，可单击"默认"按钮。

3. 页边距的调整

　　在"页面设置"对话框中单击"页边距"选项卡，如图 3-26 所示。在其中可以设置上、下、左、右的页边距，也可以选择装订线位置或对称页边距，可以设置文档打印的方向等。

图 3-24　"纸张"选项卡

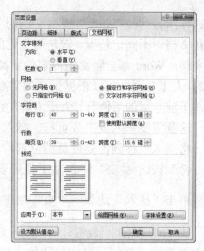

图 3-25　"文档网格"选项卡

　　页边距的调整可以使用水平和垂直标尺来实现，操作方法为：切换至页面视图，将鼠标指向水平标尺或垂直标尺上的页边距边界，待鼠标箭头变成双向箭头↔或↕后拖动。

　　如果希望显示文字区和页边距的精确数值，则在拖动页边距边界的同时按 Alt 键。

　　4. 版式

　　单击"版式"选项卡，如图 3-27 所示。在"页眉和页脚"区域中选中"奇偶页不同"复选框，则页眉与页脚将在奇偶页中以不同方式显示；勾选"首页不同"复选框，则每节中第一页与其他各页可设置不同的页眉和页脚；在"页眉"和"页脚"数值框中输入一个数字可设置距页边界的距离。单击"边框"按钮，弹出"边框和底纹"对话框，用户可对页面进行边框等的设置。如果用 Word 进行程序源代码的编写，单击"行号"按钮，则还可对程序源代码的每一行进行编号。

图 3-26　"页边距"选项卡

图 3-27　"版式"选项卡

3.3.2　分页与分节

1. 文档分页

在 Word 中，系统提供了自动分页和人工分页两种分页方式。

（1）自动分页。Word 可根据文档的字体大小、页面设置等自动为文档分页。自动设置的分页符在文档中不固定位置，它是可变化的。这种灵活的分页特性使得用户无论对文档进行过多少次变动，Word 都会随文档内容的增减而自动变更页数和页码。

（2）人工分页。可以根据用户的需要人工插入分页标记，例如一本书某节的一部分内容可能放在了前一页的后两行，为了内容的统一，可以将前页的最后两行文字强行放在下一页打印输出，这就需要插入人工分页符。插入人工分页符的操作方法有以下 3 种：

- 将插入点移到需要分页的位置，单击"页面布局"选项卡"页面设置"组中的"分隔符"按钮 分隔符，从下拉列表中选择"分页符"命令。

- 单击"插入"选项卡"页"组中的"分页"按钮 分页 。

- 按 Ctrl+Enter 组合键。

在页面视图、打印预览和打印的文档中，分页符后面的文字将出现在新的一页上。在普通视图中，自动分页将显示为一条贯穿页面的虚线，人工分页符显示为标有"分页符"字样的虚线"⋯⋯分页符⋯⋯"。

选定人工分页符，按 Delete 键可以删除该分页符。

2．文档分节

节由一个或多个自然段组成，是 Word 用来划分文档的一种方式，系统默认整篇文档为一节，分节符可以使文档从一个整体划分为多个具有不同页面版式的部分。分节后，用户可以将纵向打印的文档设置成横向打印的文档，也可以分隔文档中的各章，以使每一章的页码编号都从 1 开始，还可以为文档的某节创建不同的页眉或页脚。

Word 提供了"下一页"、"连续"、"偶数页"和"奇数页" 4 种分节符供用户选择，其具体含义如下：

- 下一页：从插入分节符的位置强行分页，从下一页上开始新节。
- 连续：在同一页上开始新节。
- 偶数页：在下一个偶数页上开始新节。
- 奇数页：在下一个奇数页上开始新节。

插入分节符的操作方法如下：

（1）将插入点移到需要分节的最末位置。

（2）单击"页面布局"选项卡"页面设置"组中的"分隔符"按钮，从下拉列表中选择一种"分节符"命令。

3．页眉和页脚

多页文档显示或打印时，经常需要在每页的顶部或底部显示页码以及相关信息，如标题、名称、日期、标志等。这些信息如果出现在文档每页的顶部，就称为页眉；如果出现在文档每页的底部，就称为页脚。在 Word 文档中，可以设置统一的页眉和页脚，也可以在不同节的页中设置不同的页眉和页脚。

添加页眉和页脚的具体操作步骤如下：

（1）单击"插入"选项卡"页眉和页脚"组中的"页眉"按钮 页眉 或"页脚"按钮 页脚 ，弹出"页眉"或"页脚"命令列表，从中选择一种样式并进入编辑状态，并同时出现"页眉和页脚工具/设计"选项卡，如图 3-28 和图 3-29 所示。

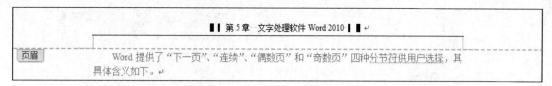

图 3-28　"页眉"编辑状态

图 3-29　"页眉和页脚工具/设计"选项卡

（2）在"页眉"或"页脚"的占位符（输入文本的位置方框）中输入内容，或单击"页眉和页脚工具/设计"选项卡中的工具按钮向"页眉"或"页脚"中插入时间等内容。

（3）单击"导航"组中的"转至页脚（页眉）"按钮 ▢ （ ▢ ）切换到页脚（页眉）输入框中进行输入。

（4）页眉或页脚编辑完成后，单击"关闭"组中的"关闭页眉和页脚"按钮 ▢ （或按 Esc 键），每页的上下端就会显示出页眉和页脚的信息。

如果在页面设置时勾选了"首页不同"和"奇偶页不同"两个复选项，则每节的页眉和页脚被划分成 3 种形式：首页页眉/页脚、偶数页页眉/页脚、奇数页页眉/页脚。用户可将本节的首页、奇偶页单独设置成不同的样式，操作方法同上。

如果不想在页中使用页眉或页脚，可将页眉和页脚内容清空。

在页面视图中，只需双击变暗的页眉或页脚或者变暗的文档文本，即可迅速地在页眉或页脚与文档文本之间进行切换。

4. 插入页码

对于页数较多的文档，在打印之前最好为每一页设置一个页码，以免混淆文档的先后顺序。插入页码的方法如下：

（1）单击"插入"选项卡"页眉和页脚"组中的"页码"按钮 ▢ （或进入页眉和页脚编辑状态，单击"页眉和页脚工具/设计"选项卡中的"页码"按钮），在下拉列表中选择一种页码位置，如图 3-30 所示。

（2）页码插入到指定位置后，系统进入页眉和页脚编辑状态。此时，如果要修改页码的格式，可选择"页码"下拉列表中的"设置页码格式"命令，弹出"页码格式"对话框，如图 3-31 所示。

（3）选择页码的"编号格式"及是否包含章节号、起始页码等。

（4）单击"确定"按钮，返回到正文编辑状态。

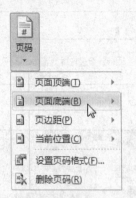

图 3-30　"页码"按钮及其下拉列表　　　　　图 3-31　"页码格式"对话框

3.3.3　文档排版

Word 是一个功能强大的桌面排版系统，利用本身提供的多种字体、字形及其他漂亮的外观对文本进行正确合理的排版（格式或修饰），实现"所见即所得"（即 What You See Is What You Get，缩写为 WYSIWYG）的效果。

1. 字符的格式化

字符的格式化就是对 Word 中允许出现的字符、汉字、字母、数字、符号及各种可见的字符进行字体、字号、字形、颜色等格式修饰。设置字符格式分以下两种情况：

● 先输入字符，再设置，其后输入的字符将按设置的格式一直显示下去。

● 先选定文本块，再进行设置。它只对该文本块起作用。

（1）通过"开始"选项卡设置字体、字号、字形、颜色等。进行字符修饰时，常使用"开始"选项卡"字体"组中的相关按钮，如图 3-32（a）所示。

（2）通过"字体"对话框设置字体、字号、字形、颜色等。单击"字体"组右侧的"对话框启动器"按钮，弹出"字体"对话框，如图 3-32（b）所示。

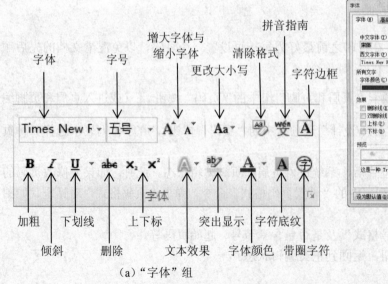

（a）"字体"组　　　　　　　　　　　　　　　　　　（b）"字体"对话框

图 3-32　"字体"组与"字体"对话框

在"字体"选项卡中，除设置字体、字形、字号、颜色、下划线、着重号外，还可以设置特殊效果，对于"西文字体"，设置为"使用中文字体"后将随中文设置的字体而自动适应。

在"效果"区域中选择所需的选项。可以选择多个复选框，为该文字设置多种效果，新效果设置后，自动取消以前的设置。

单击"文字效果"按钮，在弹出的"设置文本效果格式"对话框中可以为选定的文本设置填充、文本边框、轮廓样式、阴影、映像、发光和柔化边缘、三维格式等特殊效果，如图 3-33 所示。

单击"高级"选项卡，设置字符的间距、缩放和位置，如图 3-34 所示。

图 3-33　"设置文本效果格式"对话框　　　　图 3-34　"高级"选项卡

2. 段落的格式化

段落格式主要包括段落的对齐方式、相对缩进量、行和段落的间距、底纹与边框、项目符号与编号等。

在 Word 中，按 Enter 键代表段落的结束，这时在该段的结束位置出现一个结束符"↵"。段落结束符中含有该段的格式信息。复制段落结束符就可以把该段的段落格式应用到其他段落。

（1）更改段落文本的水平对齐方式。

文本水平对齐方式是指在选定的段落中，水平排列的文字或其他内容相对于缩进标记位置的对齐方式，有文本左对齐▤、居中▤、文本右对齐▤、两端对齐▤（默认）和分散对齐▤5 种。

设置文本水平对齐方式可以使用"段落"组中的按钮或"段落"对话框实现，如图 3-35 所示。

（2）在同一行应用不同的对齐方式。

有时可能需要在某一行内使用不同的对齐方式，比如在页眉标题中，可能需要将标题左对齐，日期居中，页码右对齐。在 Word 中，按 Tab 键可实现这一效果。

（3）设置制表位。

一般来说，制表位是指按 Tab 键后插入点所移动的位置。默认情况下，把插入点置于段落的开始处按 Tab 键，原来顶格的文字自动右移两个字符，而无须连续按 4 个空格（在英文输入或在中文半角输入状态下）来进行首行缩进。

制表位分为左对齐▙、居中对齐▙、右对齐▟、小数点对齐▙、竖线对齐▮5 种。

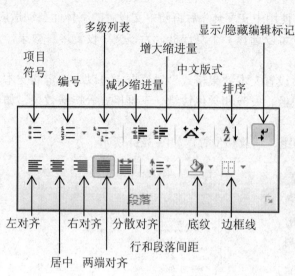

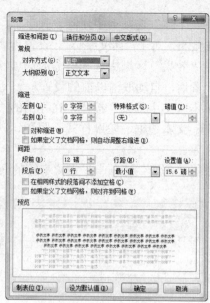

图 3-35　"段落"组与"段落"对话框

- 使用标尺设置制表位。将插入点移到要设置制表位的段落中或者选定多个段落，单击垂直标尺上端的"制表位对齐方式"按钮，每次单击该按钮，显示的对齐方式制表符将按左对齐⅃、居中对齐⅃、右对齐⅃、小数点对齐⅃、竖线对齐⅃及首行缩进▽、悬挂缩进□的顺序循环改变。当出现了所需的制表符后，在标尺上设置制表位的地方单击，标尺上将出现相应类型的制表位，如图 3-36 所示。如果要移动制表位，用鼠标按住水平标尺上的该制表符后移动；如果要删除某个制表位，用鼠标指针按住水平标尺上的该制表符向下拖出标尺。

图 3-36　使用"水平标尺"设置制表位

- 使用"制表位"对话框设置制表位。如果要精确设置制表位的位置或设置带前导符的制表位，则可在标尺上右击已有的任何一个制表符，弹出如图 3-37 所示的"制表位"对话框，在其中进行相应的设置。

（4）行距和段落间距。

行距表示文本行之间的垂直间距，段落间距是指当前段落距离上一个自然段和下一个自然段的距离。

更改行距和段落间距的操作步骤如下：

1）选定要设置格式的一个或几个段落。

2）单击"行和段落间距"按钮右侧的下拉列表按钮，在弹出的列表中选择一个合适的间距大小。

图 3-37　"制表位"对话框

若选择"行距选项"命令，则弹出如图 3-35 所示的"段落"对话框，可进行精确设置。如果设置的是"最小值"、"固定值"或"多倍行距"，可在"设置值"文本框中输入数据。

如果某行包含大字符、图形或公式，Word 将自动增加行距。如果使所有的行距相同，单击"行距"下拉列表框中的"固定值"选项，然后在"设置值"文本框中键入能容纳最大字体或图形的行距。如果字符或图形只能显示一部分，则应在"设置值"文本框中选择更大的行距值。

（5）段落缩进。

页边距设置确定正文的宽度，也就是行的宽度。而段落缩进是确定文本与页边距之间的距离。在段落缩进时，可以进行左右缩进、首行缩进和悬挂缩进等操作。

3. 段落字体对齐方式

如果一行中含有大小不等的英文、汉字，该行就有多种字体对齐方式，如"底端对齐"、"顶端对齐"、"居中"等，使得该行整齐一致。具体操作步骤如下：

（1）选定需要对齐的文本，打开"段落"对话框。

（2）单击"中文版式"选项卡，如图 3-38 所示，在"文本对齐方式"下拉列表框中选择所需的对齐方式。

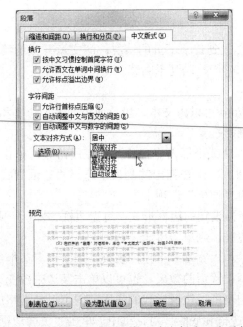

图 3-38 "段落"对话框的"中文版式"选项卡

4. 使用"格式刷"复制字符和段落格式

如果要使文档中某些字符或段落的格式与该文档中其他字符和段落的格式相同，可以使用"格式刷"按钮。

（1）复制字符格式。字符格式包括字体、字号、字形等。选取希望复制格式的文本，但不包括段落结束标记，单击"开始"选项卡"剪贴板"组中的"格式刷"按钮 格式刷，这时鼠标指针变为格式刷状；将鼠标移动到应用此格式的开始处，再按住鼠标拖动。

（2）复制段落格式。段落格式包括制表符、项目符号、缩进、行距等。单击希望复制格式的段落，使光标定位在该段落内，单击"格式刷"按钮，此时鼠标变为刷子形状。把"刷子"移动到希望应用格式的段落，单击段内的任意位置。

（3）多次复制格式。将选定的格式多次应用到其他位置时，可以双击"格式刷"按钮，完成后再次单击此按钮或按 Esc 键取消格式刷的功能。

5. 分栏

分栏类似于有些报纸、杂志等的排版方式，使文本从一栏的底端连接到下一栏的顶端，从而使文档容易阅读，版面更美观。在 Word 中，分栏功能可将整个文档分栏，也可将部分段落分栏。

如果用户对分栏的外观与内容排列不满意，还可以调整分栏的栏间距与栏内容。调整分栏的栏间距的方法如下：

（1）将插入点移至已分栏内容的任意处。

（2）将鼠标移到水平标尺上的分栏标记处，按住鼠标左键拖动分栏标记至所需的位置。

一般地，多栏版式的最后一栏可能为空或者是一个不满的栏，为了分栏美观，应该建立长度相等的栏，调整的方法如下：

（1）将插入点设置在要对齐的栏的末尾。

（2）单击"页面布局"选项卡"页面设置"组中的"分隔符"按钮，选择"分节符"下拉列表中的"连续"选项。

6. 首字下沉

在报纸杂志上，经常会看到首字下沉的情况，即文章开头的第一个字或字母被放大数倍而占据 2 行或 3 行（最大 10 行），以利于阅读。

7. 添加边框和底纹

为突出版面的效果，Word 可以为文本、段落或页面添加边框和底纹。

（1）文本块的边框和底纹。

选定要添加边框的文本块或把插入点定位到所在段落处，单击"开始"选项卡"段落"组中的"边框和底纹"按钮 ，在弹出的列表中选择"边框和底纹"命令，弹出"边框和底纹"对话框（系统默认为"边框"选项卡）。

- "设置"栏：选择预设置的边框形式，有无边框、方框、阴影、三维和自定义边框 5 种。如果要取消边框，则单击"无"选项。
- "样式"、"颜色"和"宽度"下拉列表框：用于设置边框线的外观效果。
- "预览"栏：显示设置后的效果，也可以单击某边来改变该边的框线设置。
- "应用于"下拉列表框：边框样式的应用范围可以是文字或段落。

（2）页面边框。在"边框和底纹"对话框中，单击"页面边框"选项卡，可进行页面边框的设置。该选项卡和"边框"选项卡基本相同，仅增加了"艺术型"下拉列表框。其应用范围针对整篇文档或节。

（3）添加底纹。添加底纹的目的是使内容更加醒目美观。选定要添加的文本块或段落或把插入点定位于所在段落的任意位置，单击"边框和底纹"对话框中的"底纹"选项卡，然后在其中设置合适的填充颜色、图案等。

如果单击"段落"组中的"底纹"按钮 ，则只能为所选定的文本设置底纹。

8. 项目符号与编号

如同一本书的目录一样，为使结构富于层次感，Word 可以为一些分类阐述的内容添加项目符号或编号。在每一个项目中还可以有更低的项目层次及文本内容，如此下去，整个文档结构如同阶梯一样，层次分明。

项目符号或编号也可以用图片替代。

（1）自动创建项目符号和编号。

在段落开始前输入如"1."、"①"、"一"、"a"等格式的起始编号，然后键入文本，按 Enter 键后 Word 会自动将该段转换为列表，同时将下一个编号加入下一段的开始。

在段落开始前输入如"*"符号，后跟一个空格或制表符，然后输入文本，按 Enter 键后 Word 会自动将该段转换为项目符号列表，"*"号转换为黑色的圆点"●"。

若要设置或取消自动创建项目符号和编号功能，则操作步骤如下：

1）单击"文件"→"选项"命令，弹出"Word 选项"对话框，再单击"校对"选项卡。

2）单击"自动更正选项"区域中的"自动更正选项"按钮，在弹出的对话框中单击"键入时自动套用格式"选项卡，如图 3-39 所示。

3）在"键入时自动应用"区域中，勾选"自动项目符号列表"和"自动编号列表"两个复选框，单击"确定"按钮完成设置。

（2）添加项目符号或编号。

对选定的文本段落可以设置项目符号或编号。添加项目符号或编号的方法如下：

1）选定一个或几个自然段。

2）单击"开始"选项卡"段落"组中的"编号"按钮 或"项目符号"按钮 ，将自动出现编号"1."或符号"●"。如果对出现的编号或符号样式不满意，可单击这两个按钮右侧的下拉按钮，在弹出的

图 3-39 "自动更正"对话框

列表中选择一种编号或符号样式，也可选择"定义新编号格式"或"定义新项目符号"命令，在弹出的编号或符号对话框中进行设置。

（3）多级符号。

多级符号可以清楚地表明各层次之间的关系。创建多级符号可以通过"段落"组中的"多级列表"按钮 、"减少缩进量"按钮 和"增加缩进量"按钮 来确定层次关系。

如图 3-40 所示是各项目符号和编号设置的效果。

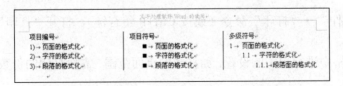

图 3-40 项目编号、项目符号和多级符号的使用示例

3.3.4 打印预览与打印

打印前一般需要浏览一下版面的整体格式，如果不满意可以进行调整，然后再打印。

1. 打印预览

打印预览用于显示文档的打印效果，在打印之前可通过打印预览观看文档全貌，包括文本、图形、多个分栏、图文框、页码、页眉、页脚等。

进入"打印预览"状态的方法是：单击"快速访问工具栏"中的"打印预览"按钮🔍，或选择"文件"→"打印"命令。同时系统提供了一组"打印预览"按钮工具，可选择不同的比例显示文档内容，如图 3-41 所示是一屏显示 3 页的效果。

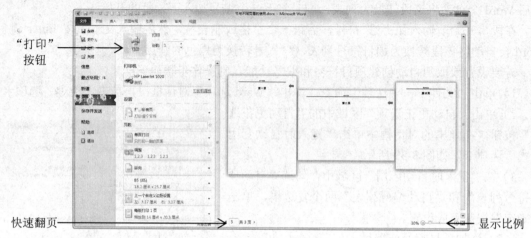

图 3-41　打印预览

查看完毕后，再次单击"文件"选项卡或按 Esc 键，退出"打印及打印预览"状态。如果认为合适，则可以单击"打印"按钮 📄 打印输出。

2. 打印

通过"打印预览"，用户对所编辑的文档满意后，就可以用打印机将文档打印出来了，有"快速打印"和"一般打印"两种方法。

（1）快速打印。

单击"快速访问工具栏"中的"打印"按钮🖨️，或在"打印及打印预览"窗口中单击"打印"按钮 🖨️ ，都可以实现一次打印全部文档。

（2）一般打印。

如果需要自行设置打印方式或打印文档的某一部分，则需要对打印进行一些必要的设置，具体步骤如下：

1）单击"文件"→"打印"命令（或按 Ctrl+P 组合键），打开"打印"界面，如图 3-41 所示。

2）在中间窗格中进行相关的设置，如打印的页面范围、需要打印的份数、打印的方式（如逐份打印）等。

3）单击"打印"按钮。

3.4　Word 的图文混排

用 Word 进行文档编辑时，允许在文档中插入多种格式的图形文件，也可在文档中直接绘图。如果需要，用户不仅可以任意放大、缩小图片，改变图片的纵横比例，还可以对图片进行裁剪、控制色彩、与绘制的图或其他图形进行组合等操作。

Word 文档中插入的图片并不是孤立的，人们可以将图形对象与文字结合在一个版（页）面上，实现图文混排，轻松地设计出图文并茂的文档。

3.4.1　插入图片

将来自文件的图片插入到当前文档中的操作步骤如下：

（1）将插入点定位在要插入图片的位置。

（2）单击"插入"选项卡"插图"组中的"图片"按钮 图片，弹出"插入图片"对话框，在其中找到包含所需图片的文件，单击"插入"按钮完成图片的插入。

用户也可以把其他应用程序中的图形粘贴到 Word 文档中，方法如下：

（1）在用来创建图形的应用程序中打开包含所需图形的文件，选定所需图形的全部或部分，按 Ctrl+C 组合键复制图形。

（2）打开 Word 文档窗口，把插入点移到要插入图形的位置，按 Ctrl+V 组合键。

3.4.2　插入剪贴画

在 Word 中，系统本身自带了丰富的图片剪辑库，可以直接将剪辑库中的图片插入到文档中，操作方法如下：

（1）将插入点定位于要插入剪贴画的位置。

（2）单击"插图"组中的"剪贴画"按钮 剪贴画，弹出"剪贴画"任务窗格，如图 3-42 所示。

图 3-42　"剪辑画"任务窗格

（3）在"搜索文字"文本框中输入要搜索剪贴画的名称，在"结果类型"下拉列表框中选择一个剪贴画类型，单击"搜索"按钮，系统开始搜索剪贴画，并将搜索到的结果显示在列表框中。

（4）双击选中的剪贴画即可将其插入到文档中。

3.4.3　图片的格式化

对于插入到 Word 文档中的图片、图形，可以在 Word 文档中直接编辑它。插入到文档中的图片对象，Word 默认情况下，它和文档正文的关系是嵌入式。

单击已插入到文档中的图形，这时该图形边框会出现 8 个空心圆圈的控制点，系统自动打开"图片工具/格式"选项卡，如图 3-43 所示。这时可以对图形进行简单的编辑和修改，如图片大小的处理、明暗度的调整、改变图片颜色、设置艺术效果、图片样式、对齐、组合、旋转裁剪、压缩图片、文字环绕、重设图片、背景等。

图 3-43　"图片工具/格式"选项卡

1. 图片大小

在 Word 中可以对插入的图片进行缩放，方法是：单击要调整大小的图片，此时该图片周围出现 8 个空心圆圈的控制点，移动鼠标到控制点上，当鼠标指针显示为双向箭头⟷、↕、⤢、⤡之一时，拖动鼠标使图片边框移动到合适位置，释放鼠标。

如果要精确地调整图片的大小，可在"图片工具/格式"选项卡"大小"组中的"高度"和"宽度"文本框中输入一个数值；或表单击"大小"组中的"对话框启动器"按钮，弹出"布局"对话框，在"大小"选项卡中进行精确设置，如图 3-44 所示。

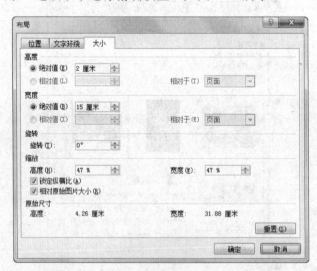

图 3-44　"布局"对话框的"大小"选项卡

2. 裁剪图片

插入到 Word 中的图片，有时可能包含了一部分不需要的内容，可以利用"图片工具/格式"选项卡"大小"组中的"裁剪"按钮裁剪掉多余的部分，具体方法如下：

（1）选定需要裁剪的图片。

（2）打开"图片工具/格式"选项卡，单击"大小"组中的"裁剪"按钮。

（3）将鼠标指针移到图片的控制点处，此时鼠标指针变成 ┣、

┫、┴、┳、┛、┓、┏或┗之一，拖动鼠标即可裁剪（隐藏，重设
图片仍可再现）图片中不需要的部分。

如果要将图片裁剪成其他形状，可单击"裁剪"下拉按钮，
弹出如图 3-45 所示的下拉列表，选择"裁剪为形状"命令，可将
图片裁剪成指定形状的图片。

3. 设置图片样式

可以为插入到 Word 中的图片进行图片样式设置，以实现快
速修饰美化图片，具体操作步骤如下：

图 3-45　"裁剪"按钮

及其下拉列表

（1）选定需要应用样式的图片。

（2）打开"图片工具/格式"选项卡，单击"图片样式"组中的图片样式，即可在 Word
文档中预览该图片的样式效果，如图 3-46 所示为应用图片样式前后图片的对比。

图 3-46　应用样式前后图片的对比

4. 调整图片颜色

可以对插入到 Word 中的图片进行图片颜色和光线的调整，以达到图片色调（色调是指一
幅画中画面色彩的总体倾向，是大的色彩效果或图像的明暗度）、颜色和饱和度（色彩的纯度，
纯度越高，表现越鲜明，纯度较低，表现则较黯淡）的要求。

调整图片颜色的具体操作如下：

（1）选定需要调整图片颜色的图片。

（2）打开"图片工具/格式"选项卡，单击"调整"组中的"颜色"按钮 右侧的下拉

按钮，在弹出的列表中选择不同的命令即可调整图片的颜色、
饱和度、色调、重新着色或其他效果。

5. 删除图片背景

删除背景是指图片主体部分周围背景的删除，如图 3-47 所
示。实现图片背景删除的操作步骤如下：

（1）选定需要删除背景的图片。

（2）打开"图片工具/格式"选项卡，单击"调整"组中的

图 3-47　删除背景的图片

"删除背景"按钮 ，图片进入背景编辑状态，同时功能区显

示"背景消除"选项卡，如图 3-48 所示。

（3）拖动图片中的控制点调整删除的背景范围。

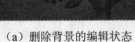

（a）删除背景的编辑状态　　　　　　　　（b）"背景消除"选项卡

图 3-48　删除背景的编辑状态和"背景消除"选项卡

（4）使用"标记要保留的区域"和"标记要删除的区域"按钮修正图片中的标记，提高消除背景的准确度。

（5）设置完成后单击"保留更改"按钮。

6．设置图片的艺术效果

可以为插入的图片设置像铅笔素描、画图笔画、发光散射等特殊效果，具体操作和步骤如下：

（1）选定需要应用艺术效果的图片。

（2）打开"图片工具/格式"选项卡，单击"调整"组中的"艺术效果"按钮 ，在弹出列表中选择一种需要的艺术效果。

7．重设图片

对图片的格式进行设置后，如果对格式设置不满意，可以取消前面所做的设置，使图片恢复到插入时的状态，操作步骤如下：

（1）选定需要重设格式的图片。

（2）打开"图片工具/格式"选项卡，单击"调整"组中的"重设图片"按钮 ，在弹出的列表中选择相应的命令。如果选择"重设图片"命令，则取消对此图片所做的全部格式更改；如果选择"重设图片和大小"命令，则此图片将显示原始的图片和大小。

3.4.4　绘制图形

在 Word 中，可以通过"形状"按钮所提供的绘图命令绘制出满足自己需要的图形，绘制方法和 Windows 中的画图程序基本一样。

（1）绘制自选图形。

单击"插图"组中的"形状"按钮 ，弹出如图 3-49 所示的下拉列表，选择一种需要的形状，当前文档插入点处出现一个由淡灰色横线组成的"画布"框，同时鼠标变为＋形状。用户可在"画布"方框中绘制图形，也可在"画布"方框外绘制图形，如图 3-50 所示是绘制图形的例子。

形状绘制完成后，系统同时打开"绘图工具/设计"选项卡，如图 3-51 所示。用户可以使用选项卡中的各种命令按钮对形状进行处理，如设置形状样式等。

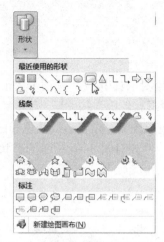

图 3-49　"形状"按钮及其下拉列表

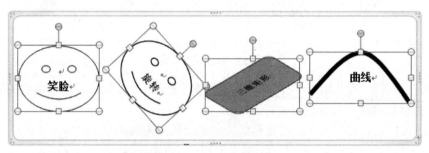

图 3-50　绘制图形的例子

图 3-51　"绘图工具/设计"选项卡

（2）为图形添加文字。

大部分形状可以在其中添加文字，方法是：右击该图形，在弹出的快捷菜单中选择"添加文字"命令，然后输入要添加的文字，所添加的文字就成为该图形的一部分。直线等图形不能添加文字。

（3）改变图形的大小。

单击选中图形，将鼠标移到控制点上，当光标变成双向箭头时拖动这些控制点可以改变图形的大小。有许多自选图形还具有形状控制点，拖动黄色的控制点可以改变图形的形状，拖动绿色的控制点可以旋转图形。

（4）调整图形的位置和叠放顺序。

单击选定一个对象（按住 Shift 键，再单击图形对象，可选择多个图形），然后用鼠标拖动（或按箭头移动键），可移动图形对象到其他位置（也可在按住 Ctrl 键的同时，使用箭头移动键进行微调）。

单击"绘图工具/设计"选项卡"排列"组中的"上移一层"按钮 或"下移一层"按

钮 可改变形状的顺序。

（5）修饰图形。

对插入的形状，可以利用"绘图工具/格式"选项卡"形状样式"组中的"样式"列表、"形状填充"按钮、"形状轮廓"按钮、"形状效果"按钮对其进行样式的修饰，如填充颜色或图案、设置边线颜色和图案、边线粗细和类型，还可以为形状添加映像、三维旋转等效果，例如对图 3-50 所示的形状进行填充、轮廓和效果修饰后几个形状的效果如图 3-52 所示。

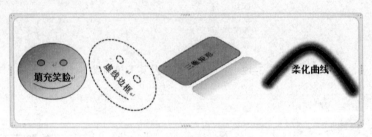

图 3-52　修饰后的形状

"样式"列表、"形状填充"按钮、"形状轮廓"按钮、"形状效果"按钮的主要命令如图 3-53 所示。"形状填充"的设置方法如下：

1）选定需要进行形状填充、设置形状轮廓或形状效果的图形。

（a）"样式"列表

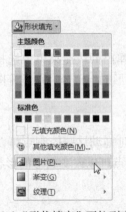 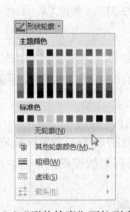 

（b）"形状填充"下拉列表　　　（c）"形状轮廓"下拉列表　　　（d）"形状效果"下拉列表

图 3-53　样式、形状填充、形状轮廓和形状效果等列表

2）如对笑脸形状进行线性向右从红到白的渐变填充，这时可打开"绘图工具/格式"选项卡，单击"形状样式"组中的"形状填充"按钮，在弹出的下拉列表中选择"渐变"→"其他渐变"命令，弹出如图 3-54 所示的"设置形状格式"对话框。

图 3-54　"设置形状格式"对话框

3）在其中完成渐变参数的设置，单击"关闭"按钮。

类似地，可对形状进行轮廓和效果的设置。

（6）对齐图形对象。

如果在文档中添加了多个图形对象，用移动的方式很难将多个图形排列整齐。单击"绘图工具/格式"选项卡"排列"组中的"对齐"按钮 对齐，在弹出的下拉列表中选择相应的对齐命令，则可快速地将多个选定的图形对齐。

3.4.5　插入 SmartArt 图形

Word 2010 中的 SmartArt 图形是预设了的列表、流程、循环、层次结构、关系、矩阵、棱锥图、图片 8 种类别的图形，每种类型的图形有各自的作用。

例如，新建一个文档，然后在文档中插入一个如图 3-55 所示的 SmartArt 图形，将文档以文件名"SmartArt 的使用.docx"进行保存。

操作步骤如下：

（1）启动 Word，系统自动创建一个空白文档"文档 1"，按 F12 功能键，将文档以文件名"SmartArt 的使用.docx"进行保存。

（2）单击"插入"选项卡"插图"组中的 SmartArt 按钮 SmartArt，弹出"选择 SmartArt 图形"对话框，如图 3-56 所示。

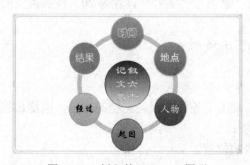

图 3-55　插入的 SmartArt 图形

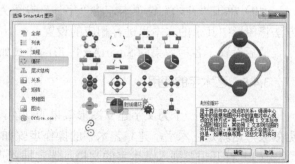

图 3-56　"选择 SmartArt 图形"对话框

（3）单击"循环"选项卡，在右侧的图形列表中单击选中"射线循环"，单击"确定"按钮，文档中插入了一个"射线循环"图形，同时显示"SmartArt 工具/设计"选项卡，如图3-57 所示。

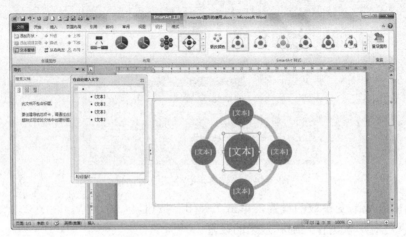

图 3-57　插入一个 SmartArt 图形

（4）在插入的 SmartArt 图形左侧有一个 按钮，单击它弹出一个文本窗格，在其中输入文字"记叙文六要素：时间、地点、人物、起因、经过、结果"。

（5）在 SmartArt 图形中，选中第一个"记叙文六要素"的形状。打开"SmartArt 工具/格式"选项卡，单击"形状样式"组中的"形状填充"按钮 形状填充 ，选择下拉列表中的"渐变"→"其他渐变"命令，弹出"设置形状格式"对话框。

（6）单击"填充"选项，再单击"渐变填充"。

（7）在"类型"框中选择"线性"；在"方向"框中选择"线性向下"；在"渐变光圈"区域内单击颜色标尺中的第一个滑块，然后单击"颜色"按钮，在弹出的颜色列表中选择"红色"；单击颜色标尺中的第二个滑块（如果中间还有光圈，可删除），然后单击"颜色"按钮，在弹出的颜色列表中选择"黄色"。

（8）选中 SmartArt 图形中要设置文本样式的形状，如单击选中"记叙文六要素"形状。然后切换到"SmartArt 工具/格式"选项卡，单击"艺术字样式"组列表框右下角的下拉（或快翻）按钮，在艺术字样式下拉列表中单击"填充-白色，暖色粗糙棱台"选项，完成该形状"艺术字样式"的设置。

（9）单击"开始"选项卡，将"字体"设置为"隶书"，"字号"设置为 20。按照类似的方法将图形中其余的文本也进行相应的设置。

最后设置了各种效果的 SmartArt 图形的样式如图 3-56 所示。

3.4.6　艺术字的使用

Word 提供了一个为文字建立图形效果的功能，常用于各种海报、文档的标题，以增加视觉效果，这就是艺术字。建立艺术字的操作步骤如下：

（1）打开需要插入艺术字的文档，选定插入点的位置。

（2）单击"插入"选项卡"文本"组中的"艺术字"按钮。

（3）在弹出的艺术字样式列表中选择一种样式，插入点处立即显示图形框和艺术字占位符，如图 3-58 所示。

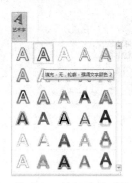

（a）"艺术字"按钮及其下拉列表　　　　　　　（b）艺术字图形框和艺术字占位符

图 3-58　"艺术字"按钮与艺术字占位符

（4）单击占位符输入文本。

（5）由于在 Word 中将艺术字视为图形对象，因此它可以像其他图形形状一样切换到"绘图工具/格式"选项卡，通过各选项组中的命令按钮进行格式化设置。

3.5　Word 的表格制作

利用 Word 的"绘制表格"功能可以方便地制作出复杂的表格，同时它还提供了大量精美、复杂的表格样式，套用这些表格样式，可使表格具有专业化的效果。

3.5.1　创建和删除表格

要使用表格就先要创建表格，一张表格的创建可以采用自动制表完成，也可以采用人工制表完成。

1．自动制表

自动制表功能使用方便、快捷，但对于不规则、复杂的表格无能为力。利用 Word 的自动制表功能制作一张表格的方法有以下几种：

- 选定要创建表格的位置，单击"表格"按钮弹出表格命令列表，如图 3-59 所示，在框上拖动鼠标选定所需的行列数，文档中出现一个表格，释放鼠标后表格制作完成。
- 单击"表格"按钮，在弹出的下拉列表中选择"插入表格"命令，弹出"插入表格"对话框，如图 3-60 所示，选择需要的"列数"和"行数"，单击"确定"按钮，即可得到一张空白的表格。
- 单击"表格"按钮，在弹出的下拉列表中选择"快速表格"选项，在下级菜单中浏览并单击某种内置的表格样式，得到一张具有一定样式的表格。

用上述 3 种方法绘制出表格后，Word 系统会均出现表格工具的"设计"和"布局"选项卡，如图 3-61 所示。

图 3-59　"表格"按钮及其下拉列表　　　　图 3-60　"插入表格"对话框

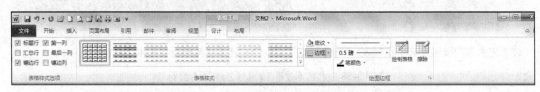

（a）"设计"选项卡

（b）"布局"选项卡

图 3-61　表格工具的"设计"和"布局"选项卡

2. 人工制表

使用绘制表格的工具可以方便地画出各种不规则的表格，操作步骤如下：

（1）单击"表格"按钮，在弹出的下拉列表中选择"绘制表格"命令，此时鼠标指针会变为笔形 ✐，从表格的一角斜向拖动至其对角，以确定整张表格的大小。

（2）画各行线和列线。如果要擦除框线，则单击"表格工具/设计"选项卡"绘图边框"组中的"擦除"按钮 ▨，鼠标指针变为 ✑，在要擦除的框线上拖动鼠标即可擦除，如图 3-62 所示。

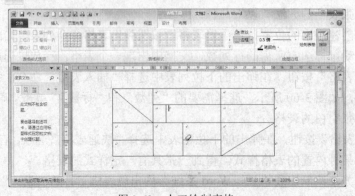

图 3-62　人工绘制表格

3．将文本转换成表格

建立"Internet 改变世界.docx"文档，将中的最后七行数据转换成一张表格。

操作步骤如下：

（1）建立文档"Internet 改变世界.docx"，在倒数第一行至倒数第七行文本中连续按 Tab 键 4 次。

（2）选定文档中的最后七行文本，单击"插入"选项卡"表格"组中的"表格"按钮，在弹出的下拉列表中选择"文本转换成表格"命令，弹出如图 3-63 所示的"将文字转换成表格"对话框。

（3）设置好各选项后单击"确定"按钮，此时文档中出现表格，如图 3-64 所示。

图 3-63　"将文字转换成表格"对话框

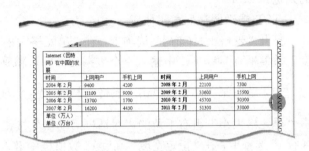

图 3-64　文本转换成了表格

3.5.2 编辑表格

表格建立好后，用户可以在表格中输入和编辑表格内容。在表格中输入表文同输入其他文本一样，先用光标键或鼠标将插入点移动到需要输入内容的位置再进行输入。每个单元格输入完成后可以用光标键、鼠标或按 Tab 键将插入点移到其他单元格。

对表格中的数据文本可以进行编辑，如设置字体、字形、字号、颜色、对齐方式，以及为单元格加框线、底线等，也可以在表格中调整行高与列宽，合并、拆分、增加、删除单元格等有关操作。

1．表格的选取

（1）选择行或列。

当把鼠标指针移到表格左边界选取区时，单击会选定一行，垂直拖动鼠标可以选定连续多行；若把鼠标指针移到表格顶部并接触到第一条表线，它会变成一个方向向下的黑色箭头↓，这时单击将选择一列，平行拖动鼠标可以选定连续多列。

（2）选择单元格。

在表格内拖动鼠标可选择连续单元格，按住 Ctrl 键的同时拖动鼠标可选择不连续的行、列或单元格。如果仅选择一个单元格，也可将鼠标指向该单元格与左侧单元格的分隔线，鼠标指针变为↗形状后单击。

（3）选择表格。

将鼠标移动到表格的左上角或右下角，出现⊞或口符号，单击该符号将选取整个表格。

单击"表格工具/布局"选项卡"表"组中的"选择"按钮，在弹出的下拉列表中选择相应的命令也可以对单元格、行、列或整个表格进行选取操作。

2. 调整列宽和行高

（1）不精确调整列宽和行高。

把鼠标指针指向表格的列（行）边框或水平标尺上的表格列（行）标记，鼠标指针变为↔
或╫(指向行时，鼠标指针变为↕或╤）形状，按住鼠标左键时列（行）边框线会变成一条垂
直（水平）虚线，水平（垂直）拖动虚线可以调整本列的列宽（本行的行高）。

在拖动标尺上的列（行）标记的同时按住 Alt 键，Word 将显示列宽（行高）数值。

如果表格已有内容，可以将鼠标指针指向列分隔线，鼠标指针变成╫形状时双击，可根
据左列的单元格中的内容多少自动调整列的宽度。

如果选定一个单元格，调整时只对选定的单元格起作用，而不影响同一列中其他单元格
的列宽。

（2）精确调整列宽和行高。

打开"表格工具/布局"选项卡，在"单元格大小"组的"宽度"数值框 3.25 厘米 和"高
度"数值框 1.35 厘米 中输入一个数据后，即可精确调整单元格的宽度和高度。

如果选中某单元格，单击"表格工具/布局"选项卡"表"组中的"属性"按钮 属性 (或单
击"单元格大小"组右下角的"对话框启动器"按钮），弹出"表格属性"对话框，单击"列
（行）"选项卡，在"指定宽度（高度）"数值框中键入或选定数值，可以精确指定列宽或行高，
如图 3-65 所示。

图 3-65　"表格属性"对话框

单击"单元格大小"组中的"自动调整"按钮 自动调整 ，在弹出的列表中选择"根据内容调整
表格"选项可以根据内容自动调整列宽或行高。

要使多列（行）或多个单元格具有相同的宽度，可先选定这些列（行）或单元格，再单
击"表格工具/布局"选项卡"单元格大小"组中的"分布列"按钮 分布列 或"分布行"按
钮 分布行 ，这些列（行）或单元格的列宽或行高平均相等。

3．插入、删除行或列

如果要插入行或列，先选定一行或一列，再单击"表格工具/布局"选项卡"行和列"组中的"在左侧插入"按钮（"在上方插入"按钮）或"在右侧插入"按钮（"在下方插入"按钮），可插入一列（行）。

如果要删除某行、列、单元格或整个表格，先选定某行、列、单元格或整个表格，再单击"表格工具/布局"选项卡"行和列"组中的"删除"按钮，在弹出的下拉列表中选择相应的命令。

4．合并、拆分单元格或表格

如果要合并单元格，先选定需要合并的若干相邻的单元格，再单击"表格工具/布局"选项卡"合并"组中的"合并单元格"按钮。

如果要拆分单元格，先选定某单元格，再单击"合并"组中的"拆分单元格"按钮，将弹出"拆分单元格"对话框，输入列数和行数，单击"确定"按钮。

如果要拆分表格，先将插入点定位到要拆分表格位置的下一行单元格，再单击"合并"组中的"拆分表格"按钮。

3.5.3　设置表格的格式

对已制作好的表格，如果需要还可以进行格式化。

1．快速套用表格样式

Word 中预置了很多表格样式，套用这些现成的表格样式可以简化工作，具体操作步骤如下：

（1）将插入点定位于要应用表格样式的表格内。

（2）单击"表格工具/设计"选项卡"表格样式"组中的下拉（快翻）列表按钮，在下拉列表中选择一种样式。

2．添加边框和底纹

要给指定的单元格或整个表格添加边框或底纹，可选定指定的单元格或整张表格，再单击"表格工具/设计"选项卡"表格样式"组中的"边框"按钮或"底纹"按钮，在弹出的下拉列表中选择相应的命令。

3．单元格内文本的对齐方式、文字方向和边距大小

表格中单元格中的文本默认使用了两端对齐方式，若要调整对齐方式，可按以下步骤进行：

（1）选定需要进行对齐操作的单元格或表格。

（2）单击"表格工具/布局"选项卡"对齐方式"组中的一种对齐方式。

（3）单击"对齐方式"组中的"文字方向"按钮可横排或竖排单元格的文字。

（4）单击"对齐方式"组中的"单元格边距"按钮，将弹出"表格选项"对话框，输

入合适的上、下、左、右边距大小，单击"确定"按钮，即可确定单元格中的文本距离边框的距离。

4. 在后续各页中重复表格标题

如果制作的表格较长，需要跨页显示或打印时，往往需要在后续各页中重复表格标题。操作方法为：选定要作为表格标题的一行或多行文字，选定内容必须包括表格的第一行，单击"表格工具/布局"选项卡"数据"组中的"重复标题行"按钮，Word 能够依据自动分页符自动在新的一页上重复表格标题。

5. 防止跨页断行

在 Word 的默认情况下允许跨页断行，为防止跨页断行，可以选中表格，单击"表格工具/布局"选项卡"表"组中的"属性"按钮，弹出"表格属性"对话框，单击"行"选项卡，清除对"允许跨页断行"复选框的选择。

3.5.4 表格的排序与计算

表格中的内容一般是一些彼此相关的数据，在使用这些数据时，常常需要进行排序和计算等。

1. 数据排序

所谓排序就是对表格中的所有行数据（第一行除外）按照某种依据（关键字）进行重排。对表格按某个关键字进行排序的操作方法如下：

（1）将插入点置于要排序表格的任意单元格中。

（2）打开"表格工具/布局"选项卡，单击"数据"组中的"排序"按钮，弹出"排序"对话框，如图 3-66 所示。

（3）在"主要关键字"下拉列表框中选择用于排序的主要关键字。

（4）在"类型"下拉列表框中选择排序类型，可以是笔画、数字、拼音、日期中的一种。

（5）选中"升序"或"降序"单选按钮设置排序方式，最后单击"确定"按钮。

2. 数据计算

如果需要，也可对表格中的数据进行计算。表格的计算通常是在表格的右侧或底部另加一列或一行，在其中输入计算公式，然后将计算结果写到新列或新行中。"公式"对话框如图 3-67 所示。

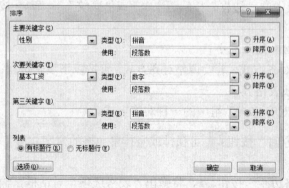

图 3-66 "排序"对话框

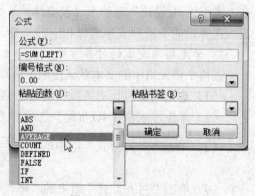

图 3-67 "公式"对话框

3.6　Word 的高级功能

其实 Word 的功能还有很多，这里只介绍高级功能——生成目录的使用，其他的高级功能请读者参考相关书籍。

所谓目录就是文档中标题的列表，可以将其插入到指定的位置。通过目录可以了解一篇文章中论述了哪些主题，并快速定位到某个主题。也可以为要打印出来的文档以及要在 Word 中查看的文档编制目录。例如，在页面视图中显示文档时，目录中将包括标题及相应的页号。当切换到 Web 版式视图时或在窗格中，标题将显示为超链接或相当于超链接，这时可以直接跳转到某个标题。

1. 目录的生成

Word 提供了方便的目录生成功能，但必须按照一定的要求进行操作，例如要将某文档中的 2 级标题均收录到目录中，操作方法如下：

（1）将整个文档置于大纲视图下，然后对每一主题的章、节、小节等生成标题并安排好各层次关系。

（2）单击要插入目录的位置，单击"引用"选项卡"目录"组中的"目录"按钮 ，弹出下拉列表，如图 3-68 所示。

（3）可在内置的目录列表中选择一种，这里选择"插入目录"命令，弹出如图 3-69 所示的"目录"对话框并自动切换到"目录"选项卡。

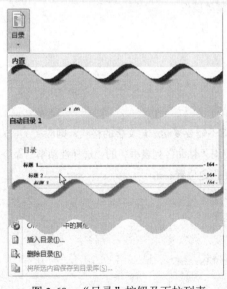

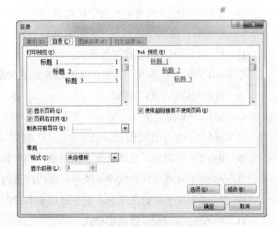

图 3-68　"目录"按钮及下拉列表　　　　图 3-69　"目录"对话框

（4）在其中设置好各选项，单击"确定"按钮，则在插入点处生成目录。

2. 目录的修改与更新

在添加、删除、移动或编辑了文档中的标题或其他文本之后，则需要手动更新目录。例如，如果编辑了一个标题并将其移动到其他页，则需要保证目录反映出经过修改的标题和页码。目录更新方法如下：

（1）单击需要更新的索引、目录或其他目录的左侧。

（2）按 F9 键或右击，在弹出的快捷菜单中选择"更新域"命令。

习题 3

一、选择题

1. 在 Word 中，选择"视图"→"新建窗口"后，在两个窗口中（   ）。

  A. 只有原来的窗口中有文档的内容   B. 只有新建的窗口中有文档的内容

  C. 两个窗口中都有文档的内容   D. 两个窗口中都没有文档的内容

2. 以下关于节的描述中正确的是（   ）。

  A. 一节可以包括一页或多页   B. 一页之间不可以分节

  C. 节是章的下一级标题   D. 一节是一个新的段落

3. 在 Word 的编辑状态下，若光标位于表格外右侧的行尾处，按回车键，结果是（   ）。

  A. 光标移到下一列   B. 光标移到下一行，表格行数不变

  C. 插入一行，表格行数改变   D. 在本单元格内换行，表格行数不变

4. 关于 Word 中的多文档窗口操作，以下叙述中错误的是（   ）。

  A. Word 的文档窗口可以拆分为两个文档窗口

  B. 多个文档编辑工作结束后，只能一个一个地存盘或者关闭文档窗口

  C. Word 允许同时打开多个文档进行编辑，每个文档有一个文档窗口

  D. 多文档窗口间的内容可以进行剪切、粘贴和复制等操作

5. 在 Word 中，下述关于分栏操作的说法正确的是（   ）。

  A. 可以将指定的段落分成指定宽度的两栏

  B. 在任何视图下均可以看到分栏效果

  C. 设置的各栏宽度和间距与页面无关

  D. 栏与栏之间不可以设置分隔线

6. 在 Word 的编辑状态下，只想复制选定的文字内容而不需要复制选定文字的格式，则应（   ）。

  A. 直接使用"粘贴"按钮   B. 使用"粘贴"列表框中的"选择性粘贴"命令

  C. 按 Ctrl+V 组合键   D. 在指定位置右击

7. 在 Word 中，关于使用图形，以下（   ）是错误的。

  A. Word 中的图形，可以从许多图形软件中转换过来

  B. Word 本身也可以提供许多图形，供用户选用

  C. Word 本身不能提供图形，也不能识别多种图形格式

  D. Word 可以识别多种图形格式

8. 在 Word 中，关于在文档中插入图片，以下（   ）是错误的。

  A. 在文档中插入图片，可以使版面生动活泼、图文并茂

  B. 插入的图片可以嵌入文字字符中间

  C. 插入的图片可以浮在文字字符上方

  D. 插入的图片既不可以嵌入文字字符中间，也不可以浮在文字上方

9. 在 Word 中，关于图片的操作，以下（   ）是错误的。

　　A．可以移动图片　　　　B．可以复制图片

　　C．可以编辑图片　　　　D．既不可以按百分比缩放图片，也不可以调整图片的颜色

10．关于 Word 的快速访问工具栏中的"打印"按钮和"文件"选项卡中的"打印"命令，下列叙述中（　　）不正确。

　　A．它们都可用于打印文档内容

　　B．它们的作用有所不同

　　C．前者只能打印一份，后者可以打印多份

　　D．它们都能打印多份

11．关于编辑 Word 的页眉页脚，下列叙述中（　　）不正确。

　　A．文档内容和页眉页脚可以在同一窗口中编辑

　　B．文档内容和页眉页脚一起打印

　　C．页眉页脚编辑时不能编辑文档内容

　　D．页眉页脚中也可插入剪贴画

12．下列关于 Word 段落符的叙述（　　）不正确。

　　A．可以显示但不会打印　　　　　　B．一定在屏幕上显示

　　C．删除后则前后两段合并　　　　　D．不按 Enter 键不会产生

13．Word 中，如果在输入的文字或标点下出现绿色波浪线，表示（　　）。

　　A．语法或句法错误　　　　　　　　B．拼写错误

　　C．系统错误　　　　　　　　　　　D．输入法状态错误

14．在 Word 的输入过程中，如果想让插入点快速定位至文档结尾，可以按（　　）组合键。

　　A．Ctrl+Home　　　B．Ctrl+End　　　C．Alt+Home　　　D．Alt+End

15．在 Word 中当用户键入"+------+------+"后按 Enter 键会出现（　　）。

　　A．+------+------+　　　　　　　　B．一个表格

　　C．一幅图片　　　　　　　　　　　D．自动退出 Word

16．在 Word 中，（　　）的作用是决定在屏幕上显示哪些文本内容。

　　A．滚动条　　　B．控制按钮　　　C．标尺　　　　D．最大化按钮

17．在 Word 中，关于表格样式的用法，以下说法正确的是（　　）。

　　A．不能直接用表格样式生成表格

　　B．不能在生成新表时使用表格样式或在插入表格的基础上使用样式

　　C．每种表格样式的格式已经固定，不能对其进行任何形式的更改

　　D．在套用一种样式后，不能再更改为其他样式

18．首字下沉是指（　　）。

　　A．将文本的首字母放大下沉　　　　B．将文本的首单词放大下沉

　　C．将文本的首字母缩小下沉　　　　D．将文本的首单词缩小下沉

19．如果文本中有几十处文字都使用了同样的设置，但是这些文字是不连续的，无法同时选中，我们可以使用（　　）来进行设置。

　　A．模板　　　B．样式　　　C．格式刷　　　D．剪贴板

20．在 Word 格式复制的状态下，如果要退出此状态可以按（　　）键。

　　A．Enter　　　B．Space　　　C．End　　　D．Esc

21．下列关于段落描述错误的是（　　）。

A. 单独一个公式可以是一个段落　　　　B. 单独一个图片可以是一个段落

C. 只有超过 10 个字符才能是一个段落　　D. 任意数量的公式都可以是段落

22. 在复制一个段落时，如果想要保留该段落的格式，就一定要将该段的（　　）复制进去。

A. 首字符　　　　B. 末字符　　　　C. 段落标记　　　　D. 字数统计

23. Word 中的水平标尺除了可以作为编辑文档的一种刻度，还可以用来设置（　　）。

A. 段落标记　　　　B. 段落缩进　　　　C. 首字下沉　　　　D. 控制字数

24. 在 Word 的编辑状态下设置了标尺，可以同时显示水平标尺和垂直标尺的视图方式是（　　）。

A. 普通方式　　　　B. 页面方式　　　　C. 大纲方式　　　　D. 全屏显示方式

25. 设定打印纸张大小时，应当使用的命令是（　　）。

A. "文件"选项卡中的"打印"命令

B. "页面布局"选项卡中的"页面设置"组及有关命令

C. 按 Ctrl+P 组合键

D. 以上三项都不正确

26. 在 Word 的编辑状态下按先后顺序依次打开了 d1.doc、d2.doc、d3.doc、d4.doc 四个文档，当前的活动窗口是（　　）文档的窗口。

A. d1.doc　　　　B. d2.doc　　　　C. d3.doc　　　　D. d4.doc

27. 以下（　　）设置可以为负值。

A. 段落缩进　　　　B. 行间距　　　　C. 段落间距　　　　D. 字体大小

28. Word 的编辑状态下，被编辑文档的文字中有"四号"，"五号"，"16 磅"，"18 磅" 4 种，下列关于所设定字号大小的比较中，正确的是（　　）。

A. "四号"大于"五号"　　　　B. "四号"小于"五号"

C. "16 磅"大于"18 磅"　　　　D. 字的大小一样，字体不同

29. 在 Word 的编辑状态下，不可以进行的操作是（　　）。

A. 对选定的段落进行页眉、页脚设置　　B. 在选定的段落内进行查找、替换

C. 对选定的段落进行拼写和语法检查　　D. 对选定的段落进行字数统计

30. 若要输入 y 的 x 次方，应（　　）。

A. 将 x 改为小号字　　　　B. 将 y 改为大号字

C. 选定 x，然后设置其字体格式为上标　　D. 以上说法都不正确

二、填空题

1. 在 Word 中打开文档的快捷键为_____，保存文档的快捷键为_____。

2. 如果要输入∠这个符号，则要单击_____选项卡中的_____按钮。

3. 在选定栏中双击，可以选取_____。

4. 快捷键 Ctrl+PageDown 组合键的作用是_____。

5. 要选择文字的效果，需要打开_____选项卡，单击_____组中的相关命令按钮。

6. _____格式刷，才能多次使用，不使用，则需要按_____键取消。

7. 插入分页符，需要单击_____选项卡中的_____按钮。

8. 能够显示页眉和页脚的视图方式为_____视图，能够编辑页眉和页脚的视图方式为_____视图。

9. 模板文件的扩展名为_____。

10. 拆分表格的快捷键为_____。

11. 两个单元格合并后，其中的内容会_____。

12. 图片的插入方式有_____和浮动两种方式。

13. Word 文档窗口的左边有一列空列，称为选定栏，其作用是选定文本，其典型的操作：鼠标指针位于选定栏中，单击，则_____；双击，则_____；三击，则_____。

14. 在 Word 中浏览文稿时，若要把插入点快速地移到文章头，可按_____组合键；若要把插入点快速地移到文章尾，可按_____组合键。

15. 可以把用 Word 编辑的文稿按需要进行人工分页，人工分页又叫硬分页，设置硬分页符的方法是把插入点移到需要分页的位置，按_____组合键。

16. 利用 Word 制作表格的一种方法是把选定的正文转换为表格的操作，在选定正文后，应单击_____选项卡中的_____按钮，在弹出的下拉列表中选择"文本转换成表格"命令。

三、判断题

1. Word 中的"格式刷"可用来刷字符和段落格式。 （　）

2. Word 编辑以后的文本可直接保存成 HTML 格式的文本。 （　）

3. "页面视图"方式可以查看 Word 最后编辑的全文的真正效果。 （　）

4. "大纲试图"方式主要用于冗长文本的编辑。 （　）

5. Word 输入文本时会自动进行分页，所以不能进行人工分页。 （　）

6. Word 只能设定已有的纸张大小，不能自定义纸张大小。 （　）

7. 样式是一系列排版命令的集合，所以排版文档必须使用样式。 （　）

8. 用鼠标大范围选择文本时，经常使用选择区，它位于文本区的右边。 （　）

9. 绘图时，可以修改图形的线型、线条颜色和填充色。 （　）

10. 在不同节中可以设置不同的页眉和页脚。 （　）

11. 段落对齐的默认设置为左对齐。 （　）

12. 可以通过文本框将文字和图片组合成一个图形对象。 （　）

13. 在打印预览状态下，不能编辑文本。 （　）

14. 使用"快速访问工具栏"中的"新建"按钮创建一个新文档时，因采用默认设置，所以没有使用模板。 （　）

15. 利用分栏命令可以将选中的某一段文本分成若干栏。 （　）

16. 利用"更改文字方向"按钮可以将选中的某一段文本竖排。 （　）

17. Word 在设置首字下沉时只能下沉一个字。 （　）

18. 无论把文本分成多少栏，在普通视图下只能看见一栏。 （　）

19. 插入超链接时，可以链接到目标文档的某一部分，例如文档中的书签。 （　）

20. 可以为字符、段落、表格添加边框和底纹。 （　）

21. 插入到 Word 中的图片可以放在文本下面或浮在文字上方。 （　）

22. 利用滚动条滚动文本时，插入点随着文本一起滚动。 （　）

23. 文本框只能放文字不能放图形，图文框只能放图形不能放文字。 （　）

24. 不能在绘制出来的图形中添加文字。 （　）

25. 文本框的位置无法调整，要想重新定位只能删掉该文本框后再重新插入。 （　）

参考答案

一、选择题

1-5　CACBA　　6-10　BCDDD　　11-15　ABABB　　16-20　ABACD
21-25　CCBBB　　26-30　DAAAC

二、填空题

1．Ctrl+O、Ctrl+S　　　　　　　　2．插入、符号
3．整个段落　　　　　　　　　　　4．移到下页顶端
5．格式、字体　　　　　　　　　　6．双击、Esc
7．插入、分页　　　　　　　　　　8．页面、页眉和页脚
9．dotx　　　　　　　　　　　　　10．Ctrl+Shift+Enter
11．在一个单元格中　　　　　　　　12．嵌入
13．选定一行、选定一个自然段、全部选定　14．Ctrl+Home、Ctrl+End
15．Ctrl+Enter　　　　　　　　　　16．插入、表格

三、判断题

1．√　　　2．√　　　3．√　　　4．√　　　5．×
6．×　　　7．×　　　8．×　　　9．√　　　10．√
11．×　　12．×　　13．×　　14．×　　15．√
16．×　　17．×　　18．√　　19．√　　20．√
21．√　　22．×　　23．×　　24．×　　25．×

第4章 电子表格软件 Excel 2010

Excel 2010 是微软公司新推出的 Office 2010 自动化办公软件中的一个组件，它具有强大的数据管理与分析能力，通过该软件可以创建和管理电子表格，可以快捷地分析表格中的数据。Excel 2010 广泛应用于财务、统计、金融及日常工作的事务管理中。

4.1 Excel 2010 的基本概念

4.1.1 认识 Excel 2010 的工作界面

Excel 2010 的工作界面主要包括标题栏、选项卡、功能区、快速访问工具栏、编辑框、工作区、工作表标签栏、滚动滑块和滚动按钮，如图 4-1 所示。

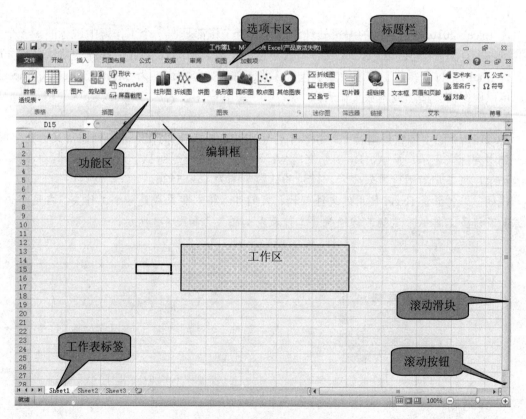

图 4-1 Excel 2010 的工作界面

标题栏：显示应用程序名称及工作簿名称，默认名称为工作簿 1，其他按钮的操作与 Word 的类似。

选项卡区：共 9 个选项卡：文件、开始、插入、页面布局、公式、数据、审阅、视图、加载项。Excel 工作状态不同，选项卡区会随之发生变化。选项卡区包含了所有针对该软件的操作命令。

功能区：不同的选项卡对应不同的功能选项。一般情况下，功能区中只显示当前选项卡命令按钮。

编辑框：左侧是名称框，显示单元格名称，中间是插入函数按钮以及插入函数状态下显示的 3 个按钮，右侧编辑单元格计算需要的公式与函数或显示编辑单元格里的内容。

工作区：用户数据输入的地方。

滚动滑块：水平（垂直）拖动显示屏幕对象。

工作表标签：位于水平滚动条的左边，以 Sheet1、Sheet2 等来命名。Excel 启动后默认形成工作簿 1，每个工作簿可以包含很多张工作表，默认 3 张，可以根据需要进行工作表的添加与删除，单击工作表标签可以选定一张工作表。

4.1.2　认识工作簿、工作表和单元格

在 Excel 2010 中，工作簿、工作表和单元格是 Excel 的主要操作对象，它们之间存在着包含和被包含的关系。

1. 工作簿

在 Excel 2010 中，数据的编辑处理和统计分析工作都是在一个工作簿中进行的。一个工作簿可以保存为一个独立的 Excel 文件，其对应的扩展名为.xls。新建工作簿的默认名称一般命名为 Book1，每个新建工作簿中默认包含 3 张工作表，分别命名为 Sheet1、Sheet2、Sheet3，用户可以根据需要增加或删除工作表。

2. 工作表

Excel 2010 的工作表是由若干列和若干行组成的二维表格。在 Excel 中列通常又称为字段，每一列用列标来表示，从 A，B，…，Z，AA，AB，……一直到 IV，一共 256 列；行通常又称为记录，每条记录用行号来表示，行号的计数范围为 1～65536。

说明：工作簿是 Excel 使用的文件架构，我们可以将它想象成是一个工作夹，在这个工作夹里面有许多工作纸，这些工作纸就是工作表，如图 4-2 和图 4-3 所示。

图 4-2　工作簿

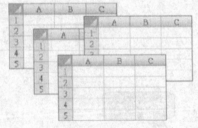
图 4-3　工作表

3. 单元格

工作表内的方格称为"单元格"，单元格是 Excel 工作表的基本元素，单元格中可以存放文字、数字和公式等信息。一个工作表有 65536×256 个单元格。在工作表的上面有每一栏的"列标题" A、B、C、…，左边则有各行的行标题 1、2、3、…，将列标题和行标题组合起来就是单元格的"地址"。例如工作表最左上角的单元格位于第 A 列第 1 行，其地址便是 A1，同理，E 列的第 3 行单元格，其地址是 E3，如图 4-4 所示。

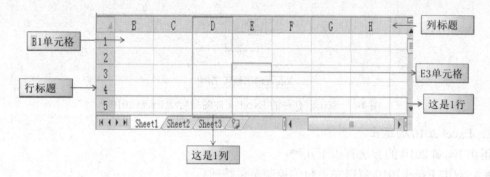

图 4-4 工作表结构

4. 单元格区域

进行数据处理时，经常需要用到多个单元格中的数据，这种将多个单元格连接组合成的矩形区域，称为单元格区域。

5. 活动单元格

活动单元格是当前选定可以进行录入、编辑、修改等操作的单元格。用户可以通过单击鼠标左键或拖动鼠标左键来选定当前活动单元格或单元格区域。活动单元格边框以粗线框显示。

4.2 Excel 工作簿的基本操作

4.2.1 Excel 2010 的启动和退出

1. Excel 2010 的启动

启动 Excel 2010 的方法有以下几种：

- 通过"开始"按钮启动 Excel 2010，如图 4-5 所示。

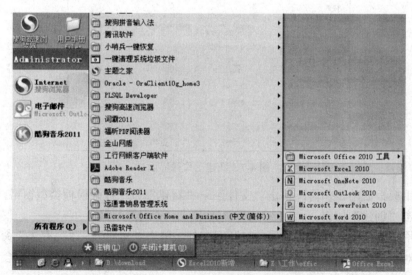

图 4-5 通过"开始"按钮启动 Excel 2010

- 双击桌面上的快捷图标启动 Excel 2010。
- 双击已存在的 Excel 文件图标启动 Excel 2010，如图 4-6 所示。

Excel培训教程示例

图 4-6　双击已存在的 Excel 文件图标启动 Excel 2010

2. Excel 2010 的退出

退出 Excel 2010 的方法有以下几种：

- 双击 Excel 2010 窗口左上角的控制菜单按钮。
- 单击"文件"→"退出"命令。
- 单击窗口右上角的"关闭"按钮。
- 按快捷键 Alt+F4。
- 在任务栏上右击并选择"关闭"选项。

4.2.2　新建工作簿

启动 Excel 2010 后，Excel 将自动创建一个名为 Book1 的工作簿，如果用户想创建新的工作簿，有以下 3 种新建方式：

- 建立空白工作簿：单击快速访问工具栏中的"新建"按钮；或者单击"文件"→"新建"命令，再单击空白工作簿，单击"创建"按钮，如图 4-7 所示。

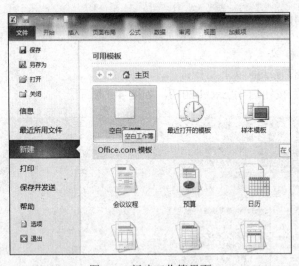

图 4-7　新建工作簿界面

- 利用模板创建工作簿：单击"文件"→"新建"命令打开模板类型窗格，选定模板，单击"创建"按钮。
- 利用旧文件创建模板工作簿：打开旧文件，单击"文件"→"另存为"命令，在弹出的对话框中命名文件并指定类型为"模板"，单击"保存"按钮模板就会自动保存到 Templates 文件夹下。

4.2.3　保存工作簿

工作簿创建好后，在经过编辑修改之后一般要进行保存，也就是将工作簿以 Excel 文件的形式保存到计算机存储器中。Excel 工作簿的保存分为以下 3 种情况：保存新建文件、覆盖原文件保存和另存为。

1. 保存新建文件

对于新建的工作簿，在进行初次保存时，通常情况下都需要指定文件的保存路径和文件名，具体操作步骤为：

"文件"→"保存"或"另存为"命令，在弹出的对话框中选择路径、命名文件、指定类型，最后单击"保存"按钮。注意 Excel 2003 文件的扩展名为 XLS，Excel 2010 文件的扩展名为 XLSX，如图 4-8 所示。

图 4-8　"另存为"对话框

2. 覆盖原文件保存

若文件已经存在，则选择"文件"→"保存"命令，新修改的内容将直接保存到原位置的原文件里。

3. 另存为

若原文件已经存在，需要将修改后的内容作为另一个文件保存，则选择"文件"→"另存为"命令，弹出"另存为"对话框，指定文件的新路径或新名字。

注意：在保存工作簿时，只有第一次保存时才会弹出"另存为"对话框，之后再保存则不会弹出该对话框，而是自动覆盖原来的工作簿文件。

4.2.4　关闭工作簿

当编辑、修改完成后，需要关闭工作簿退出 Excel 2010 工作环境时，可单击标题栏或选项卡区右侧的"关闭"按钮或单击"文件"→"关闭"命令实现，如图 4-9 和图 4-10 所示。

注意：单击标题栏中上的"关闭"按钮，Excel 2010 将完全退出；单击选项卡区右侧上的"关闭"按钮，Excel 2010 并未关闭退出，而是关闭当前操作的工作簿。

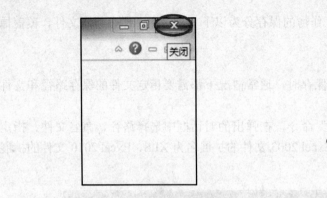

图 4-9 关闭工作簿的按钮操作　　　　　　　图 4-10 关闭工作簿的命令操作

4.2.5 打开已有的工作簿

选择"文件"→"打开"命令，或者单击快速访问工具栏中的"打开"按钮 ，弹出"打开"对话框，选择需要打开的文件并单击"打开"按钮，如图 4-11 和图 4-12 所示。

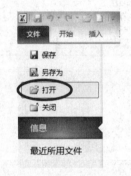

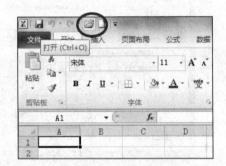

图 4-11 打开工作簿的命令操作　　　　　　　图 4-12 打开工作簿的按钮操作

4.3 工作表的建立与格式化

4.3.1 工作表的基本操作

1. 工作表的建立、选择与添加

在 Excel 2010 中创建一个空白工作簿后，系统将自动创建 3 个工作表：Sheet1、Sheet2 和 Sheet3，其中将 Sheet1 默认为当前活动工作表。若要改变当前活动工作表，可以单击左下角的工作表标签，如果想添加新的工作表，则单击 Sheet3 右侧的"新建"图标，如图 4-13 所示。

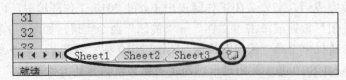

图 4-13 工作表标签及"新建"图标

2．工作表的复制与移动

将鼠标移动到要移动（或复制）的工作表标签上并右击，在弹出的快捷菜单中选择"移动或复制工作表"命令（如图 4-14 所示），弹出"移动或复制工作表"对话框，如图 4-15 所示。在"工作簿"下拉列表框中，选择目标工作簿，单击"确定"按钮完成将本工作簿中的工作表移动到目标工作簿中的操作。若需要复制工作表，则选中"建立副本"复选框。

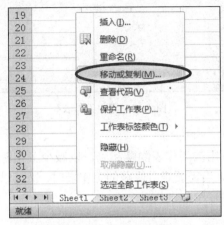

图 4-14　右键快捷菜单

图 4-15　"移动或复制工作表"对话框

3．工作表的重命名与删除

（1）重命名工作表。

在新创建的工作簿中，工作表的默认名称为 Sheet1、Sheet2、Sheet3 等，用户可以根据实际需要自定义工作表的名称。

1）直接重命名。

将鼠标移动到 Excel 2010 左下角需要重命名的工作表标签（如 Sheet1）上并双击，工作表标签变为高亮显示状态，这时即可对工作表的名称进行编辑，编辑完成后按回车键完成重命名，如图 4-16 所示。

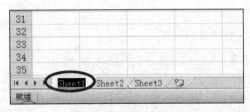

图 4-16　直接重命名工作表

2）通过右键菜单重命名。

将鼠标移动到 Excel 2010 左下角需要重命名的工作表标签（如 Sheet1）上并右击，在弹出的快捷菜单中选择"重命名"选项，其余操作相同，同样也可以对工作表进行重命名，如图 4-17 所示。

（2）删除工作表。

将鼠标移动到 Excel 2010 左下角需要删除的工作表标签（如 Sheet1）上并右击，在弹出的快捷菜单中选择"删除"选项，即可对当前工作表进行删除，如图 4-18 所示。

图 4-17　通过右键菜单重命名工作表   图 4-18　删除工作表

4. 隐藏与显示工作表

用户可以将含有重要数据的工作表或暂时不使用的工作表隐藏起来，以减少工作簿中显示的工作表数量，这有助于防止对工作表的误操作。当需要查看隐藏的工作表时，又可以将其显示出来。

（1）隐藏工作表。

隐藏工作表的操作步骤如下：

1）单击要隐藏的工作表的标签选中工作表。

2）单击"开始"选项卡"单元格"组中的"格式"按钮，在下拉列表中选择"隐藏和取消隐藏"→"隐藏工作表"命令，如图 4-19 所示。

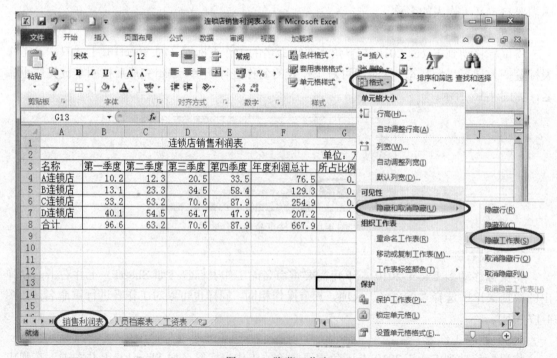

图 4-19　隐藏工作表

提示： 右击要隐藏的工作表的标签，在弹出的快捷菜单中选择"隐藏"命令可以快速隐藏工作表，如图 4-20 所示。需要隐藏工作簿中的多张工作表时，应按住 Ctrl 键并单击以选中它们。

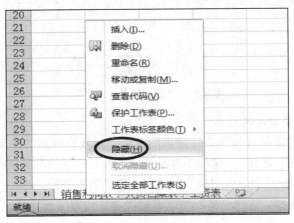

图 4-20　通过右键隐藏工作表

注意： 隐藏工作表时，至少要保留一张工作表。若需要将所有工作表都隐藏，则应先插入一张空白工作表，再进行隐藏工作表操作。

（2）显示工作表。

显示工作表，即取消隐藏工作表操作。将隐藏的工作表显示出来的操作步骤如下：

1）单击"开始"选项卡"单元格"组中的"格式"按钮，在下拉列表中选择"隐藏和取消隐藏"→"取消隐藏工作表"命令，如图 4-21 所示。

图 4-21　显示工作表

2）在弹出的对话框中单击要显示的工作表，然后单击"确定"按钮，如图 4-22 所示。

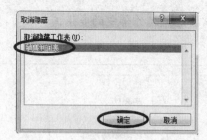

图 4-22　"取消隐藏"对话框

5. 工作表窗口的拆分与冻结

编辑工作表时，尤其是对行列数比较多的表格，当我们将滚动条向下、向右移动时，工作表的行标题、列标题都会消失，这样不容易辨别工作表中某些数据所代表的含义。如果将工作表的行标题、列标题始终显示在屏幕上，就不会造成数据混淆，而某些时候又需要同时查看工作表中不同区域的数据，这两种情况可以通过固定工作表区域来解决。

（1）拆分工作表。

在编辑一张工作表时，有时需要同时查看工作表中不同位置的数据，就需要不断地移动滚动条，这样会非常麻烦，此时可以将工作表拆分成两个或四个窗格，每个窗格可以使用滚动条来显示工作表的一部分。

拆分工作表的操作步骤如下：

1）单击选择一个单元格，确定拆分点。

2）单击"视图"选项卡"窗口"组中的"拆分"按钮，如图 4-23 所示。

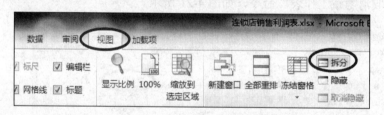

图 4-23　"视图"选项卡

拆分后的效果如图 4-24 所示。若需要取消拆分工作表，则再次单击"视图"选项卡"窗口"组中的"拆分"按钮。

（2）冻结工作表。

当工作表的行列数较多时，需要查看表格中靠下的行或靠右的列时，拖动滚动条后行标题或列标题也消失了。对工作表进行冻结操作，就可以让工作表的行标题、列标题始终显示在屏幕上，操作步骤如下：

1）单击行号选择行。

2）单击"视图"选项卡"窗口"组中的"冻结窗格"按钮，在下拉列表中选择"冻结拆分窗格"命令，如图 4-25 所示。

冻结后的效果如图 4-26 所示。窗口冻结后，不管滚动条移动到什么位置，被冻结的部分会始终显示在窗口中。如果要取消冻结窗口，则单击"视图"选项卡"窗口"组中的"冻结窗格"按钮，在下拉列表中选择"撤消冻结窗格"命令。

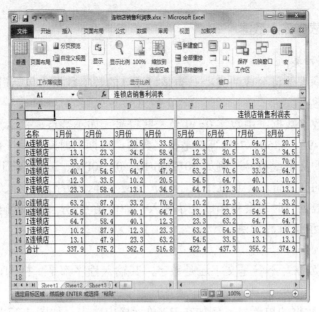

图 4-24　折分后的效果

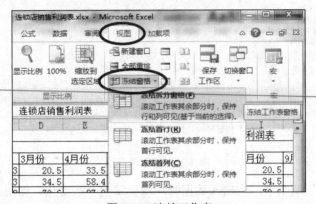

图 4-25　冻结工作表

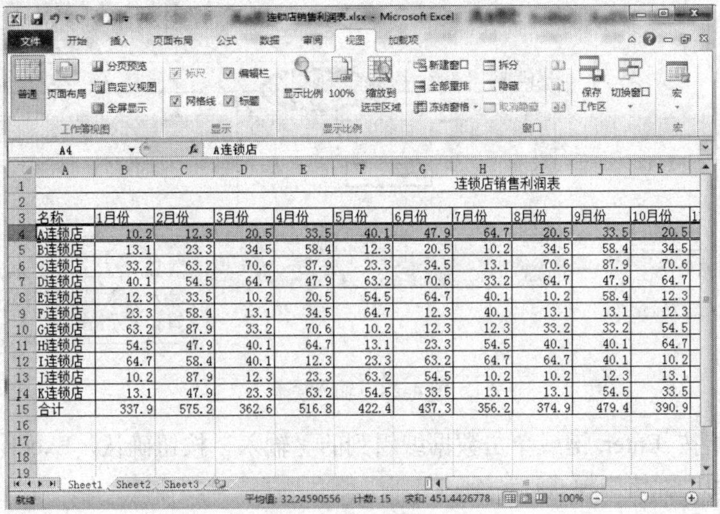

图 4-26　冻结后的效果

4.3.2　在工作表中输入数据

1. 认识数据的种类

工作表中的数据大致可分成两类：一类是可计算的数字数据（包括日期、时间），另一类是不可计算的文本数据。

- 可计算的数字数据：由数字 0～9 及一些符号（如小数点、+、-、$、%等）组成，例如 15.36、-99、$350、75%等都是数字数据。日期与时间也属于数字数据，只不过会含有少量的文字或符号，例如 2012/06/10、08:30PM、3 月 14 日等。
- 不可计算的文字资料：包括中文字样、英文字样、数字的组合（如身份证号码）。不过，数字数据有时也会被当成文字输入，如电话号码、邮政编码等。

2. 输入文本类型资料的方法

（1）输入文本。

在单元格/输入数据，不管是文字还是数字，其输入程序都是一样的，下面以文本数据来做示范。

1）选取要放入数据的单元格，例如在 B2 单元格中单击，如图 4-27 所示。

图 4-27　选取单元格

2）输入"货号"两个字，在输入数据时环境会发生一些变化，如图 4-28 所示。

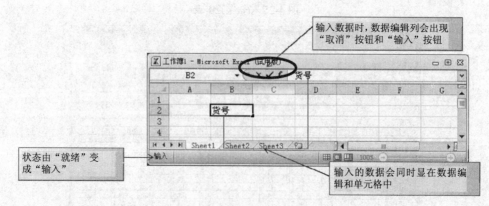

图 4-28　输入资料

3）输入完请按 Enter 键或单击数据编辑列的"输入"按钮确认，Excel 便会将数据存入 B2 单元格并回到"就绪"模式。

（2）输入数字文本。

有些特殊数据，如电话号码、邮政编码等，虽然本身是数字形态，但不具备数字特征，也就是不会参与数值计算。在输入这类当作字符处理的数据时，在数字前加上一个单引号，即可表明其为"数字字符串"，而非"数字数据"，如图 4-29 所示。

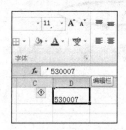

图 4-29 输入数字文本

3. 输入数值

数值除了数字（0～9）组成的字符串外，还包括+、.、*、/、￥等特殊字符。

（1）输入普通数字。

输入普通数字时用鼠标选取单元格，直接在单元格或编辑栏中输入数值即可。若需要整数数值和小数数值，可以按照以下步骤操作：选取单元格或单元格区域并右击，在弹出的快捷菜单中选择"设置单元格格式"命令，弹出"设置单元格格式"对话框，切换到"数字"选项卡，在"分类"列表框中选择"数值"，设定"小数位数"的参数值，单击"确定"按钮，如图 4-30 所示。

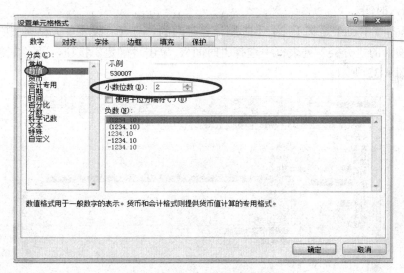

图 4-30 输入小数数值的设置

（2）输入货币数值。

输入货币数值时为避免输入货币符号所增加的工作量，可以在 Excel 中预先进行设置，使其自动为输入的数值添加货币符号，操作步骤为：

选取单元格或单元格区域并右击，在弹出的快捷菜单中选择"设置单元格格式"命令，弹出"设置单元格格式"对话框，切换到"数字"选项卡，在"分类"列表框中选择"货币"，设定使用货币数值的"小数位数"、"货币符号"、"负数"的参数值，单击"确定"按钮，这样单元格或单元格区域中的货币数值将自动添加货币符号，如图 4-31 所示。

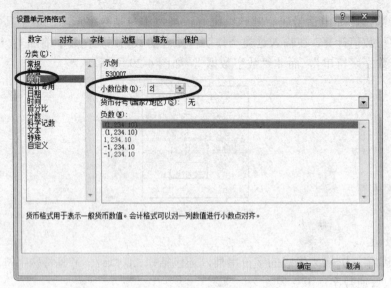

图 4-31　输入货币数值的设置

4. 输入日期和时间

日期时间型数据包括日期型数据和时间型数据两种。Excel 将日期存储为一系列的序列数，由于时间是一天的一部分，因此将时间存储为小数。日期和时间都是数值型，因此它们也可以进行运算。

（1）输入时间。

默认情况下，Excel 是基于 24 小时制计算时间的。打开"设置单元格格式"对话框，在"数字"选项卡的"分类"列表框中选择"时间"，单击"确定"按钮，即可完成具体时间格式设置，如图 4-32 所示。

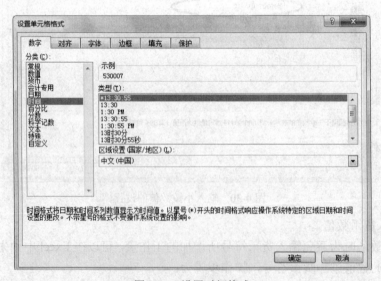

图 4-32　设置时间格式

（2）输入日期。

打开"设置单元格格式"对话框，切换到"数字"选项卡，在"分类"列表框中选择"日期"，单击"确定"按钮，即可完成具体日期格式设置，如图 4-33 所示。

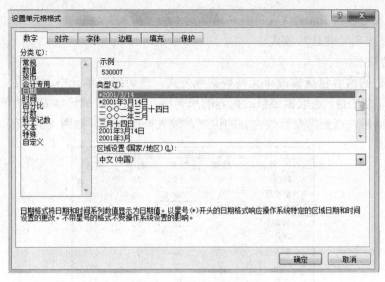

图 4-33　设置日期格式

5．在单元格中输入多行数据

若想在一个单元格内输入多行数据，可在换行时按 Alt+Enter 键，将插入点移到下一行，便能在同一单元格中继续输入下一行数据。

（1）在 A2 单元格中输入"订单"，然后按 Alt+Enter 键，将插入点移到下一行，如图 4-34 所示。

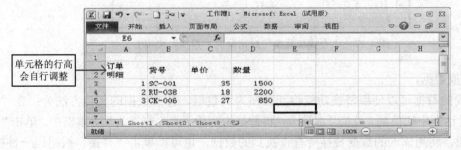

图 4-34　在单元格中输入多行数据

（2）继续输入"明细"两个字，然后按 Enter 键，A2 单元格便会显示成两行文字，如图 4-35 所示。

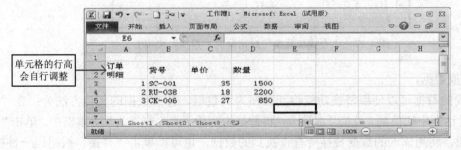

图 4-35　在单元格中输入多行数据效果

注意：输入完后按 Enter 键或是数据编辑列中的"输入"按钮确认，Excel 便会将数据存入 A2 单元格并回到"就绪"模式。

6. 数据的修改

修改单元格的内容包括修改单元格数据或公式，既可以在单元格内修改，也可以在编辑栏中修改。具体方法是：选取需要修改内容的单元格，双击选取单元格或直接单击编辑栏并使用→和←键移动插入点到需要修改内容的位置，输入修改内容，如图 4-36 所示。

	A	B	C	D	E
1	姓名	性别	语文	数学	英语
2	朝阳	女	81	85	75
3	黄花菜	女	82	93	83
4	王果	男	79	82	80
5	李美萍	女	89	78	82
6	明月	男	80	79	90
7	李子凡	男	95	95	97
8	韦用	男	76	65	60
9	周敏	女	82	93	70

图 4-36　修改单元格中的数据

7. 数据的查找与替换

使用查找与替换功能可以在工作表中快速定位要查找的数据并进行替换，该功能可以在一个或多个工作表中使用，并查找与替换同样的数据。

（1）查找数据。

使用鼠标选取要进行查找的单元格或单元格区域，单击"开始"选项卡"编辑"组中的"查找"按钮，弹出"查找和替换"对话框，在"查找内容"文本框中输入要查找的数据，单击"查找全部"按钮，查找结果将形成列表；如果需要依次查找，则单击"查找下一个"按钮进行逐项查找，如图 4-37 所示。

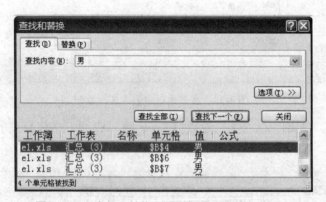

图 4-37　"查找和替换"对话框的"查找"选项卡

（2）替换数据。

经过查找的数据可以使用替换功能将其替换为新数据，替换数据的具体方法为：在"查找与替换"对话框中切换到"替换"选项卡，将替换内容输入到"替换为"文本框中，单击"全部替换"按钮，将用输入的数据替换所有查找到的数据，也可以单击"替换"按钮逐一替换，如图 4-38 所示。

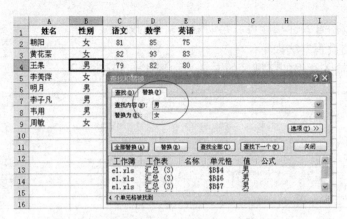

图 4-38 "查找和替换"对话框的"替换"选项卡

8. 数据的快速填充

如果需要在同一行或同一列上输入一组有规律的数据，可以考虑使用 Excel 2010 的快速填充功能，它可以方便地输入等差、等比甚至预定义的数据。

（1）输入相同的数据。

在同一行或同一列中输入一组相同的数据时，只需要选取第一个单元格并输入该数据，然后用鼠标对准该单元格的右下角使光标变成"+"型填充句柄，拖动填充句柄经过行或者列的区域，即可向其他单元格填充该数据，如图 4-39 所示。

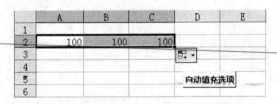

图 4-39 自动填充相同的数据

（2）输入有规律的数据。

在同一行或同一列中输入一组有规律的数据，方法为：使用鼠标分别选取需要输入数据的行或列的前两个单元格，在单元格中分别输入这组规律数据的前两个数值，使用鼠标选取有初始输入的前两个单元格，拖动填充句柄，即可自动产生按既定规律变化的一系列数据，并填充到余下的单元格中，如图 4-40 所示。

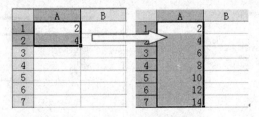

图 4-40 输入有规律的数据

9. 数据有效性

利用"数据"选项卡中的有效性功能可以控制一个范围内的数据类型、范围等，还可以快速准确地输入一些数据。比如录入身份证号码、手机号这些数据长、数量多的数据，操作过程中容易出错，数据有效性功能可以帮助避免错误的发生。

数据有效性的设置方法如下：

（1）选定要输入数据的区域，如 F 列，如图 4-41 所示。

图 4-41　选定要输入数据的区域

（2）单击"数据"选项卡中的"有效性"按钮，弹出"数据有效性"对话框，设置"有效性条件"为"文本长度"，选择"数据"为"等于"，"长度"文本框根据需要填写，如身份证填写 18，手机号码填写 11，如图 4-42 所示，这样在单元格中填写的号码会以科学记数法的形式出现，还需要在"设置单元格式"对话框中将"数字"选项卡中的"分类"设置为"文本"。

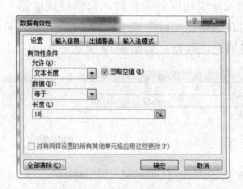

图 4-42　"数据有效性"对话框

通过数据有效性还可以设置下拉列表，方法为：选定要设定下拉列表的列，单击"数据"选项卡中的"有效性"按钮，弹出"数据有效性"对话框，设置"有效性条件"为"序列"，在"来源"文本框输入要限制输入的值，逗号输入时要切换到英文输入模式，如图 4-43 所示。

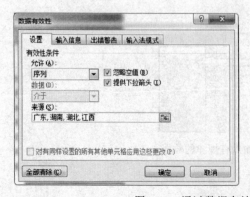
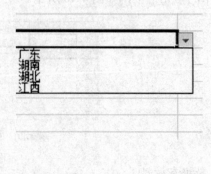

图 4-43　通过数据有效性设置下拉列表

数据有效性还可以应用于时间、日期、整数、小数等的检查控制。

数据有效性的出错信息包括"停止"、"警告"和"信息",如图 4-44 所示。

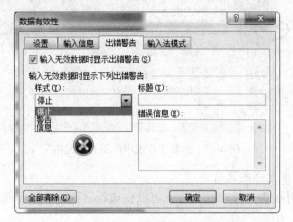

图 4-44　"数据有效性"对话框的"出错警告"选项卡

4.4　单元格的基本操作和格式化

4.4.1　单元格的选取、插入、合并与拆分

1. 单元格的选取

单元格是工作表中整齐排列的小方格,是工作表的基本组成单位,也是 Excel 独立操作的最小单位。在对单元格进行录入和编辑之前,首先要选取单元格,以明确需要进行操作的单元格。

(1)单个单元格的选取。

单元格的引用都是由它的行号和列号的名称来确定的,比如引用单元格 A1、B2 等。通过鼠标单击单元格,即可使该单元格处于选中状态,实现对该单元格的引用,如图 4-45 所示。

(2)单元格区域的选取。

将鼠标指针指向需要选取区域的左上角单元格,按住鼠标左键不放向该矩形区域的对角线右下角方向拖动,至该矩形区域右下角的单元格松开鼠标,即可完成单元格区域的选取,如图 4-46 所示。

图 4-45　选取单个单元格

图 4-46　选取单元格区域

(3)工作表中所有单元格的选取。

单击左上角的"全选"按钮即可一次选取所有的单元格,如图 4-47 所示。

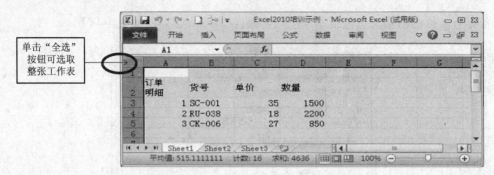

图 4-47　选取工作表中的所有单元格

（4）整行或整列单元格的选取。

单击行（或列）所在的行号（或列号）可以使该行（或列）处于选定状态，如图 4-48 和图 4-49 所示。

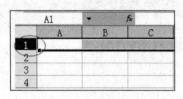 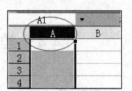

图 4-48　选取整行　　　　　　　　　　　　图 4-49　选取整列

2. 单元格的插入

在录入工作表内容时，难免会出现遗漏的情况，需要在工作表中添加遗漏的内容，输入内容时需要空白单元格，因此就需要在工作表中插入单元格。例如要在图 4-50 所示工作表"编号"列的"3"与"5"单元格之间插入一个单元格，操作方法如下：

图 4-50　要插入单元格的工作表

（1）单击选择单元格，确定插入单元格的位置，此处选择 A5 单元格，然后单击"开始"选项卡"单元格"组中的"插入"按钮，在下拉列表中选择"插入单元格"命令，如图 4-51 所示。

图 4-51　"插入"按钮的下拉列表

（2）在弹出的对话框（如图 4-52 所示）中选择插入方式，如"活动单元格下移"单选项，单击"确定"按钮，插入空白单元格后的效果如图 4-53 所示。

图 4-52　"插入"对话框

图 4-53　插入空白单元格后的效果

3. 单元格的合并与拆分

（1）单元格的合并。

选择两个或者更多需要合并的相邻单元格，单击"开始"选项卡"对齐方式"组中的"合并及居中"按钮，即可实现将选定的单元格合并为一个单元格的操作，如图 4-54 所示。

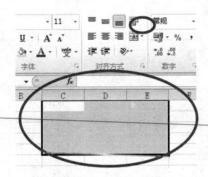
图 4-54　合并单元格

（2）单元格的拆分。

选中需要进行拆分的单元格，单击"开始"选项卡"对齐方式"组中的"拆分"按钮，单元格中的内容将出现在拆分单元格区域左上角的单元格中。

4.4.2　单元格的复制与移动、删除与清除

1. 单元格的复制与移动

单元格的复制或移动也就是把单元格从一个位置复制或移动到另一个位置，具体操作方法如下：

（1）选择源单元格并右击，在弹出的快捷菜单中选择"剪切"或"复制"命令。

（2）选定目标单元格并右击，在弹出的快捷菜单选择"粘贴"命令，则源单元格便被移动或复制到目标单元格中。

2. 单元格的删除与清除

单元格的删除与清除不同。清除只是从工作表中移去单元格中的内容，单元格本身还留在工作表中；而删除单元格则是将选定的单元格从工作表中除去，同时和被删除单元格相邻的其他单元格做出相应的位置调整，如图 4-55 至图 4-58 所示。

图 4-55　清除单元格

图 4-56　删除单元格

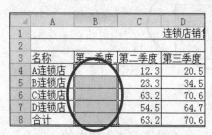

图 4-57　清除单元格结果

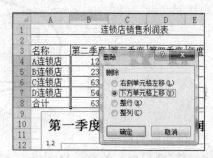

图 4-58　删除单元格结果

4.4.3　单元格的列宽和行高的调整

在单元格中输入数据或文本内容的时候，经常会出现因为列宽不够而不能完整显示内容的情况，可以通过调整列宽和行高来解决问题。

1. 设置列宽

选取需要设置列宽的单元格区域，单击"开始"选项卡"单元格"组中的"格式"按钮，在下拉列表中选择"列宽"选项，弹出"列宽"对话框，在"列宽"文本框中输入需要设置的列宽数值，如图 4-59 所示。

2. 设置行高

选取需要设置行高的单元格区域，单击"开始"选项卡"单元格"组中"格式"按钮，在下拉列表中选择"行高"选项，弹出"行高"对话框，在"行高"文本框中输入需要设置的行高数值，如图 4-60 所示。

图 4-59　"列宽"对话框

图 4-60　"行高"对话框

提示：也可以将鼠标指针移动到行（或列）标头之间的分隔线上 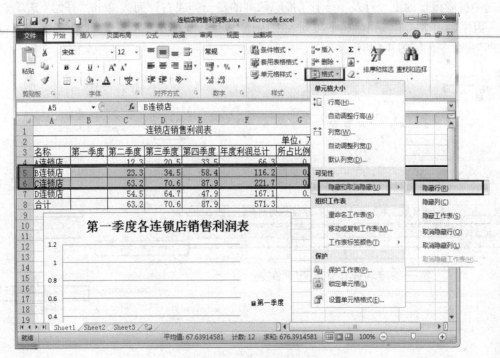，通过拖动鼠标来更改行高或列宽。在行（或列）标头的分隔线上双击，将以最合适的大小自动更改行高和列宽。

4.4.4　隐藏和显示行与列

在工作表中可以使用"隐藏"命令来隐藏工作表的行或列，也可以通过将行高或列宽的值设为 0 来隐藏行和列。当工作表中的行或列被隐藏后，如果需要显示隐藏的行或列，可以使用"取消隐藏"命令再次显示。

1. 隐藏行或列

在工作表中隐藏行的具体操作（如图 4-61 所示）如下：

（1）在工作表中选择要隐藏的行。

（2）单击"开始"选项卡"单元格"组中的"格式"按钮，在下拉列表中选择"隐藏和取消隐藏"→"隐藏行"命令。

隐藏列的操作与隐藏行的类似，只是要选择"隐藏和取消隐藏"→"隐藏列"命令。

图 4-61　在工作表中隐藏行

2. 显示隐藏的行或列

操作步骤如下：

（1）找到所隐藏的行或列。要显示隐藏的行或列，首先要选择所隐藏的行或列，然后才能进行显示设置。在工作表中被隐藏行的行号、列标将会一起被隐藏，因此可以从工作表中的行号或列标上来判断一张工作表中是否有隐藏的行或列，如图 4-62 所示的工作表中第 5 行被隐藏了，如图 4-63 所示的工作表中第 D 列被隐藏了。

	A	B	C	D
1				连锁店销1
2				
3	名称	第一季度	第二季度	第三季度
4	A连锁店		12.3	20.5
6	C连锁店		63.2	70.6
7	D连锁店		54.5	64.7
8	合计		63.2	70.6

图 4-62　工作表中第 5 行被隐藏

	A	B	C	E
1				连锁店销售利润
2				
3	名称	第一季度	第二季度	第四季度
4	A连锁店		12.3	33.5
5	B连锁店		23.3	58.4
6	C连锁店		63.2	87.9
7	D连锁店		54.5	47.9
8	合计		63.2	87.9

图 4-63　工作表中第 D 列被隐藏

（2）取消隐藏。

选中被隐藏行的上一行及下一行（被隐藏列的左一列或右一列），单击"开始"选项卡"单元格"组中的"格式"按钮，在下拉列表中选择"隐藏和取消隐藏"→"取消隐藏行"（"取消隐藏列"）命令，如图 4-64 所示。

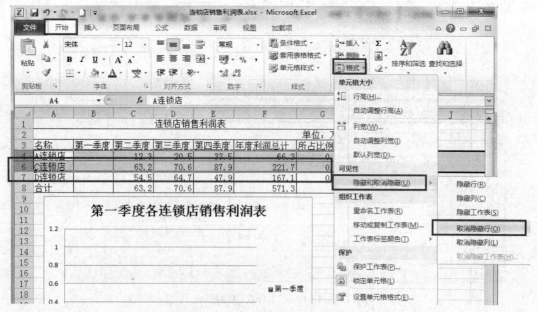

图 4-64

提示：也可以在选择被隐藏行的上一行及下行（被隐藏列的左一列及右一列）后右击，在弹出的快捷菜单中选择"取消隐藏"命令，快速对行、列进行"取消隐藏"，如图 4-65 所示。

图 4-65　取消隐藏的右键操作

4.4.5　单元格的格式化

格式设置的目的是使表格更规范，看起来更有条理、更清楚。单元格格式设置包括设置单元格的对齐方式、设置单元格的边框和底纹、设置单元格的列宽和行高等。

选中要设置格式的单元格（或单元格区域），单击"开始"选项卡"单元格"组中的"格式"按钮，在下拉列表中选择"设置单元格格式"选项，如图 4-66 所示，弹出"设置单元格格式"对话框，如图 4-67 所示，在其中可进行如下操作：

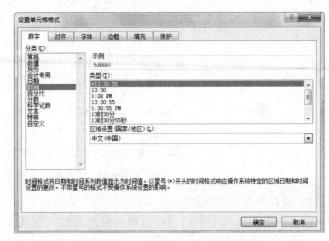

图 4-66　打开"设置单元格格式"　　　　　图 4-67　"设置单元格格式"对话框
　　　　　对话框的操作

（1）指定单元格中数字的格式。

在"数字"选项卡中可以为一个或多个选定的单元格指定格式选项，有常规、数值、货币、会计专用、百分比、分数、科学记数、特殊等几种。

（2）设置单元格的对齐方式。

Excel 工作表在默认情况下，单元格的文字是靠左对齐显示的，数字是靠右对齐显示的。在"对齐"选项卡中可以设置单元格中文字和数字的对齐方式，如图 4-68 所示。

（3）设置单元格的边框和底纹。

设置单元格边框和底纹的目的是使单元格区域划分更为明显，同时也增强工作表的视觉美感。

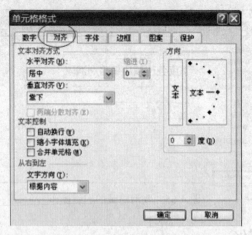

图 4-68 "对齐"选项卡

1）设置单元格的边框。

在"边框"选项卡中可以设置单元格的边框，如图 4-69 所示。

图 4-69 "边框"选项卡

2）设置单元格的底纹。

在"图案"选项卡中可以设置单元格的底纹，如图 4-70 所示。

图 4-70 "图案"选项卡

用户可以通过 Excel 2010 提供的"单元格样式"命令来快速设置单元格的格式。

操作方法为：选择需要设置格式的单元格，单击"开始"选项卡"样式"组中的"套用表格格式"按钮，在下拉列表中进行选择，如图 4-71 所示。

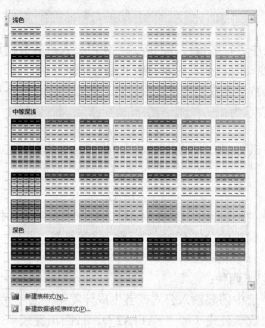

图 4-71　"套用表格格式"按钮的下拉列表

当单元格中的数据符合指定条件时，Excel 自动应用设定的格式，例如单元格底纹或字体颜色。操作方法为：选定需要设置条件格式的单元格，单击"开始"选项卡"样式"组中的"条件格式"按钮，弹出如图 4-72 所示的下拉列表，可针对自己的需要进行不同的格式设置。

图 4-72　条件格式设置

4.5 数据计算

4.5.1 公式的应用

Excel 公式是工作表中进行数值计算的等式。使用公式进行数据计算可以节省大量的时间和精力，而且当数据有变动时，公式计算的结果还会立即更新。

Excel 的公式和一般数学公式差不多，假设 A3 单元格的值等于 A1 单元格的值加上 A2 单元格的值，用数学公式表示为：

$$A1+A2=A3$$

若将这个公式改用 Excel 表示，然后把结果显示在 A3 单元格中，则要在 A3 单元格中输入：

$$=A1+A2$$

输入公式必须以等号"="开始，例如"=A1+A2"，这样 Excel 才知道我们输入的是公式，而不是一般的文字数据。简单的公式有加、减、乘、除等计算。复杂一些的公式可能包含函数、引用、运算符等。

输入公式的方法有以下两种：

- 直接输入公式：选中需要输入公式或者生成计算结果的单元格，在单元格中直接输入以"="开头的数学公式（如"=A1+A2"），按回车键或单击编辑栏中的"输入"按钮，被选取的单元格就得到了计算结果，如图 4-73 所示。

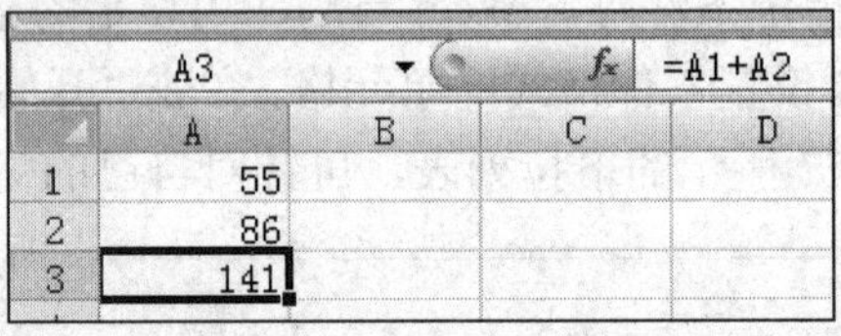

图 4-73 公式的直接输入

- 使用鼠标输入含有单元格地址的运算公式：选中要生成计算结果的单元格，在单元格中输入操作运算符"="，然后根据公式要求单击含有操作数的单元格，以便选定参与操作运算的第一个数值，并键入参与运算的操作符（+、-、*、/等），再单击含有参与操作运算的第二个数值的单元格，依此类推直到公式要求的数据全部录入，按回车键完成公式的输入。

下面用一个简单的例子来熟悉公式的使用。

如图 4-74 所示，在 Excel 中输入了两个学生的成绩。

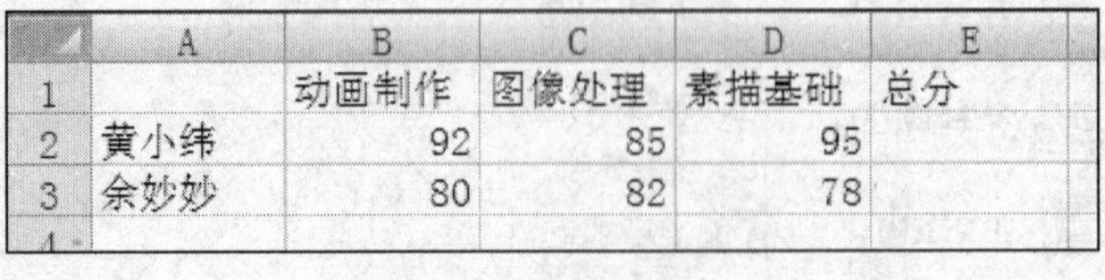

图 4-74 学生成绩表

要在 E2 单元格中计算黄小纬的各科总分，也就是要将黄小纬的动画制作、图像处理、素

描基础三科的分数加起来，将结果放到 E2 单元格中，因此在 E2 单元格中需要输入的公式为
"=B2+C2+D2"。

选定要输入公式的 E2 单元格，输入等号 "="，接着在单元格 B2 上单击，Excel 便会将
B2 输入到数据编辑列中，再输入 "+"，然后选取 C2 单元格，继续输入 "+"，选取 D2 单元格，
这样公式的内容便输入完成了，如图 4-75 所示。

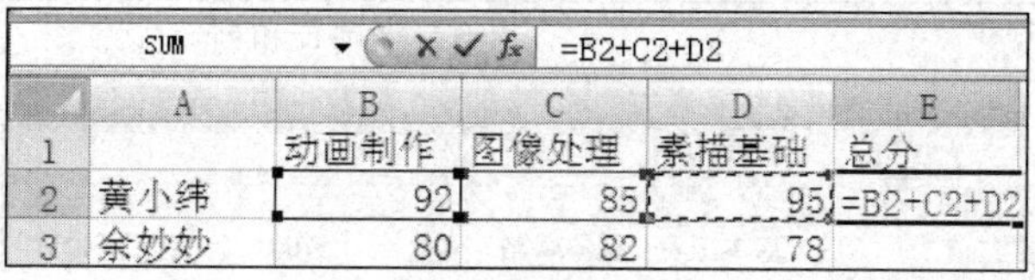

图 4-75　完成公式输入

单击数据编辑栏中的输入按钮 ✔ 或按回车键，公式计算的结果便显示在 E2 单元格中，如
图 4-76 所示。

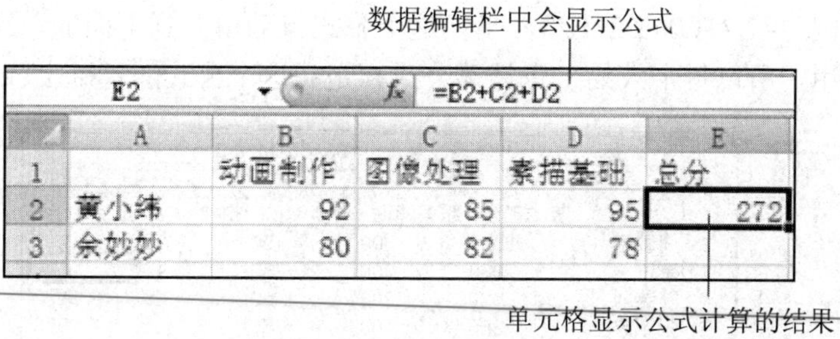

数据编辑栏中会显示公式

单元格显示公式计算的结果

图 4-76　公式计算结果

提示：若想直接在单元格中查看公式，可按 Ctrl + `键，`键在 Tab 键的上方。

公式的计算结果会随着单元格内容的变动而自动更新。以上例来说，假设当公式输入完
毕后才发现黄小纬的"图像处理"成绩输错了，应该是 90 分，当将单元格 C2 的值改成 90 后，
E2 单元格中的计算结果立即从 272 更新为 277，如图 4-77 所示。

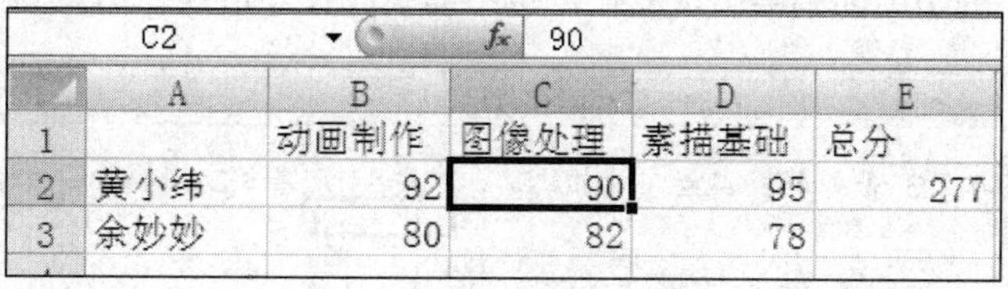

图 4-77　计算结果自动更新

4.5.2　单元格的相对引用与绝对引用

公式中会用到的单元格地址有相对引用与绝对引用两种类型。绝对引用需要在单元格地
址中加上 "$" 符号，如表 4-1 所示。

下面以制作工资条为例来说明相对地址引用与绝对地址引用的使用方式。工资数据表如
图 4-78 所示。

表 4-1 单元格地址引用

单元格地址	说明
A1	相对引用
$A1	绝对引用列
A$1	绝对引用行
$A$1	绝对引用行和列

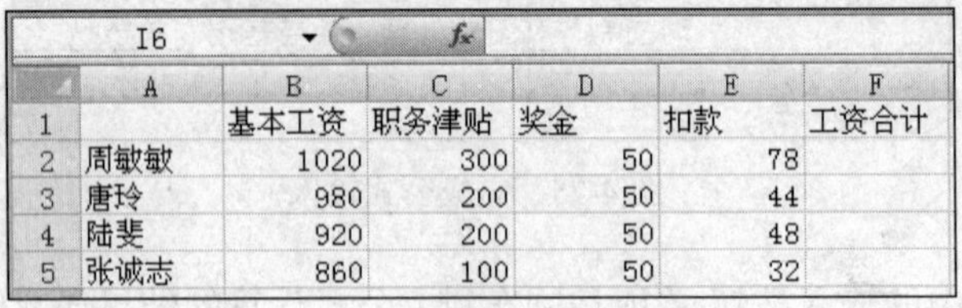

I6

	A	B	C	D	E	F
1		基本工资	职务津贴	奖金	扣款	工资合计
2	周敏敏	1020	300	50	78	
3	唐玲	980	200	50	44	
4	陆斐	920	200	50	48	
5	张诚志	860	100	50	32	

图 4-78 工资数据表

如图 4-79 所示，每人的工资合计应为“基本工资+职务津贴+奖金-扣款”，则应在 F2 单元格中输入公式“=B2+C2+D2-E2”，当把这个公式自动填充到下面的单元格时，由于我们使用的是相对引用，所以每个人的工资计算公式都是在这个公式的基础上改变而来的。

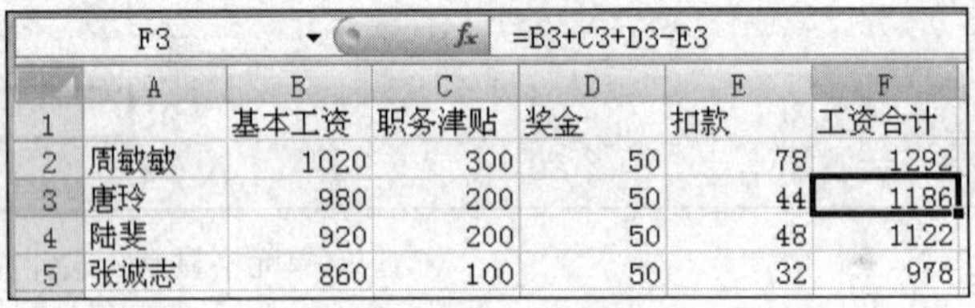

F3 =B3+C3+D3-E3

	A	B	C	D	E	F
1		基本工资	职务津贴	奖金	扣款	工资合计
2	周敏敏	1020	300	50	78	1292
3	唐玲	980	200	50	44	1186
4	陆斐	920	200	50	48	1122
5	张诚志	860	100	50	32	978

图 4-79 相对引用示例

在这个工资表的基础上，如果每个人的基本工资上涨 10%、职务津贴增加 30 元，若在每一条记录上都加上这个数据，工作量会很大，这时就可以使用绝对引用。

如图 4-80 所示，F2 单元格中的公式改写为“=B2*$G$2+C2+$H$2+D2-E2”。在这个公式中，职务津贴增加 30 元的单元格和上涨 10%的单元格都使用绝对引用，这样不论公式粘贴到哪个单元格中，这两个单元格的引用都不会出现变化，也不会引起计算错误。运算结果如图 4-81 所示。

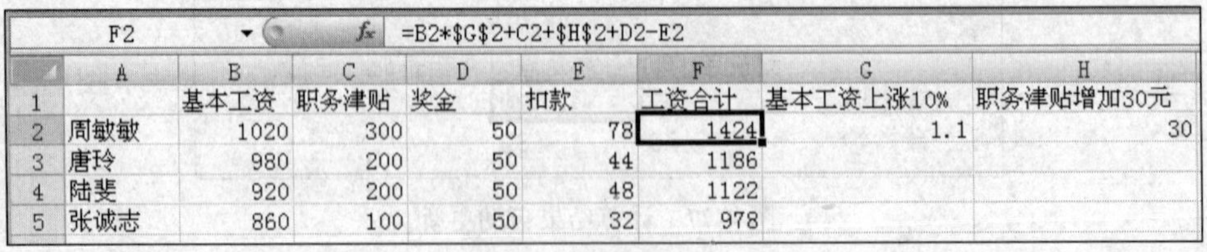

F2 =B2*$G$2+C2+$H$2+D2-E2

	A	B	C	D	E	F	G	H
1		基本工资	职务津贴	奖金	扣款	工资合计	基本工资上涨10%	职务津贴增加30元
2	周敏敏	1020	300	50	78	1424	1.1	30
3	唐玲	980	200	50	44	1186		
4	陆斐	920	200	50	48	1122		
5	张诚志	860	100	50	32	978		

图 4-80 绝对引用示例

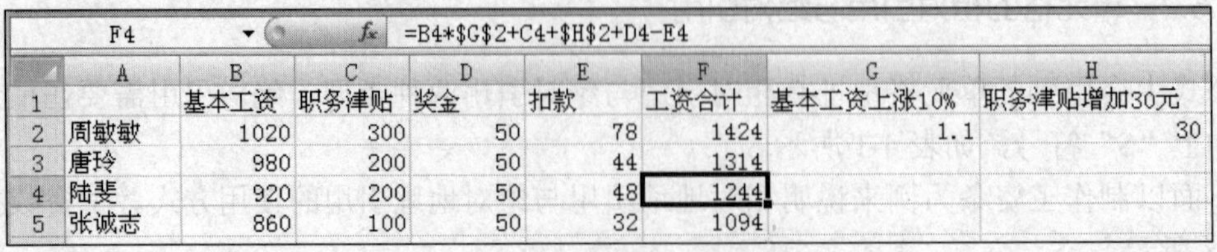

F4 =B4*$G$2+C4+$H$2+D4-E4

	A	B	C	D	E	F	G	H
1		基本工资	职务津贴	奖金	扣款	工资合计	基本工资上涨10%	职务津贴增加30元
2	周敏敏	1020	300	50	78	1424	1.1	30
3	唐玲	980	200	50	44	1314		
4	陆斐	920	200	50	48	1244		
5	张诚志	860	100	50	32	1094		

图 4-81 绝对引用示例

4.5.3　函数的应用

函数是 Excel 根据各种需要预先设计好的运算公式，可以对一个或多个值执行运算，函数可以简化和缩短工作表中的公式，尤其在用公式执行很长或复杂的计算时。

1.　函数的格式

每个函数都包含 3 个部分：函数名称、小括号和函数参数。以图 4-82 所示的例子来说明。

图 4-82　函数示例

SUM 是函数名称，从函数名称可大略得知函数的功能、用途。

常用的函数如表 4-2 所示。

表 4-2　常用函数

函数	说明
SUM	计算单元格区域中所有数值的和
AVERAGE	返回单元格区域中参数的算术平均值
MAX	返回一组数值中的最大值
MIN	返回一组数值中的最小值

小括号用来拈住函数中的参数，有些函数虽然没有参数，但是小括号却不可以省略。

函数参数是函数计算时必须使用的数据，例如图 4-82 中的 SUM(B2:D2)即表示要计算 B2~D2 单元格区域中数值的总和，其中 B2:D2 就是函数参数。

2.　输入函数

函数也是公式的一种，所以输入函数时也必须由等号"="开始。下面以学生成绩表为例介绍输入函数的几种方法，原始表格数据如图 4-83 所示。

▲	A	B	C	D	E	F
1		动画制作	图像处理	素描基础	总分	平均分
2	黄小纬	92	85	95		
3	余妙妙	80	82	78		
4	李妍	85	78	75		
5	林晓华	88	75	80		
6	许庆庆	76	80	68		
7	吴萧斌	78	85	72		
8	最高分					
9	最低分					

图 4-83　学生成绩表原始表格数据

（1）使用函数下拉列表框输入函数。

选取用于显示"总分"的 E2 单元格，输入等号"="，单击函数下拉列表框，在其中选择 SUM，会弹出"函数参数"对话框来协助我们输入函数，如图 4-84 和图 4-85 所示。

单击下拉列表框

选择 SUM 函数

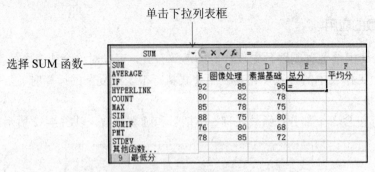

图 4-84　选择函数

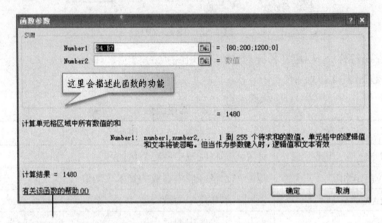

这里会描述此函数的功能

若单击此处，可取得函数的进一步说明

图 4-85　"函数参数"对话框

单击第一个参数栏 Number 1 右侧的按钮，将函数参数对话框暂时收起来，再从工作表中选取 B2:D2 作为参数，如图 4-86 所示，选取的数据范围会被虚线框住。

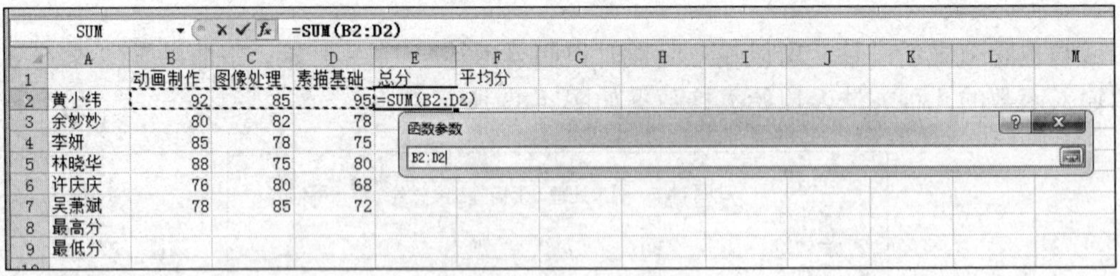

图 4-86　选取函数参数

单击参数栏右侧的展开按钮，再度将"函数参数"对话框展开，如图 4-87 所示。

单击"确定"按钮，函数的计算结果即会显示在 E2 单元格内，如图 4-88 所示。

除了从工作表中选取单元格来设定参数外，还可以直接在参数栏中输入参数，省去折叠和展开"函数参数"对话框的麻烦。

（2）使用"插入函数"对话框。

函数下拉列表框只会显示最近用过的 10 个函数，若在函数下拉列表框中找不到想要的函数，则可以使用"插入函数"对话框来寻找并输入想要使用的函数。

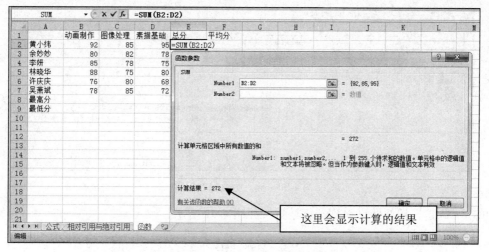

图 4-87　"函数参数"对话框

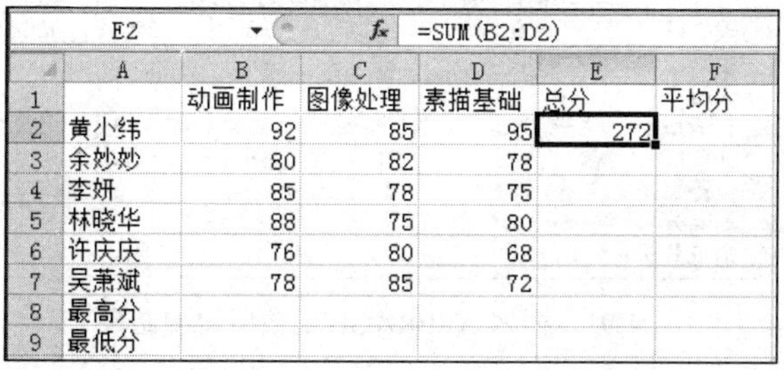

图 4-88　单元格中显示出计算结果

选取用于显示"平均分"的单元格 **F2**，然后单击数据编辑栏中的"插入函数"按钮 f_x 或"公式"选项卡中的"插入函数"按钮，会发现数据编辑列自动输入等号"="，并且弹出"插入函数"对话框，如图 4-89 所示。

可从这里选择函数的类别，如财务、统计、文字、日期及时间等

列出 Excel 所提供的函数

函数的功能叙述

单击此处可显示目前所选取函数的使用说明

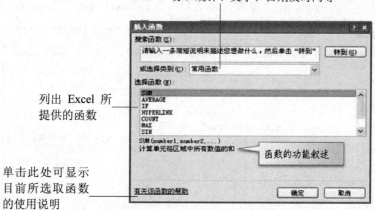

图 4-89　"插入函数"对话框

在"选择函数"列表框中选择 AVERAGE 函数进行平均分的计算，单击"确定"按钮如图 4-90 所示。

图 4-90　插入函数参数设置

单击"确定"按钮即可得到计算结果，如图 4-91 所示。

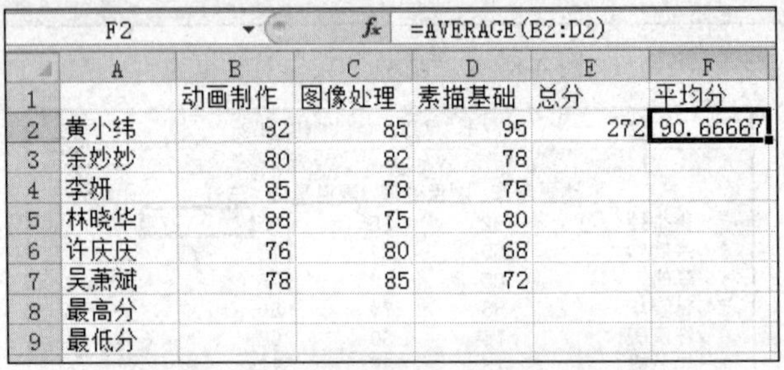

	A	B	C	D	E	F
1		动画制作	图像处理	素描基础	总分	平均分
2	黄小纬	92	85	95	272	90.66667
3	余妙妙	80	82	78		
4	李妍	85	78	75		
5	林晓华	88	75	80		
6	许庆庆	76	80	68		
7	吴萧斌	78	85	72		
8	最高分					
9	最低分					

图 4-91　插入 AVERAGE 函数所得的结果

4.6　数据的图表化应用

4.6.1　创建数据图表

工作表中的数据若用图表来表达，则可让数据变得更一目了然。Excel 内有 70 余种图表样式，只要选择合适的样式，立刻就能制作出一张具有专业水平的图表。

切换到"插入"选项卡，在"图表"组中即可看到 Excel 内的图表类型，如图 4-92 所示。

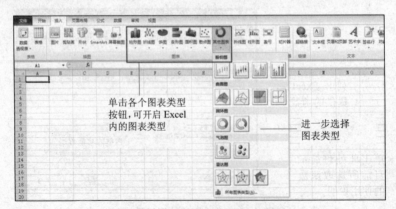

图 4-92　Excel 中的各种图表类型

当鼠标指针在图标上停留时会自动显示当前图表的简介，如图 4-93 所示。

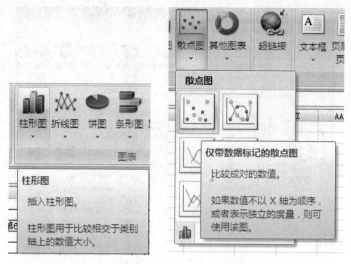

图 4-93　鼠标指针在图标上停留的效果

在建立图表前，可以根据自己的需要来选择合适的图表。例如当需要比较不同项目之间的差异或是需要表现一段期间内数量上的变化时，可以选择柱形图，而当需要展现各个项目在全体数据中所占的比例时，可以选择饼图。

在 Excel 2010 中创建图表的方法非常简单，下面以学生成绩表为例来说明柱形图的创建方法。图表原始数据如图 4-94 所示，我们利用这些数据建立三门课程成绩情况的三维簇状柱形图，并嵌入到本工作表中。

	A	B	C	D	E	F
1	姓名	系部	性别	应用写作	英语	计算机
2	陈一明	机械	男	85	70	80
3	白先慧	电气	女	70	60	65
4	刘文	电气	女	76	78	70
5	马远程	机械	男	80	65	85
6	黄玉宝	电气	女	90	85	70

图 4-94　学生成绩表

在创建图表前应先在工作表中选择好需要使用的数据，如图 4-95 所示，选取 D1:F6 数据区域的各科成绩情况作为图表的数据来源，为了区分出每条柱形图的数据到底属于哪位同学，还需要选择 A1:A6 的姓名数据区域。

	A	B	C	D	E	F
1	姓名	系部	性别	应用写作	英语	计算机
2	陈一明	机械	男	85	70	80
3	白先慧	电气	女	70	60	65
4	刘文	电气	女	76	78	70
5	马远程	机械	男	80	65	85
6	黄玉宝	电气	女	90	85	70

图 4-95　选择需要使用的数据

切换到"插入"选项卡，单击"图表"组中的"柱形图"按钮，在弹出的列表中选择"三维簇状柱形图"，如图 4-96 所示。

Excel 会根据之前选择的数据自动完成图表的创建，效果如图 4-97 所示。如果更改了图表所引用的数据，图表也会自动更新，不需要重新绘制。

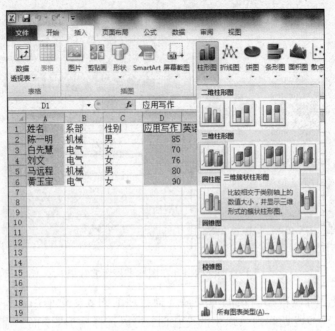

图 4-96　选择图表类型

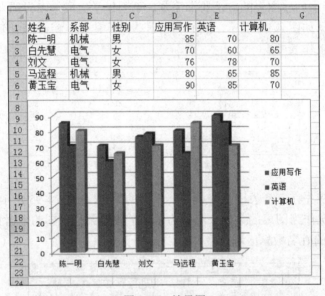

图 4-97　效果图

创建图表时，如果不确定需要使用哪些数据，可以先创建一张空白的表格，然后单击"选择数据"按钮，在弹出的"选择数据源"对话框中设置数据，图表会根据选择的数据实时更新，设置完成后单击"确定"按钮。如果需要对图表的数据进行删改，也可以在此处进行，如图4-98 所示。

4.6.2　编辑数据图表

图表创建完成后，如果需要对图表进行进一步完善，可以通过"图表工具"选项卡实现。编辑图表主要包括更改图表的类型、图表样式、图表布局、图表的大小和位置、图表的移动和删除等。

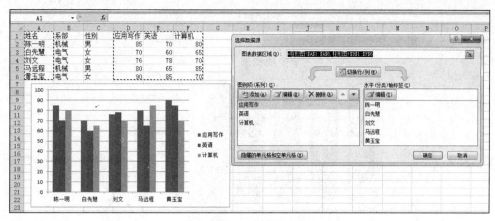

图 4-98　选择数据

1．更改图表类型

Excel 提供了多种图表类型，如果对创建的图表类型不是很满意，则可以根据需要更改图表的类型。下面仍以"学生成绩表"图表为例来介绍更改图表类型的方法。

（1）选中图表，激活"图表工具"选项卡，如图 4-99 所示。

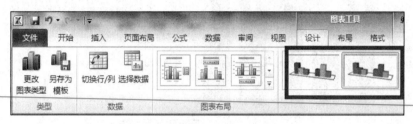

图 4-99　通过选项卡选择图表类型

（2）在"设计"选项卡中单击"更改图表类型"按钮，在弹出的"更改图表类型"对话框中选择想要更改的图表类型。

更改图表类型时应注意各种图表的作用不同，如上例，我们需要对学生成绩进行一个对比，选择柱形图或条形图均可，若选择了饼图，则无法达到预想的效果。

2．修改图表布局

在"图表工具"的"设计"选项卡和"布局"选项卡中，可以对图表的整体布局进行调整。从之前所建立的图表中可以发现图表的布局是由许多项目组成的，下面来认识一下这些项目，如图 4-100 和图 4-101 所示。

- 图表区：指整个图表及其所涵盖的所有项目。
- 绘图区：指图表显示的区域，包含图形本身、类别名称、坐标轴等区域。
- 图例：辨识图表中各组数据系列的说明。图例内还包括图例项标示、图例项目。
- 坐标轴与网格线：平面图表通常有两个坐标轴：X 轴和 Y 轴；Y 轴通常是垂直轴，包含数值数据，X 轴通常为水平轴，包含类别。立体图表上也有两个坐标轴：X-Y 轴和 Z 轴。但并不是每种图表都有坐标轴，例如饼图就没有坐标轴。由坐标轴的刻度记号向上或向右延伸到整个绘图区的直线便是网格线。显示网格线比较容易查看图表上数据点的实际数值。

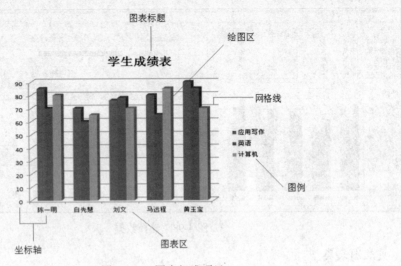

图 4-100　图表组成项目

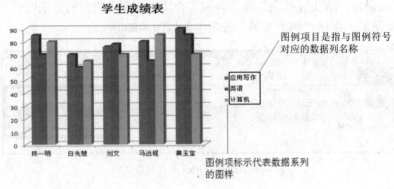

图 4-101　图例

在"图表工具/设计"选项卡中，可以使用快速布局工具一次性修改图表的布局，如图 4-102 所示。

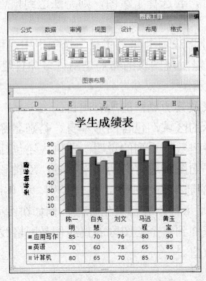

图 4-102　使用快速布局工具调整图表的布局

若需要针对图表中的不同项目进行修改，则要切换到"图表工具/布局"选项卡，如图 4-103 所示。在"布局"选项卡中不仅可以针对图表的每一个项目进行更详细的设置，还可以插入图片、形状、文本框等要素。

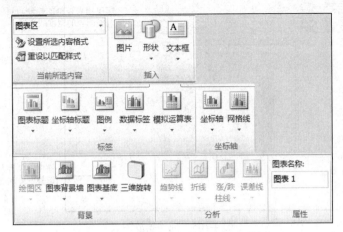

图 4-103 "图表工具/布局"选项卡

3. 移动图表的位置和调整图表的大小

建立在工作表中的图表对象，也许位置和大小都不是很理想，这时可以用鼠标进行调整。

（1）移动图表的位置。

选取要移动的图表，按住鼠标左键不放并拖动，同时鼠标指针显示为移动指针的形状，当虚线框被移动到目标位置后，松开鼠标左键即可完成图表的移动操作，如图 4-104 所示。

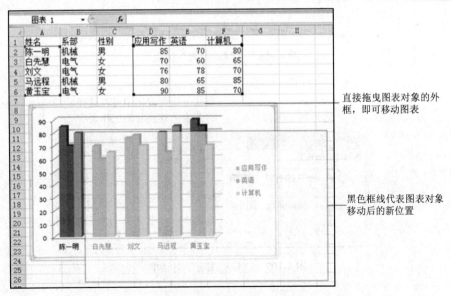

图 4-104 拖动图表移动位置

（2）改变图表的大小。

图表的大小可以通过拖动图表外框的控制点来改变。操作方法是：选取需要调整大小的图表，将鼠标指针移动到图表的某个控制点上，当鼠标指针显示为双箭头时，按住鼠标左键不放并拖动，当图表中的内容可全部显示或达到理想的大小时松开鼠标左键，图表的大小即被改变，如图 4-105 所示。

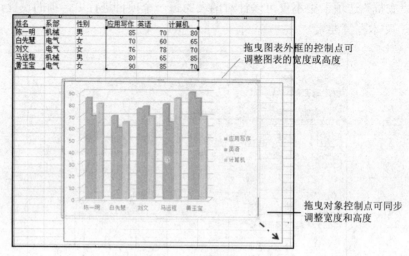

图 4-105　拖动缩放图表

如果想将已经创建好的图表单独放在一张新的工作表中，则在选中图表后切换到"图表工具/设计"选项卡，单击"移动图表"按钮，在弹出的"移动图表"对话框中选择图表要放置在新工作表还是移动到其他工作表中，如图 4-106 和图 4-107 所示。

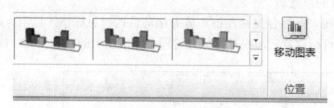

图 4-106　"移动图表"按钮

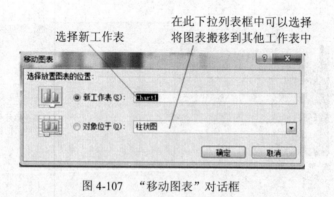

图 4-107　"移动图表"对话框

4.7　数据的管理

Excel 电子表格不仅具有数据计算处理的能力，还具有数据库管理的一些功能，它可对数据进行排序、筛选、分类汇总等操作，而且操作方便、直观、高效，比一般的数据库更胜一筹。

数据清单，又称数据列表，是由工作表中的单元格构成的矩形区域，即一张二维表，它
与前面介绍的工作表有所不同，其特点主要体现在以下两点：

- 与数据库相对应，二维表中的一列为一个"字段"，一行为一条"记录"，第一行为表头，由若干字段名组成。
- 表中不允许有空行或空列（会影响 Excel 检测和选定数据列表）；每一列必须是性质相同、类型相同的数据，如字段名是"姓名"，则该列存放的必须全部是姓名；不能有完全相同的两行内容。

图 4-108　记录单对话框

数据清单既可以像一般工作表一样直接进行建立和
编辑，也可以通过"记录单"命令来进行编辑，如图 4-108
所示。

在 Excel 2010 中要想使用记录单功能，需要通过
"Excel 选项"对话框将其添加到功能区中。将记录单添加到功能区中的方法如下：

单击"文件"→"选项"命令，弹出"Excel 选项"对话框（如图 4-109 所示），在左侧窗
格中选择"快速访问工具栏"选项，在右侧窗格中的"从下列位置选择命令"下拉列表框中选
择"不在功能区中的命令"选项，从下面的列表框中选择"记录单"选项，单击"添加"按钮，
再单击"确定"按钮，"记录单"按钮即被添加到快速访问工具栏中。

图 4-109　"Excel 选项"对话框

4.7.1　数据的排序

数据排序是指按一定规则对一列或多列数据进行升序或降序排列。英文字母按字母次序排序（默认不区分大小写），汉字可按笔画或拼音排序。Excel 2010 提供了多种数据排序方法，下面进行具体介绍。

1. 简单排序

在数据列表中，对单一字段按升序或降序排列，一般直接利用 ⏷↓、⏷↓ 按钮来快速地实现，也可通过"开始"选项卡"编辑"组中的"排序和筛选"按钮或"数据"选项卡"排序和筛选"组中的排序命令实现。

2. 自定义排序

当参与排序的字段出现相同值时，可以使用多个条件进行排序，这时必须通过"排序"对话框来进行操作。下面以"期末考试成绩表"为例介绍如何利用"排序"对话框实现对数据列表的自定义排序。

要求对成绩表中的数据按"总分"从高到低进行排序，如果总分相同，则"供配电技术"成绩较高的排在前面。

操作步骤如下：

（1）选中"期末考试成绩表"中任一有数据的单元格，单击"开始"选项卡"编辑"组中的"排序和筛选"按钮，在下拉列表中选择"自定义排序"选项（或单击"数据"选项卡"排序和筛选"组中的"排序"按钮），弹出"排序"对话框，如图 4-110 所示。

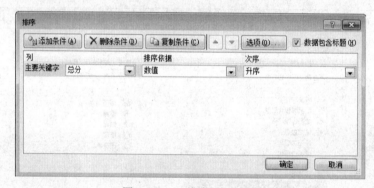

图 4-110　"排序"对话框

（2）在"主要关键字"下拉列表框中选择"总分"，在"排序依据"下拉列表框中选择"数值"，在"次序"下拉列表框中选择"降序"。

（3）单击"添加条件"按钮，在新增的"次要关键字"下拉列表框中选择"供配电技术"，在"排序依据"下拉列表框中选择"数值"，在"次序"下拉列表框中选择"降序"，如图 4-111 所示。

（4）如果还需要添加更多的条件，可参照第（3）步进行操作，要将多余的条件删除，只要选中需要删除的条件，再单击"删除条件"按钮。设置完毕后单击"确定"按钮，完成自定义排序，最终效果如图 4-112 所示。

在"排序"对话框中单击"选项"按钮会弹出"排序选项"对话框，在其中可进一步进行设置，如图 4-113 所示。

图 4-111 设置排序条件

图 4-112 排序结果

图 4-113 "排序选项"对话框

4.7.2 数据的筛选

数据筛选是查找和处理数据列表的一种快捷方法。数据筛选会将数据清单中满足条件的数据显示出来，而不满足条件的数据将暂时隐藏起来（但没有被删除）；当筛选条件被删除后，隐藏的数据又会恢复显示。

Excel 提供了自动筛选和高级筛选两种筛选方法。

1. 自动筛选

自动筛选是对单个字段建立筛选，多字段之间的筛选是"逻辑与"的关系，操作十分简便，能满足大部分应用需求。下面以"期末考试成绩表"为例介绍自动筛选的具体操作方法。

对"期末考试成绩表"筛选出总分高于 240 且 CAD 制图分数高于 80 分的男同学。原始数据表如图 4-114 所示。

	A	B	C	D	E	F
1	期末考试成绩表					
2		性别	电工基础	CAD制图	供配电技术	总分
3	程幸	男	92	85	95	272
4	王薇薇	女	85	75	80	240
5	欧亚倩	女	80	82	78	240
6	陈斌	男	78	85	72	235
7	李心妍	女	74	78	75	227
8	傅瑾	女	76	80	68	224
9	黄欢	男	86	78	92	256
10	王曜	男	95	85	77	257

图 4-114 原始数据表

（1）选取"期末考试成绩表"数据列表中的任意一个单元格，单击"数据"选项卡"排序和筛选"组中的"筛选"按钮，数据列表的列标题变成下拉列表框，如图 4-115 所示。

（2）在"性别"下拉列表框中，单击"全选"前的☑取消全选，勾选"男"复选项，如图 4-116 所示。

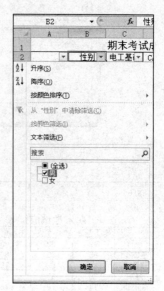

	A	B	C	D	E	F
1			期末考试成绩表			
2		性别 ▼	电工基i ▼	CAD制i ▼	供配电技 ▼	总分 ▼
3	程幸	男	92	85	95	272
4	王薇薇	女	85	75	80	240
5	欧亚倩	女	80	82	78	240
6	陈斌	男	78	85	72	235
7	李心妍	女	74	78	75	227
8	傅瑾	女	76	80	68	224
9	黄欢	男	86	78	92	256
10	王曜	男	95	85	77	257

图 4-115　数据列表的列标题变成下拉列表框　　　　图 4-116　"性别"列的设置

（3）在"总分"下拉列表框中，单击"数字筛选"→"大于"选项，弹出"自定义自动筛选方式"对话框，进行如图 4-117 所示的设置后单击"确定"按钮。

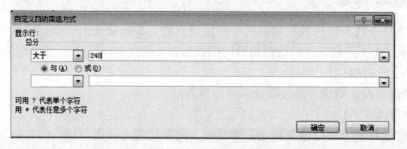

图 4-117　"自定义自动筛选方式"对话框

（4）在"CAD 制图"下拉列表框中，单击"数字筛选"→"大于"选项，弹出"自定义自动筛选方式"对话框，进行如图 4-118 所示的设置后单击"确定"按钮。

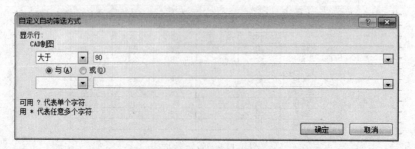

图 4-118　"自定义自动筛选方式"对话框

自定义筛选最终效果如图 4-119 所示。

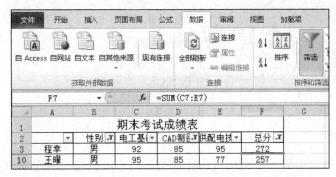

图 4-119　自定义筛选结果

如果想取消筛选，则再次单击"筛选"按钮。

2. 高级筛选

如果数据列表中的数据比较多，筛选的条件也比较复杂，则可以使用高级筛选功能来筛选数据。使用高级筛选功能前，需要先建立一个条件区域，条件区域的第一行是筛选条件的字段名，字段名应与数据列表中的字段名相同，其他行用来输入筛选条件。下面仍以上例"期末考试成绩表"的相同要求来介绍高级筛选的具体操作方法。

（1）打开"期末考试成绩表"工作表，在单元格 H2 中输入文字"性别"，在单元格 I2 中输入文字"总分"，在单元格 J2 中输入文字"CAD 制图"，在单元格 H3 中输入文字"男"，在单元格 I3 中输入文字">240"，在单元格 J3 中输入文字">80"，如图 4-120 所示。

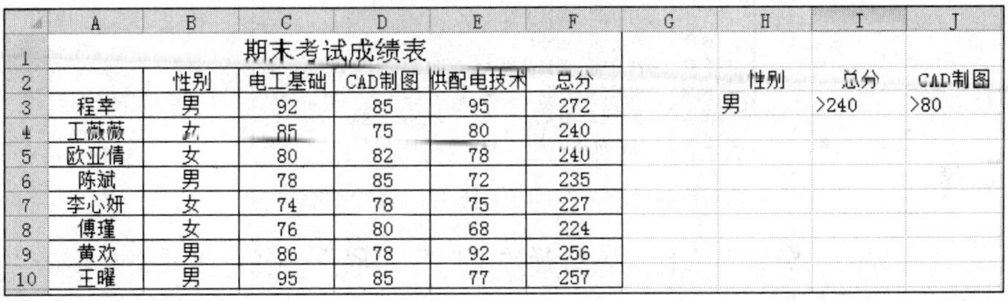

	A	B	C	D	E	F	G	H	I	J
1			期末考试成绩表							
2		性别	电工基础	CAD制图	供配电技术	总分		性别	总分	CAD制图
3	程幸	男	92	85	95	272		男	>240	>80
4	工薇薇	女	85	75	80	240				
5	欧亚倩	女	80	82	78	240				
6	陈斌	男	78	85	72	235				
7	李心妍	女	74	78	75	227				
8	傅瑾	女	76	80	68	224				
9	黄欢	男	86	78	92	256				
10	王曜	男	95	85	77	257				

图 4-120　在相应单元格中输入对应的文字

（2）选取"期末考试成绩表"数据列表中的任意一个单元格，单击"数据"选项卡"排序和筛选"组中的"高级"按钮，弹出"高级筛选"对话框，分别选取"列表区域"和"条件区域"的单元格区域（A2:F10 和 H2:J3），如图 4-121 所示。

图 4-121　"高级筛选"对话框设置

（3）单击"确定"按钮完成高级筛选，结果如图 4-122 所示。

	A	B	C	D	E	F	G	H	I	J
1				期末考试成绩表						
2		性别	电工基础	CAD制图	供配电技术	总分		性别	总分	CAD制图
3	程幸	男	92	85	95	272		男	>240	>80
10	王曜	男	95	85	77	257				
11										

图 4-122　高级筛选结果

4.7.3　分类汇总

分类汇总就是对数据清单按某字段进行分类，将字段值相同的连续记录作为一类，进行求和、求平均值、计数等汇总运算；针对同一个分类字段，可进行多种方式的汇总。

需要注意的是，在分类汇总前，必须对要分类的字段进行排序，否则分类没有意义；在分类汇总时要清楚对哪个字段分类、对哪些字段汇总以及汇总的方式，这都需要在"分类汇总"对话框中逐一设置。

分类汇总的方式灵活多样，下面通过对"部门工资表"数据列表按"部门"分类求各部门"基本工资"的总和进行分类汇总，来介绍分类汇总的操作方法。"部门工资表"原始数据如图 4-123 所示。

	A	B	C	D	E	F
1	姓名	部门	职务	基本工资	奖金	扣款
2	张一凡	市场部	业务员	1680	503	297
3	夏末	市场部	业务员	2120	1753	109
4	韦一	物流部	部长	2430	1644	228
5	司马意	行政部	科员	2700	627	273
6	千小美	物流部	项目主管	2890	836	305
7	莫明	市场部	业务员	2050	652	470
8	罗列	物流部	项目监察	2120	782	246
9	李想	物流部	外勤	1630	2020	277
10	柯娜	行政部	科员	3330	945	279
11	黄英俊	行政部	内勤	1740	1812	402

图 4-123　"部门工资表"原始数据

（1）打开"部门工资表"工作表，选择"部门"字段下的任一单元格，单击"数据"选项卡中的 ⬇️ 按钮进行排序。

（2）单击"数据"选项卡"分级显示"组中的"分类汇总"按钮，弹出"分类汇总"对话框，在"分类字段"下拉列表框中选择"部门"选项，在"汇总方式"下拉列表框中选择"求和"选项，在"选定汇总项"列表框中选择"基本工资"复选项，如图 4-124 所示。

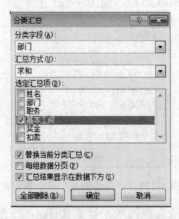

图 4-124　"分类汇总"对话框设置

（3）单击"确定"按钮完成简单的分类汇总，如图 4-125 所示。

1 2 3		A	B	C	D	E	F
	1	姓名	部门	职务	基本工资	奖金	扣款
	2	司马意	行政部	科员	2700	627	273
	3	柯娜	行政部	科员	3330	945	279
	4	黄英俊	行政部	内勤	1740	1812	402
	5		行政部	汇总	7770		
	6	张一凡	市场部	业务员	1680	503	297
	7	夏末	市场部	业务员	2120	1753	109
	8	莫明	市场部	业务员	2050	652	470
	9		市场部	汇总	5850		
	10	韦一	物流部	部长	2430	1644	228
	11	千小美	物流部	项目主管	2890	836	305
	12	罗列	物流部	项目监察	2120	782	246
	13	李想	物流部	外勤	1630	2020	277
	14		物流部	汇总	9070		
	15		总计		22690		

图 4-125　分类汇总结果

4.8　数据表的打印

4.8.1　工作表的页面设置

工作表的页面设置是在打印之前对数据内容进行设置和编排的过程，内容包括"设置页面"、"设置页边距"、"设置页眉页脚"等。

1. 设置页面和页边距

单击"页面布局"选项卡，可以根据个人需要分别对页边距、纸张方向、纸张大小等项目对页面进行设置，如图 4-126 和图 4-127 所示。

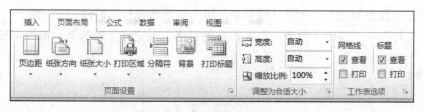

图 4-126　"页面布局"选项卡

也可以单击"页面设置"组右下角的"对话框启动器"按钮 打开"页面设置"对话框来进行调整，如图 4-127 所示。

在"方向"区域中，选中"纵向"或"横向"单选按钮，设置打印方向。在"缩放"区域中可以指定工作表的缩放比例。选中"缩放比例"单选按钮，可在"缩放比例"数值框中指定工作表的缩放比例。工作表可被缩小到正常尺寸的 10%，也可被放大到 400%。默认的比例是 100%。选中"调整为"单选按钮，则工作表的缩放以页为单位。在"纸张大小"下拉列表框中选择所需的纸张大小。在"打印质量"下拉列表框中指定工作表的打印质量。在"起始页码"文本框中输入所需的工作表起始页的页码。如果要使 Excel 2010 自动给工作表添加页码，则在"起始页码"文本框中输入"自动"。单击"页边距"选项卡，在其中可以设置页边距单击"确定"按钮完成页面的设置。

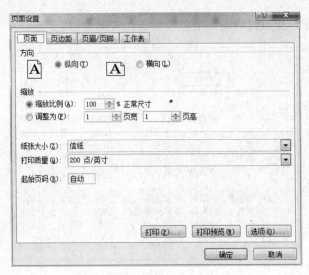

图 4-127 "页面设置"对话框

2. 设置页眉和页脚

在"页面设置"对话框中单击"页眉/页脚"选项卡，在其中可以设置页眉和页脚。所谓页眉是打印文件时在每一页的最上边打印的主题。在"页眉"列表框中选定需要的页眉，则"页眉"列表框上面的预览区域显示打印时的页眉外观。

所谓页脚是打印在页面下部的内容，如页码等。在"页脚"列表框中选择需要的页脚，则"页脚"列表框下面的预览区域显示打印时的页脚外观。

4.8.2 工作表的预览与打印

1. 打印预览

在打印之前，最好先在计算机屏幕上检查一下打印的结果，若发现有跨页、数据不完整、图表被截断等不理想的地方，可以立即修正，以节省纸张及打印时间。

单击"文件"→"打印"命令，可以在右侧窗格中预览打印的结果，如图 4-128 所示。

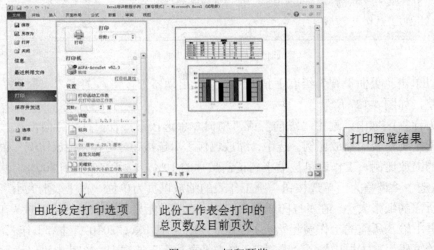

图 4-128 打印预览

预览时有两种比例可以切换：整页预览和放大预览，如图 4-129 所示。

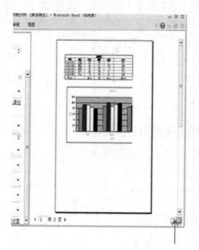

单击此按钮可切换两种模式

图 4-129 预览模式切换

在打印预览界面中可以进行如下操作：

- 设定打印的范围：假如工作表的页数很多，可以选择打印全部、只打印其中需要的几页、只打印选中的范围，以免浪费纸张，如图 4-130 所示。

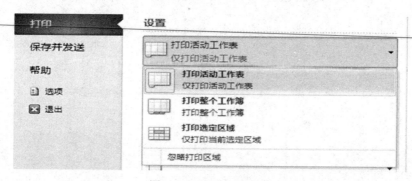

图 4-130 设定打印范围

- 选择要使用的打印机：若安装了一部以上的打印机，请先检查设定的打印机名称是否是你要使用的打印机，或者单击下拉列表框重新选择。
- 设定打印方向：有时候工作表的数据列数较多、行数较少，则适合横向打印；相反地，若是数据列数较少，行数较多，则可改为纵向打印。
- 设定纸张大小、页边距、缩放比例：有时候数据会单独多出一行或一列，硬是跑到了下一页；或是只差两三行就能挤在同一页了，这种情况可以通过设置页边距、缩放比例等方式来将其调整到符合纸张尺寸，这样不但可以节约纸张，而且数据完整，阅读起来也方便。
- 页面设置：打开"页面设置"对话框进行设置。
- 设定打印份数。

如果需要再做其他修改，可以单击其他选项卡继续编辑。

2. 打印

确定要打印的数据准确无误后，可单击"打印"按钮进行打印。

习题 4

1. 工作簿和工作表之间有什么关系？

2. 在 Excel 中，新建工作簿有哪几种方式？

3. 在 Excel 中，单元格数据的删除和清除有什么区别？

4. 如何对工作表进行重命名、插入、复制和删除操作？

5. 如何在工作表中输入公式和函数？

6. 如何在数据表中对数据进行排序？

7. 在 Excel 中，每一个单元格都有固定的地址，单元格地址是由什么来进行表述的？

8. 表格数据与生成的图表之间存在什么关系？

9. 简要说明进行自动分类汇总的方法和使用的命令。

10. 打印工作表之前有哪些参数需要设置？

第5章　计算机网络技术

计算机网络诞生于 20 世纪 50 年代，随着计算机的普及，计算机网络也逐渐应用在各种工作环境中。计算机网络发展迅速，应用越来越广泛，从某种意义上讲，它是人类社会进步和发展的一个标志。

5.1　计算机网络的基本概念

5.1.1　计算机网络的定义、分类、组成和功能

1. 计算机网络的定义

通俗地说，计算机网络是指将地理位置不同的具有独立功能的多台计算机及其外部设备，通过通信线路连接起来，在网络操作系统、网络管理软件及网络通信协议的管理和协调下，实现资源共享和信息传递的计算机系统。

2. 计算机网络的分类

（1）按网络覆盖的地理范围分类。

按网络覆盖的地理范围分类，可将计算机网络分为局域网、城域网和广域网。

● 局域网：也可称为局域网络（Local Area Networks，LAN），是指将某一相对狭小区域内的计算机，按照某种网络结构相互连接起来形成的计算机集群，如图 5-1 所示。在该集群中的计算机之间，可以实现彼此之间的数据通信、文件传递和资源共享。在局域网中，相互连接的计算机相对集中于某一区域，而且这些计算机往往都属于同一个部门或同一个单位管辖。

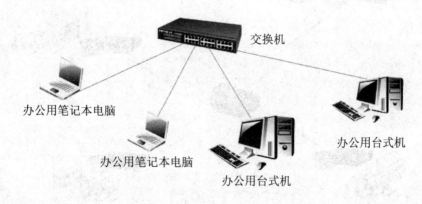

图 5-1　局域网

● 城域网：也可称为城域网络（Metropolitan Area Network，MAN），是指利用光纤作为主干，将位于同一城市内的所有主要局域网络高速连接在一起而形成的网络，如图 5-2 所示。实际上，城域网是一个局域网的扩展。也就是说，城域网的范围不再局限于一个部门或一个单位，而是整个一座城市，能实现同城各单位和部门之间的高速连

接，以达到信息传递和资源共享的目的。

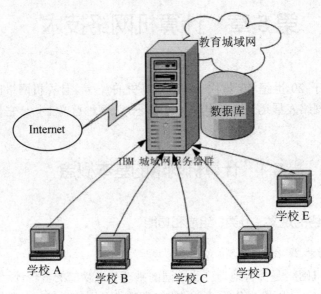

图 5-2 城域网

- 广域网：也可称为广域网络（Wide Area Network，WAN），或称为远程网，其所覆盖
  的范围比城域网更广，一般是将不同城市之间的 LAN 或 MAN 网络互联，地域范围
  可以从几百公里到几千公里，如图 5-3 所示。由于距离较远容易导致比较严重的信号
  衰减，所以这种网络一般要用专线，通过 IMP（接口信息处理）协议和线路连接起
  来，如教育网、电信网、网通网络。

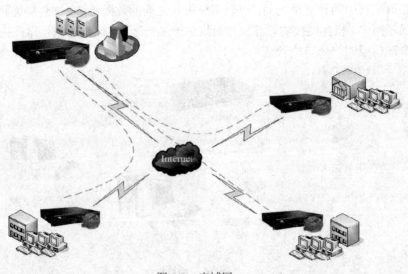

图 5-3 广域网

（2）按传输介质是否有线分类。按传输介质是否有线分类，可将计算机网络分为有线网
络和无线网络。

- 有线网络：就是采用线缆（如同轴电缆、双绞线、光纤等）作为传输介质，实现计算
  机之间数据通信的网络。现在，绝大多数网络都是有线网络。

- 无线网络：无线网络（Wireless Local Area Network，WLAN），顾名思义，就是采用无线通信技术代替传统电缆，提供传统有线网络功能的网络。无线网络作为一种方便且简单的接入方式，随着其价格的不断下降，也越来越受到人们的青睐。当接入无线网络的计算机彼此之间相距较近时，可以像对讲机一样，仅靠一块内置的无线网卡即可实现彼此之间的通信和连接；当计算机彼此之间的距离较远时，就像手机之间的通信必须借助于基站一样，也需要通过访问点（Access Point，AP）才能进行连接。借助于 AP，无线网络还可以实现与有线局域网络的连接。

3. 计算机网络系统的组成

计算机网络系统是一个集计算机硬件设备、通信设施、软件系统及数据处理能力于一体的，能够实现资源共享的现代化综合服务系统。计算机网络系统可分为三个部分，即硬件系统、软件系统、网络信息系统。

（1）硬件系统。

硬件系统是计算机网络的基础。硬件系统由计算机、通信设备、连接设备及辅助设备组成。硬件系统中设备的组合形式决定了计算机网络的类型。下面介绍几种计算机网络中常用的硬件设备。

- 服务器：是一台速度快、存储量大的计算机，是网络系统的核心设备，负责网络资源管理和用户服务，如图 5-4 所示。服务器可分为文件服务器、远程访问服务器、数据库服务器、打印服务器等，是一台专用或多用途的计算机。在互联网中，服务器之间互通信息，相互提供服务，每台服务器的地位是同等的。服务器需要专门的技术人员对其进行管理和维护，以保证整个网络的正常运行。

- 工作站：是具有独立处理能力的计算机，是用户向服务器申请服务的终端设备，如图 5-5 所示。用户可以在工作站上处理日常工作，并随时向服务器索取各种信息及数据，请求服务器提供各种服务（如传输文件、打印文件等）。

图 5-4　服务器

图 5-5　工作站

- 网卡：又称为网络适配器，是计算机和计算机之间直接或间接传输信息互相通信的接口，它插在计算机的扩展槽中，如图 5-6 所示。一般情况下，无论是服务器还是工作站都应安装网卡。网卡的作用是将计算机与通信设施相连接，将计算机的数字信号转换成通信线路能够传送的电子信号或电磁信号。网卡是物理通信的瓶颈，它的好坏直接影响用户将来的软件使用效果和物理功能的发挥。目前，常用的有 10Mbps、

100Mbps 和 10Mbps/100Mbps 自适应网卡，网卡的总线形式有 ISA 和 PCI 两种。

- 调制解调器：是一种信号转换装置，可以把计算机的数字信号"调制"成通信线路的模拟信号，将通信线路的模拟信号"解调"回计算机的数字信号，如图 5-7 所示。调制解调器的作用是将计算机与公用电话线相连接，使得现有网络系统以外的计算机用户能够通过拨号的方式利用公用电话网访问计算机网络系统。这些计算机用户被称为计算机网络的增值用户，增值用户的计算机上可以不安装网卡，但必须配备一个调制解调器。

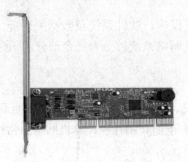

图 5-6　网卡　　　　　　　　　　　图 5-7　调制解调器

- 交换机：是局域网中使用的连接设备，具有多个端口，可连接多台计算机，如图 5-8 所示。在局域网中常以交换机为中心，用双绞线将所有分散的工作站与服务器连接在一起，在网络上的某个节点发生故障时，不会影响其他节点的正常工作。目前，交换机的传输速率有 10Mbps/100Mbps 自适应、1000Mbps 等。其他常见的还有电话语音交换机、光纤交换机等。

- 路由器：是互联网中使用的连接设备，可以将两个网络连接在一起组成更大的网络，如图 5-9 所示。被连接的网络可以是局域网也可以是互联网，连接后的网络都可以称为互联网。路由器不仅有网桥的全部功能，还具有路径选择功能。路由器可根据网络上信息拥挤的程度自动地选择适当的线路传递信息。在互联网中，两台计算机之间传送数据的通路会有很多条，数据包（或分组）从一台计算机出发，中途要经过多个站点才能到达另一台计算机。这些中间站点通常是由路由器组成的，路由器的作用就是为数据包（或分组）选择一条合适的传送路径。用路由器隔开的网络属于不同的局域网地址。

图 5-8　交换机　　　　　　　　　　　图 5-9　路由器

（2）软件系统。

计算机网络中的软件按其功能可划分为数据通信软件、网络操作系统和网络应用软件。

- 数据通信软件：是指按照网络协议的要求完成通信功能的软件。
- 网络操作系统：是指能够控制和管理网络资源的软件。网络操作系统的功能作用在两个级别上：在服务器机器上，为服务器上的任务提供资源管理；在每个工作站机器上，向用户和应用软件提供一个网络环境的"窗口"。这样，向网络操作系统的用户和管理人员提供一个整体的系统控制能力。网络服务器操作系统要完成目录管理、文件管理、安全性、网络打印、存储管理、通信管理等主要服务。工作站的操作系统软件主要完成工作站任务的识别和与网络的连接。即首先判断应用程序提出的服务请求是使用本地资源还是使用网络资源。若使用网络资源则需要完成与网络的连接。常用的网络操作系统有：Netware、Windows Server（如图 5-10 所示）、UNIX 和 Linux 等。

图 5-10　Windows Server 2008

- 网络应用软件：是指网络中能够为用户提供各种服务的软件，如浏览查询软件、传输软件、远程登录软件、电子邮件等，如图 5-11 所示。

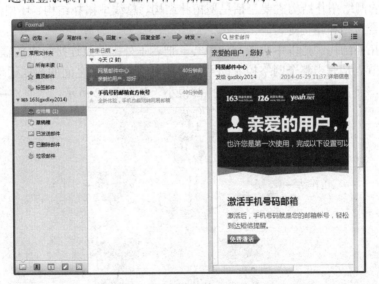

图 5-11　电子邮件软件——Foxmail 7

（3）网络信息系统。

网络信息系统是指以计算机网络为基础开发的信息系统，如各类网站、基于网络环境的管理信息系统等。

4. 计算机网络的功能

计算机网络的功能主要体现在 3 个方面：信息交换、资源共享、分布式处理。

（1）信息交换。

这是计算机网络最基本的功能，它为分布在各地的用户提供了强有力的通信手段。用户可以在网上传送电子邮件、发布新闻消息、进行电子购物和电子贸易、享受远程电子教育等，极大地方便了用户，提高了工作效率。

（2）资源共享。

网络上的计算机不仅可以使用自身的资源，也可以共享网络上的资源。所谓资源是指构成系统的所有要素，包括软硬件资源。例如，在硬件方面，可以在全网范围内提供对处理资源、存储资源、输入输出资源等的共享，特别是一些较高级和昂贵的设备，如巨型计算机、具有特殊功能的处理部件、大型绘图仪、大容量的外部存储器等，这样可提高硬件的利用率，从而使用户节省投资，也便于集中管理，均衡分担负荷；在软件方面，允许互联网上的用户远程访问各种类型的数据库，可以得到网络文件传送服务等，这样提高了软件的利用率，从而可以避免软件研制上的重复劳动以及数据资源的重复存储，也便于集中管理。

（3）分布式处理。

一项复杂的任务可以划分成许多部分，由网络内的各计算机分别完成有关部分，使整个系统的性能大为增强。

5.1.2　计算机网络的拓扑结构和传输介质

1. 网络拓扑结构

网络拓扑结构是指用传输媒体互连各种设备的物理布局或者其相互连接的方法与形式。将参与 LAN 工作的各种设备用媒体互连在一起有很多种方法，但实际上比较实用的方法并不多，目前常见的网络拓扑结构主要包括星型拓扑结构、总线型拓扑结构、环型拓扑结构、树型拓扑结构和混合型拓扑结构等。

- 星型拓扑结构：是以中央节点为中心，把若干外围节点连接起来的辐射式互连结构。中央节点是充当整个网络控制的主控计算机，各工作站之间的数据通信必须通过中央节点，而各个站点的通信处理负担都很小，如图 5-12 所示。

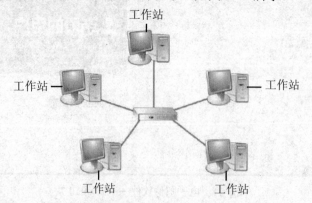

图 5-12　星型拓扑结构

- 总线型拓扑结构：是目前局域网中采用最多的一种拓扑结构，它采用一个信道作为传输媒体，所有站点通过相应的硬件接口连到这一公共传输媒体（或称总线）上，如图

5-13 所示。任意一个节点发送的信号都沿着传输媒体传播，而且能被其他节点接收。因为所有站点共享一条公用的传输信道，所以一次只能由一个设备传输信号。

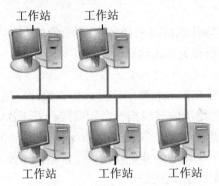

图 5-13　总线型拓扑结构

- 环型拓扑结构：是由站点和连接站点的链路组成的一个闭合环，如图 5-14 所示。每个站点能够接收从一条链路传来的数据，并以同样的速度串行地把该数据沿环送到另一端链路上。这种链路可以是单向的，也可以是双向的。

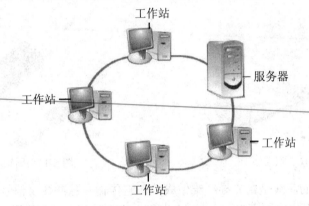

图 5-14　环型拓扑结构

- 树型拓扑结构：是从总线型拓扑结构演变而来的，一般采用同轴电缆作为传输介质。与总线型拓扑结构相比，主要区别在于树型拓扑结构中有"根"，树根下有多个分支，每个分支还可以有子分支，树叶是站点。当站点发送数据时，由根接收信号，然后再重新广播发送到全网，如图 5-15 所示。

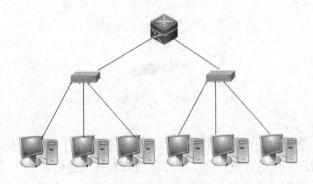

图 5-15　树型拓扑结构

- 混合型拓扑结构：是将多种拓扑结构的局域网连在一起而形成的，综合了不同拓扑结构的优点。

2．网络传输介质

传输介质就是通信中实际传送信息的载体，在网络中是连接收发双方的物理通路。常见的传输介质分为有线传输介质和无线传输介质两种。

（1）有线传输介质。

有线传输介质可以传输模拟信号和数字信号，如双绞线、细/粗同轴电缆、光缆。

- 双绞线：是两条相互绝缘的导线按一定距离绞合若干次，使得外部的电磁干扰降到最低限度，以保护信息和数据，如图 5-16 所示。双绞线的广泛应用比同轴电缆要迟得多，但由于它提供了更高的性能价格比，而且组网方便，成为现在应用最广泛的铜基传输媒体，缺点是传输距离受限。

- 同轴电缆：同轴电缆的核心部分是一根导线，导线外有一层起绝缘作用的塑性材料，再包上一层金属网，用于屏蔽外界的干扰，最外面是起保护作用的塑性外套，如图 5-17 所示。同轴电缆的抗干扰特性强于双绞线，传输速率与双绞线类似，但它的价格接近双绞线的两倍。

图 5-16　双绞线

图 5-17　同轴电缆

- 光缆：光缆的芯线是由光导纤维做成的，它传输光脉冲数字信号。光纤通信损耗低、频带宽、数据传输速率高、抗电磁干扰强、安全性好，但是价格昂贵，主要用于高速、大容量的通信干线等。室内光纤如图 5-18 所示。

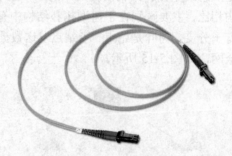

图 5-18　室内光纤

（2）无线传输介质。

无线传输是指在空间中采用无线频段、红外线激光等进行传输，不需要使用线缆传输，不受固定位置的限制，可以全方位实现三维立体通信和移动通信。

目前主要用于通信的无线传输介质有：无线电波、微波、红外线、激光。无线局域网通常采用无线电波和红外线作为传输介质。

5.1.3 了解计算机网络协议

计算机网络的最大特点是通过不同的通信介质把不同厂家、不同操作系统的计算机和其他相关设备（如打印机、传感器等）连接在一起，打破时间和空间的界限，共享软硬件资源并进行信息传输。然而，如何实现不同传输介质上的不同软硬件资源之间的通信共享呢？这就需要计算机与相关设备按照相同的协议，也就是通信规则的集合来进行通信。这正如人类进行通信、交谈时要使用相同的语言一样。

网络协议（Network Protocol）是指计算机网络中互相通信的对等实体间交换信息时所必须遵守的规则的集合。当前的计算机网络的体系结构是以 TCP/IP 协议为主的 Internet 结构。

TCP/IP 协议是互联网上广泛使用的一种协议，使用 TCP/IP 协议的 Internet 等网络提供的主要服务有：电子邮件、文件传送、远程登录、网络文件系统、电视会议系统和万维网。TCP/IP 模型分为 4 个层次，每个层次包含了各自具体的功能和所使用的协议，如表 5-1 所示。

表 5-1 TCP/IP 协议集

模型层次	使用的协议
应用层	Telnet、FPT、SMTP、DNS、HTTP 及其他应用协议
传输层	TCP、UDP
网络层	IP、ARP、RARP、ICMP
网络接口层	各种通信网络接口

- 应用层：提供各种应用程序。
- 传输层：提供可靠的传输服务，确保数据无差错地到达。
- 网络层：接收来自传输层的请求，将带有目的地址的分组分发出去。
- 网络接口层：提供各种局域网接口的标准。

5.1.4 了解局域网的基本概念

局域网通常是分布在一个有限地理范围内的网络系统，一般所涉及的地理范围只有几公里。局域网专用性非常强，具有比较稳定和规范的拓扑结构。它可以通过数据通信网或专用数据电路与远方的局域网、数据库或处理中心相连接，构成一个较大范围的信息处理系统。局域网可以实现文件管理、应用软件共享、打印机共享、扫描仪共享、工作组内的日程安排、电子邮件和传真通信服务等功能。

1. 局域网的组成

（1）网络软件。

网络软件包括网络操作系统和网络协议。

- 网络协议：是指通信双方事先约定的通信规则，如 TCP/IP。
- 网络操作系统：具有代表性的产品有 UNIX、Novell 公司的 Netware、Microsoft 公司的 Windows Server。

（2）局域网络硬件。

局域网络的硬件组成包括服务器、工作站（即 PC 机）、网卡、交换机、连接电缆、网间连接器（网桥、路由器和网关等）几部分。若没有服务器，只有几台装有操作系统的 PC 机也可以组成"对等网"。

2. 局域网的特点

- 传输速率较高，可达 1000Mbps。
- 通信质量较好，错误率低。
- 支持多种介质：双绞线、光纤、同轴电缆。
- 可扩充性好。

5.2 Internet 及其应用

5.2.1 Internet 的概念

1. Internet 的定义

Internet（因特网）是继报纸、杂志、广播、电视这四大媒体之后的一种新兴的信息载体。以前的媒体主要是通过被动接收的方式，不能因为我们的主观需要而改变。现在，我们有了互联网，它给我们带来了信息界的革命，即允许我们主动地参与，而不是被动地接收信息。接踵而至的是网上学园、网上游戏、网上阅读、网上购物等新鲜事物，只要是你想得到的服务，网络都会为你提供并完善它。

互联网从硬件角度讲是世界上最大的计算机互联网络（Internet），它连接了全球不计其数的网络与计算机，也是世界上最为开放的系统。它也是一个实用而且有趣的巨大信息资源，允许世界上数以亿计的人们进行通信和共享信息。互联网仍在迅猛发展，并在发展中不断得到更新和被重新定义。

2. Internet 在中国的发展

互联网在中国的发展历程可以大略地划分为三个阶段：

（1）第一阶段为 1986 年 6 月至 1994 年 3 月，是研究试验阶段（E-mail Only）。

在此期间中国一些科研部门和高等院校开始研究 Internet 联网技术，并开展了科研课题和科技合作工作。这个阶段的网络应用仅限于小范围内的电子邮件服务，而且仅为少数高等院校、研究机构提供电子邮件服务。

（2）第二阶段为 1994 年 4 月至 1996 年，是起步阶段（Full Function Connection）。

1994 年 4 月，中关村地区教育与科研示范网络工程进入互联网，实现和 Internet 的 TCP/IP 连接，从而开通了 Internet 全功能服务。从此中国被国际上正式承认为有互联网的国家。之后，CHINANET、CERNET、CSTNET、CHINAGBN 等多个互联网络项目在全国范围相继启动，互联网开始进入公众生活，并在中国得到了迅速的发展。1996 年底，中国互联网用户数已达 20 万，利用互联网开展的业务与应用逐步增多。

（3）第三阶段从 1997 年至今，是快速增长阶段。

国内互联网用户数 1997 年以后基本保持每半年翻一番的增长速度。增长到今天，上网用户已超过 2000 万。据中国互联网络信息中心（CNNIC）公布的统计报告显示，截至 2011 年 6 月底，中国网民规模达到 4.85 亿。

目前我国有 10 家网络运营商（即十大互联网络单位），有 200 家左右具备跨省经营资格的网络服务提供商（ISP）。十大互联网络单位分别是：

- 中国公用计算机互联网（CHINANET）
- 中国科技网（CSTNET）
- 中国教育和科研计算机网（CERNET）
- 中国金桥信息网（CHINAGBN）（已并入网通）
- 中国联通互联网（UNINET）
- 中国网通公用互联网（CNCNET）
- 中国移动互联网（CMNET）
- 中国国际经济贸易互联网（CIETNET）
- 中国长城互联网（CGWNET）
- 中国卫星集团互联网（CSNET）

5.2.2　IP 地址与域名地址

1. IP 地址

（1）IP 地址的定义。

在网络中，主机的识别依靠地址，所以 Internet 在统一全网的过程中，首先要解决地址统一问题。Internet 采用一种全局通用的地址格式，为全网的每一个网络和每一台主机都分配一个 Internet 地址，这个地址就是 IP 地址。IP 协议的一项重要功能就是处理在整个 Internet 网络中使用统一的 IP 地址。

IP 地址是一个 32 位的二进制数，为方便记忆，通常用四组由圆点分隔的十进制数字表示，其中每一组数字都在 0～255 之间。如 220.181.29.153 就是某个门户网站服务器的 IP 地址。

（2）IP 地址的设置。

右击桌面右下角的 Internet 访问图标打开"网络和共享中心"窗口，右击"本地连接"并选择"属性"命令，弹出"Internet 协议版本 4（TCP/IPv4）属性"对话框，选择"使用下面的 IP 地址"单选项，分别填写 IP 地址、子网掩码、默认网关、DNS 服务器，如图 5-19 所示。

2. 域名 DN（Domain Name）

（1）域名的定义。

IP 地址难于记忆，也可以用另一种直观的文字名称来表示主机（服务器），这个名称叫域名。域名可以通过域名管理系统 DNS（Domain Name System）翻译成对应的数字型 IP 地址。

一个 IP 地址可以对应一个域名，也可以对应多个域名，是一对多的关系。域名采用分层

图 5-19　设置 IP 地址

结构，最多由 25 个子域名组成，它们之间用圆点隔开。除了主机名称、网站名称以外，域名的结尾一般为代表国家、地区或网站性质的"顶级域名"。

例如新浪网站的 WWW 服务器的 IP 地址为 218.30.66.101，对应的域名为 www.sina.com.cn。

（2）域名的分类。

Internet 最高域名被授权由 DDNNIC 登记。最高域名在美国用于区分机构，在美国以外用于区分国别或地域。

1）以机构区分的域名，如表 5-2 所示。

表 5-2　以机构区分的域名

域名	机构
com	商业网
gov	政府机构
mil	军事网
edu	教育网
net	网络机构
org	机构网

2）以国别或地域区分的域名，如表 5-3 所示。

表 5-3　以国别或地域区分的域名

域名	国家
cn	中国
us	美国
fr	法国
uk	英国
es	西班牙
nz	新西兰
my	马来西亚

提示：在 WWW 上，每一信息资源都有在网上唯一的地址，该地址就是 URL（Uniform Resource Locator，统一资源定位符，又称为网址），它是 WWW 的统一资源定位标志。URL 由三部分组成：资源类型、存放资源的主机域名、资源文件名。例如http://www.tsinghua. edu.cn/top.html，http 表示该资源类型是超文本信息协议，www.tsinghua.edu.cn 是清华大学的主机域名，top.html 为资源文件名。

http 是超文本传输协议，与其他协议相比，http 协议简单、通信速度快、时间开销少，而且允许传输任意类型的数据，包括多媒体文件，因而在 WWW 上可方便地实现多媒体浏览。此外，URL 还使用 Gopher、Telnet、FTP 等标志来表示其他类型的资源。Internet 上的所有资源都可以用 URL 来表示。

5.2.3　Internet 的基本服务

1．网络通信服务

（1）电子邮件（E-mail）。

通过电子邮件服务，互联网用户可以向互联网上的任何人发送和接收任何数据类型的信息。

用户信件可以在几秒到几分钟之内送往分布在世界各地的邮件服务器中，那些拥有电子邮件地址的收件人可以随时取阅。这些信件可以是文本，也可以含有图片、声音或其他程序产生的文件。用户还可以通过电子邮件订阅各种电子新闻杂志等，它们将定时投递到指定的电子信箱中。

（2）文件传输 FTP。

文件传输 FTP 服务允许用户从一台计算机向另一台计算机复制文件。有很多各种类型的数据及软件存放在免费供给大家使用的开放的网站服务器上。互联网用户可以通过 FTP 下载最新的免费软件和各种数据，网上图书馆就是一例。

（3）远程登录 Telnet。

远程登录使用户的 PC 机成为远程主机的一个终端，从而可以主机的强大功能进行复杂的处理。

（4）浏览与检索：利用 WWW 实现网上漫游与信息查找服务。

WWW（World Wide Web，译为环球网、万维网、3W 网）源于欧洲粒子物理研究中心（CERN），它拥有图形用户界面，使用超文本结构链接。客户只需懂得在 PC 机上用鼠标点击，很快就会学会 Web，在其上浏览信息、漫游，并如专家使用一样。所以对新一代的互联网用户来说，Internet 与 Web 是同一个词。

（5）网络电话（Web Phone）。

利用网络线路，可以实现只付市话费用就可以拨打国际长途。如果再加上一个摄像头，则还能看到对方的活动。skype 就是此类软件，如图 5-20 所示。

图 5-20　skype 软件

2．信息交流服务

（1）网络新闻 Usenet。

网络新闻 Usenet 又称 NetNews，它是一个讨论组的系统，各篇内容分布于整个世界中。Usenet 拥有许多个新闻组（Newsgroup），可以为请求的每一位用户提供业余爱好、政治乃至计算机等各领域的信息，还提供了可供大众交流思想、信息和看法的论坛。

用户可以随时与新闻组通信，也可以转到其他新闻组去阅读别人谈论的话题，还可以提问、解答或发表看法。

（2）即时通讯工具。

如 QQ、网络会议（NetMeeting）、LINE、MSN 等，可以实现一对一、一对多或多对多的在线视频或语音交流，也可传递文件。

（3）博客（blog）或微博。

博客（blog）即网络日志，是一种表达个人思想（主要以文字和图片形式）、网络链接、内容，按照时间顺序排列，并且不断更新的信息发布方式。

微博是一个基于用户关系的信息分享、传播以及获取平台，用户可以通过 Web、Wap 以及各种客户端组件个人社区，以 140 字左右的文字更新信息，并实现即时分享。最早也是最著名的微博是美国的 Twitter。

（4）Facebook（称"脸谱网"或"脸书"）。

Facebook 是一个社交网络服务网站，和博客等差不多。每个用户在 Facebook 上有自己的档案和个人页面。用户之间可以通过各种方式发生互动：留言、发站内信、评论日志。Facebook 还提供方便快捷的聚合功能，帮助用户找到和自己有共同点的人，同时还提供其他特色栏目。

3．网上商务

包括广告、销售、银行、医院、民航、企业等行业，都可以利用网络进行交易。

4．教育

用户可以进行远程教育、网上阅读等。

5．娱乐

（1）连网游戏，即在线游戏（Online Game）。

在互联网上你可以与一个远隔重洋的人下棋，也可以与分布在世界各个角落的人玩多人游戏，如 QQ 游戏。

（2）虚拟时空（Virtual Reality）。

随着三维动画及虚拟现实技术的不断完善，在计算机世界里创造了越来越逼真的现实环境，形成了另外一个时空概念。用户可以在这里交友、购物、玩游戏、旅游观光，从事现实生活中存在的或虚拟出来的各项活动。

（3）在网上接收音乐、电影、电视，如电视点播。

5.2.4　Internet 的应用

1．Internet Explorer 浏览器的使用

（1）Internet Explorer 的启动。

IE（Internet Explorer）浏览器是 Windows 系统中自带的工具软件，无需安装即可使用，所以平时用户使用最多的还是 IE 浏览器，在掌握上述 Internet 基础知识后，下面详细介绍 Internet Explorer 的使用。

选择"开始"→"所有程序"→Internet Explorer 命令，启动 Internet Explorer 8。

和一般浏览器的窗口相似，Internet Explorer 8 的窗口也有标题栏、工具栏、菜单栏等，如图 5-21 所示。下面简单介绍一下 IE 窗口中的地址栏、链接栏、浏览框和状态栏。

- 地址栏：用于输入需要访问的地址和文件名。
- 链接栏：包括几个 Microsoft 主页的按钮。
- 浏览框：显示当前浏览的主页内容。
- 状态栏：显示当前状态及提示信息。

图 5-21　Internet Explorer 8 的窗口

在计算机已经与 Internet 连接的情况下，在地址栏中输入网址，如新浪门户网站的网址 http://www.sina.com.cn，并按回车键，即可连接到该主页。地址栏实际上是一个下拉列表框，除了输入地址外，也可以在下拉列表框中选择一个以前曾经浏览过的站点的网址，如图 5-22 所示。

图 5-22　IE 的地址栏

在浏览网页的时候，单击工具栏中的 按钮，可以回到刚才浏览过的页面；单击 按钮可以又返回后退之前的页面；单击 ✕ 按钮停止连接；单击 按钮刷新页面。

（2）收藏夹的使用。

如果遇到喜欢的网页，可以把网页添加到收藏夹，操作步骤如下：

1）打开要放入收藏夹的网页，单击页面左上角的"收藏夹"按钮，在下拉列表中选择"添加到收藏夹"（或右击要收藏的网页，在弹出的快捷菜单中选择"添加到收藏夹"命令），弹出如图 5-23 所示的对话框。

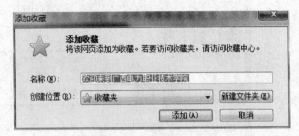

（a）IE 收藏夹　　　　　　　　　（b）"添加收藏"对话框

图 5-23　收藏夹的使用

2）在"名称"文本框中输入文件名，在"创建位置"下拉列表框中选择该文件收藏的位置，如果没有显示"创建位置"，则单击"创建位置"按钮。

3）单击"新建文件夹"按钮，可以新建一个文件夹，以保存该网页。

4）单击"确定"按钮，即可把选定的网页保存到指定的位置。

（3）保存网页。

使用 Internet Explorer 8 可以非常方便地保存网页，操作步骤如下：

1）选择需要保存的网页并打开，单击页面右上角的 页面(P)▼ 按钮，在下拉列表中选择"另存为"菜令（如图 5-24 所示），弹出"保存网页"对话框，如图 5-25 所示。

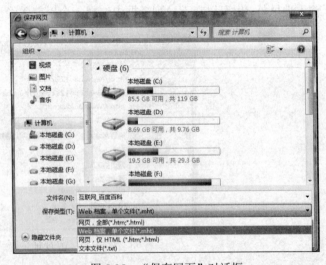

图 5-24　保存网页　　　　　　　　图 5-25　"保存网页"对话框

2）在地址下拉列表框中选择保存的位置，在"文件名"文本框中输入要保存文件的名字，在"保存类型"下拉列表框中选择一种文件类型。如果只需保存网页中的文字，则选择"文本文件（*.txt）"类型。

3）单击"保存"按钮，将选定的内容保存到计算机上。

提示：如果只需要保存网页中的图片，可以直接在图片上右击并选择"图片另存为"命令（如图 5-26 所示），在弹出的对话框中选择保存的路径，输入要保存文件的名字，在"保存类型"下拉列表框中选择保存图片的类型，最后单击"保存"按钮，将图片保存到计算机上。

也可以不打开网页将其快速保存，方法是：在要保存的链接上右击，在弹出的快捷菜单中选择"目标另存为"命令，弹出"另存为"对话框，选择路径并输入文件名，单击"保存"按钮，即可保存选定的链接。

2．收发电子邮件

（1）电子邮件概述。

电子邮件是一种用电子手段提供信息交换的通信方式，是互联网中应用最广的服务。通过网络

图 5-26　保存网页上的图片

中的电子邮件系统，用户可以非常低廉的价格（不管发送到哪里，都只需负担网费）、非常快速的方式（几秒钟之内可以发送到世界上任何指定的目的地）与世界上任何一个角落的网络用户联系。

电子邮件可以是文字、图像、声音等多种形式。同时，用户可以得到大量免费的新闻、专题邮件，并实现轻松的信息搜索。电子邮件的存在极大地方便了人与人之间的沟通与交流，促进了社会的发展。

1）电子邮件的特点。

电子邮件是 Internet 的一个重要组成部分，是交流信息的重要工具。它具有以下特点：

- 快捷：相对于传统的信件来说，电子邮件最突出的优点就是快捷，在短短的几秒钟之内就可以将信件传递到收件人手中。
- 经济：发送电子邮件所需的费用很少，用户只需支付相应的上网费用即可。
- 多功能：通过电子邮件既可以发送纯文本文件，还可以发送具有多媒体功能的信件。
- 灵活：电子邮件不受地域的限制，只要能连到 Internet 上就可以处理信件。

2）邮件协议。

任何通信系统都需要一个能够相互交流的协议，在电子邮件中最常用的协议就是 SMTP 协议和 POP3 协议。SMTP 协议是一个"存—转"协议，主要功能是把用户要传递的信息存放到"邮局"里，然后"邮局"再把邮件传递到目的地。所有的邮件系统都支持 SMTP 协议。POP3 协议是一个收信协议，主要功能是把"邮局"中的信件取出来。某些具有赠送性质的邮件服务器有可能不支持这种协议，如报纸等信息，它支持实时信息系统，也就是用户必须在线才可能读到相关的信息。

3）电子邮件地址包括三个部分：用户名、@和域名。如，gxdlxy2014@163.com，gxdlxy2014 是用户名，@是一种邮件通用协议符号，163.com 是一个提供邮件服务的服务器域名。一封完整的电子邮件一般包括"收件人"、"主题"和"正文"。

（2）申请邮箱及使用 IE 发送电子邮件。

在给对方发送邮件之前，需要先申请一个属于自己的电子邮箱。目前国内提供电子邮件服务的网站数以百计，现以网易电子邮箱（163.com）为例来介绍申请电子邮箱的方法。

1）在 IE 浏览器的地址栏中输入网易电子邮件的网址 http://mail.163.com，按回车键，稍后浏览器将显示网易电子邮件的首页，如图 5-27 所示。

图 5-27　网易电子邮件首页

2）单击"注册网易免费邮箱"链接，打开邮箱注册页面，按照要求填写邮件地址、密码、验证码等，如图 5-28 所示，填写完成后单击"立即注册"按钮完成免费邮箱的申请。

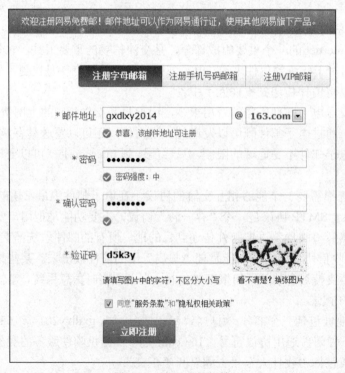

图 5-28　注册网易邮箱

若注册成功，页面便直接跳转至邮箱的首页，可以收发邮件了，如图 5-29 所示。

图 5-29　邮箱首页

（3）使用专业软件收发邮件。

收发电子邮件既可以登录电子邮箱网页完成，也可以通过专门的电子邮件收发软件如 Outlook 2013、网易闪电邮、Foxmail 等来实现，如图 5-30 和图 5-31 所示。前者操作简便，无须设置，但要求整个收发电子邮件的操作过程必须在连接因特网状态下进行；后者需要先安装软件，并做相应的软件设置才可以使用，使用时可以先把邮件从邮件服务器上下载到本地计算机后再阅读，只有收邮件与发邮件要连接因特网，写邮件与读邮件均可以离线完成。

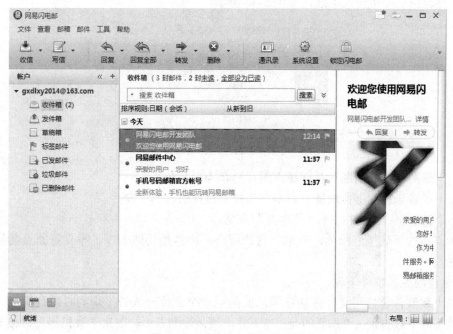

图 5-30　网易闪电邮软件界面

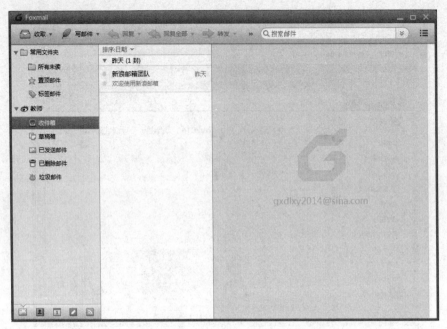

图 5-31　Foxmail 7.2 软件界面

3. 文件的传输与下载

下载（Download）是通过网络进行文件传输，把互联网或其他电子计算机上的信息保存到本地计算机上的一种网络活动。下载可以显式或隐式地进行，只要是获得本地计算机上所没有的信息的活动都可以认为是下载，如在线观看。

（1）直接下载。

在浏览过程中，只要点击需要下载的链接，浏览器就会自动启动下载，只要给下载的文件找一个存放路径即可正式下载，如图 5-32 所示。

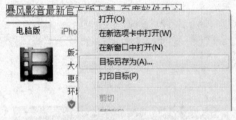

图 5-32　直接下载

- 下载图片：右击图片并选择"图片另存为"命令。
- 下载音乐：在链接地址上右击并选择"目标另存为"命令。
- 下载网页："文件"→"另存为"命令。

这种方式的下载虽然简单，但也有它的弱点，那就是功能太少、不支持断点续传、下载速度较慢。

（2）使用工具软件下载。

专业下载软件常使用文件分切技术，就是把一个文件分成若干份同时进行下载，下载软件会比浏览器下载得快；更重要的是，当下载出现故障断开后，下次下载仍旧可以接着上次断开的地方下载，即断点续传。

常用的下载软件有 Netants（网络蚂蚁）、FlashGet（网际快车）、Net Transport（网络传送带）、Thunder（迅雷）、BitComet（比特彗星）、eMule（电驴）等，如图 5-33 和图 5-34 所示。

图 5-33　迅雷软件界面

图 5-34　浏览器自带的下载工具

如果计算机系统上已经安装了上述的某种软件，则可以直接在下载页面中选择下载的方式，启动相应的软件进行下载，如图 5-35 所示。

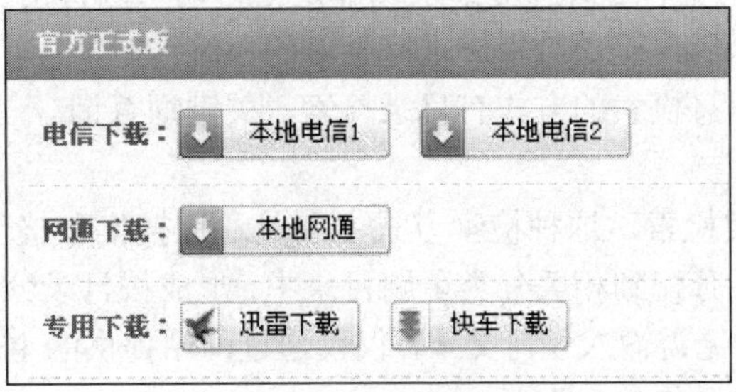

图 5-35　选择下载方式

5.3　网络信息获取

5.3.1　信息概述

1．信息的概念

信息是通过符号（如文字、图像等）、信号（如有某种含义的动作、光电信号等）等具体形式表现出来的内容。

2．信息技术

人类社会之所以如此丰富多彩，都是信息和信息技术一直持续进步的必然结果。信息技术是研究信息的获取、传输和处理的技术，由计算机技术、通信技术、微电子技术、传感技术结合而成，有时也叫做"现代信息技术"。也就是说，信息技术是利用计算机进行信息处理，利用现代电子通信技术从事信息采集、存储、加工、利用以及相关产品制造、技术开发、信息服务的新学科。

现在处于信息爆炸的时代，信息传播多样化、快捷化，随时更新的各种媒体在人们的视线中进进出出，网络已经成为人们接收信息的主要方式，微博、QQ、BBS 等各种信息充斥其中，而如何从中选择出自己需要的信息，就成为现代人必须具备的能力。网络中信息量大、信息庞杂，利用搜索引擎筛选有用的信息是必须掌握的，这可以减少大量的时间浪费，节省人力。

5.3.2　网络信息资源检索

随着信息技术的发展，互联网上的信息成爆炸式增长，越来越多的人通过互联网获取信息。然而在这样充满信息的网络世界里，如何能够快速而精确地找到自己想要的信息呢？

1．网址导航网站

导航网站又称网址导航网站，网址导航就是一个集合较多网址，并按照一定条件进行分类的网址站。网址导航网站方便用户快速找到自己需要的网站，而不用去记住各类网站的网址，即可直接进到所需的网站。现在的网址导航网站一般还提供常用查询工具、邮箱登录、搜索引擎入口，有的还有热点新闻等功能。

常见的网址导航网站有网址之家（http://www.hao123.com）、360 安全网址（http://hao.360.cn）等，如图 5-36 和图 5-37 所示。

2．搜索引擎

搜索引擎是万维网环境中的信息检索系统，是指自动从因特网上搜集并保存信息，并按照一定的规则进行编排以后，提供给用户进行查询的系统。

利用搜索引擎进行信息检索的方式有目录检索、关键词查询。

（1）目录检索。

目录检索也称为分类检索，这种检索方式主要是通过搜集和整理各种网络信息，根据搜集到的网页内容将其网址分配到相关分类主题目录中，形成按目录分类的网页链接列表。在进行目录检索时，用户完全无需输入任何文字，仅仅通过网站提供的主题分类目录，层层点击进入，就可以找到所需要的网络信息资源。

图 5-36　网址之家

图 5-37　360 安全网址

目前提供目录检索服务的网站中最具代表性的是新浪（http://www.sina.com.cn），如图 5-38 所示。另外搜狐（http://www.sohu.com）、网易（http://www.163.com）、腾讯（http://www.qq.com/）搜索也都属于这一类。

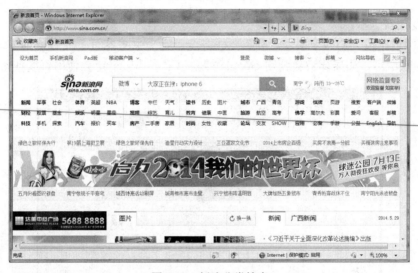

图 5-38　新浪分类搜索

（2）关键词查询。

关键词查询是指利用指定的关键词进行信息查询的方法。用户在搜索引擎中输入要查找的关键词后，搜索引擎会按照关键词搜索数据库，并且将搜索结果以页面的形式反馈给用户。

目前很多大型网站都提供关键词查询服务，最具代表性的搜索引擎为谷歌（http://www.google.com.hk/）和百度（http://www.baidu.com/）。

1）Google 搜索引擎。

Google 搜索引擎是 Internet 上使用非常广泛的搜索工具，它搜集的信息资源主要是大量的站点地址，其信息组织方式已经被人们普遍接受。网站经过精心分类，组成基于列表的主题索引系统，每个主题又分为若干个子主题，以便挑选自己感兴趣的站点。

Google 还接受用户的随机查询，在搜索栏中输入要查找的单词或者短语，然后单击"Google 搜索"按钮，搜索结果就出现在浏览区，如图 5-39 所示。

图 5-39　Google 网站首页

2）百度搜索引擎。

百度是国内比较大的搜索引擎，分类比较齐全，完全中文界面，与 Google 有很多相似之处，如图 5-40 所示。如果读者会使用 Google 搜索引擎，那么一定会使用百度搜索引擎。

图 5-40　百度网站首页

5.4　信息安全与计算机病毒防治

5.4.1　计算机信息安全的重要性

1. 信息安全概述

信息安全是指信息网络的硬件、软件及其系统中的数据受到保护，不因偶然的或者恶意的原因而遭到破坏、更改、泄露，系统连续可靠正常地运行，信息服务不中断。信息安全主要包括五方面的内容，即需要保证信息的保密性、真实性、完整性、未授权拷贝和所寄生系统的安全性。

信息安全是任何国家、政府、部门、行业都必须十分重视的问题，是一个不容忽视的国家安全战略。信息安全本身包括的范围很大，大到国家军事政治等机密安全，小到如防范商业企业机密泄露、防范青少年对不良信息的浏览、个人信息的泄露等。网络环境下的信息安全体系是保证信息安全的关键，包括计算机安全操作系统、各种安全协议、安全机制（数字签名、信息认证、数据加密等）、安全系统，其中任何一个安全漏洞便可以威胁全局安全。

信息安全是一门涉及计算机科学、网络技术、通信技术、密码技术、信息安全技术、应用数学、数论、信息论等多种学科的综合性学科。传输信息的方式很多，有局域计算机网、互联网和分布式数据库，有蜂窝式无线、分组交换式无线、卫星电视会议、电子邮件及其他各种传输技术。信息在存储、处理和交换的过程中，都存在泄密或被截收、窃听、篡改和伪造的可能性。不难看出，单一的保密措施已很难保证通信和信息的安全，必须综合应用各种保密措施，即通过技术的、管理的、行政的手段，实现信源、信号、信息三个环节的保护，以达到保护信息安全的目的。

2．计算机犯罪的概念

所谓计算机犯罪，是指行为人以计算机作为工具或以计算机资产作为攻击对象实施的严重危害社会的行为。由此可见，计算机犯罪包括利用计算机实施的犯罪行为和把计算机资产作为攻击对象的犯罪行为。

3．计算机犯罪的特点

- 犯罪智能化。
- 犯罪手段隐蔽。
- 跨国性。
- 犯罪目的多样化。
- 犯罪分子低龄化。
- 犯罪后果严重。

4．计算机犯罪的手段

- 制造和传播计算机病毒。
- 数据欺骗。
- 特洛伊木马。
- 意大利香肠战术。
- 超级冲杀。
- 活动天窗。
- 逻辑炸弹。
- 清理垃圾。
- 数据泄漏。
- 电子嗅探器。

除了以上作案手段外，还有社交方法、电子欺骗技术、浏览、顺手牵羊和对程序、数据集、系统设备的物理破坏等犯罪手段。

5.4.2　计算机信息安全技术

一直以来，计算机病毒、文件误删除、互联网黑客和恶意程序等安全问题都困扰着投入个人计算机怀抱的人群。如何让自己的系统坚固无比，如何让自己的应用稳如泰山？因此，有必要对计算机安全的各个方面给予充分的注意，提高自身的应用水平，维护系统的正常运行。

1.　计算机信息安全技术概述

计算机信息安全技术包括如下几方面的含义：

（1）保密性（Confidentiality）。信息或数据经过加密变换后，将明文变成密文形式，表面上无法识别，只有那些经过授权的合法用户，掌握了密钥，才能通过解密算法将密文还原成明文。而未授权的用户因为不知道密钥而无法获得原明文的信息，起到对信息的保密作用。

（2）完整性（Integrity）。完整性是指将信息或数据附加上特定的信息块，系统可以用这个信息块检验数据信息的完整性，特点是信息块的内容通常是原信息或数据的函数。只有那些经过授权的用户，才允许对数据或信息进行增加、删除和修改。而未经授权的用户，只要对数据或信息进行改动就立刻会被发现，同时使系统自动采取保护措施。

（3）可用性（Availability）。可用性是指安全系统能够对用户授权，提供其某些服务，即经过授权的用户可以得到系统资源，并且享受到系统提供的服务。防止非法抵制或拒绝对系统资源或系统服务的访问和利用，增强系统的效用。

（4）真实性（Authenticity）。真实性是指防止系统内的信息感染病毒。由于计算机病毒的泛滥，已很难保证计算机系统内的信息不被病毒侵害，因此信息安全技术必须包括反病毒技术，采用人工方法和高效反病毒软件，随时监测计算机系统内部和数据文件是否感染病毒，一旦发现应及时清除，以确保信息的真实可靠。

目前信息安全技术主要有：密码技术、防火墙技术、虚拟专用网（VPN）技术、病毒与反病毒技术，以及其他安全保密技术。

2.　计算机系统面临的威胁

威胁计算机系统安全的因素很多，有些可能是有意的，也可能是无意的；可能是天灾，也可能是人祸，主要有：黑客、病毒、系统故障、网络软件故障、自然灾害、战争、恐怖袭击、法规管理的不健全等。

计算机网络的攻击行为或入侵行为主要有信息泄露、完整性破坏、拒绝服务和非法使用。实施这些行为的人称为网络的攻击者、入侵者或黑客。

攻击计算机网络的主要手段有：

- 端口扫描：是攻击者利用工具对被攻击的主机端口进行扫描，以收集有用信息，进而得知系统的漏洞和弱点。主机的一个通信端口就是一个潜在的入侵通道。
- 假冒：是指某个实体假装成另一不同的实体以取得主机的信任，从而破坏系统安全性。
- 旁路控制：是为了获得未授予的特权，对系统缺陷或安全上的脆弱之处的攻击。
- 授权侵犯：是具有一定授权的人员进行其他未授权的活动。
- 洪泛攻击：是一种拒绝服务的攻击方式，在网络上传输大量的数据分组，消耗网络上的主机资源、存储资源、网络带宽，使主机不能响应正常服务。
- 后门：就是设置的机关，以获得使用权限。它在算法中留下后门，知道这一秘密的人可通过这一后门进入系统，从而获得系统和用户的秘密信息。

3. 计算机安全评价标准

为了促进信息安全产品的普及,美国国防部国家计算机安全中心主持了一项政府与产业界合作进行的项目——可信产品评价计划。这项计划的主要目标是根据有关标准从技术上来认定市场上商品化的计算机系统的安全性能。1985 年,该中心代表美国国防部制定并出版了可信计算机安全评价标准,即著名的"橘皮书"。

最初橘皮书标准用于美国政府和军方的计算机系统,但近年来橘皮书的影响已扩展到了商业领域,成为事实上大家公认的标准。各公司已经开始给它们的产品打上按橘皮书评定的安全级别的标记。橘皮书为计算机系统的安全定义了 7 个安全级别,最高为 A 级,最低为 D 级。

- A 级:提供核查保护,只适用于军用计算机。
- B 级:为强制保护,采用 TCB 可信计算基准方法,形成一整套强制访问控制规则。B 级又可细分为 B1、B2、B3 三个等级。B1 表示被标签的安全性,B2 表示结构化保护,B3 表示安全域。
- C 级:为酌情保护。C 级又细分为 C1 和 C2 两个等级(按安全等级排序为 C2、C1)。C1 表示酌情安全保护,C2 表示访问控制保护。
- D 级:为最低级别,参加评估而评不上更高等级的系统均归入此级别。

2001 年 1 月 1 日我国开始实施强制性国家标准《计算机信息安全保护等级划分准则》。该准则规定了计算机信息系统安全保护能力的 5 个等级:

- 第 1 级:用户自主保护级。
- 第 2 级:系统审计保护级。
- 第 3 级:安全标记保护级。
- 第 4 级:结构化保护级。
- 第 5 级:安全域保护级(最高安全级别)。

说明:黑客一词源于英文 Hacker,原指热心于计算机技术、水平高超的计算机专家,尤其是程序设计人员。今天,黑客一词已被用于泛指那些专门利用计算机搞破坏或恶作剧的家伙。对这些人的正确英文叫法是 Cracker,有人翻译成"骇客"。黑客和骇客根本的区别是:黑客们建设,而骇客们破坏。

5.4.3 计算机信息安全法规

随着信息化时代的到来、信息化程度的日趋深化以及社会各行各业计算机应用的广泛普及,计算机犯罪也越来越猖獗。面对这一严峻形势,为有效地防止计算机犯罪,且在一定程度上确保计算机信息系统安全地运行,我们不仅要从技术上采取一些安全措施,还要在行政管理方面采取一些安全手段。因此,制定和完善信息安全法律法规,制定及宣传信息安全伦理道德规范就显得非常必要和重要。

1. 信息系统安全法规的基本内容与作用

(1)计算机违法与犯罪惩治。显然是为了震慑犯罪,保护计算机资产。

(2)计算机病毒治理与控制。在于严格控制计算机病毒的研制、开发,防止、惩罚计算机病毒的制造与传播,从而保护计算机资产及其运行安全。

(3)计算机安全规范与组织法。着重规定计算机安全监察管理部门的职责和权利,以及计算机负责管理部门和直接使用部门的职责与权利。

(4)数据法与数据保护法。其主要目的在于保护拥有计算机的单位或个人的正当权益,包括隐私权等。

2. 国外计算机信息系统安全立法简况

瑞典早在 1973 年就颁布了《数据法》，这大概是世界上第一部直接涉及计算机安全问题的法规。1991 年，欧共体 12 个成员国批准了软件版权法等。在美国，于 1981 年成立了国家计算机安全中心（NCSC）；1983 年，美国国家计算机安全中心公布了可信计算机系统评测标准（TCSEC）；作为联邦政府，1986 年制定了计算机诈骗条例；1987 年又制定了计算机安全条例。

3. 国内计算机信息系统安全立法简况

早在 1981 年，我国政府就对计算机信息安全系统安全予以极大的关注。

1983 年 7 月，公安部成立了计算机管理监察局，主管全国的计算机安全工作。

公安部于 1987 年 10 月推出了《电子计算机系统安全规范（试行草案）》，这是我国第一部有关计算机安全工作的管理规范。到目前为止，我国已经颁布的与计算机信息系统安全有关的法律法规很多。

2014 年 2 月 27 日，我国成立网络安全和信息化领导小组。该领导小组将着眼国家安全和长远发展，统筹协调涉及经济、政治、文化、社会及军事等各个领域的网络安全和信息化重大问题，研究制定网络安全和信息化发展战略、宏观规划和重大政策，推动国家网络安全和信息化法治建设，不断增强安全保障能力。

5.4.4 计算机病毒的特点、分类和防治

1. 计算机病毒的概念

计算机病毒（Virus）是一组人为设计的程序，这些程序侵入到计算机系统中，通过自我复制来传播，满足一定条件即被激活，从而给计算机系统造成一定损害甚至严重破坏。这种程序的活动方式与生物学上的病毒相似，所以被称为计算机"病毒"。现在的计算机病毒已经不单单是计算机学术问题，而是已成为一个严重的社会问题。

1994 年出台的《中华人民共和国计算机安全保护条例》对病毒的定义是：计算机病毒，是指编制或者在计算机程序中插入的破坏计算机功能或者毁坏数据，影响计算机使用，并能自我复制的一组计算机指令或者程序代码。

2. 计算机病毒的特点

- 可执行性。
- 破坏性。
- 传染性。
- 潜伏性。
- 针对性。
- 衍生性。

3. 计算机病毒的分类

（1）按病毒存在的媒体分类。

- 网络病毒。
- 文件病毒。
- 引导型病毒。

（2）按病毒传染的方法分类。

- 引导型病毒。
- 文件型病毒。
- 混合型病毒。

（3）按病毒破坏的能力分类。

- 无害型。
- 无危险型。
- 危险型。
- 非常危险型。

（4）按病毒特有的算法分类。

- 伴随型病毒。
- "蠕虫"型病毒。
- 寄生型病毒，按算法又分为：练习型病毒、诡秘型病毒和变型病毒（又称幽灵病毒）。

不同类型计算机病毒感染比例如图 5-41 所示。

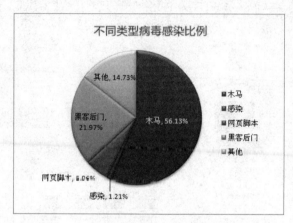

图 5-41　不同类型计算机病毒感染比例

4. 计算机病毒的防治

（1）计算机病毒的预防。

计算机病毒的传染是通过一定途径来实现的，为此必须重视制定措施、法规，加强职业道德教育，不得传播更不能制造病毒。另外，还应采取一些有效的方法来预防和抑制病毒的传染。

1）任何情况下，应该保留一张写保护的、无病毒的、带有各种 DOS 命令文件的系统启动盘，用于清除计算机病毒和维护系统。

2）最好不要用软盘引导系统，这样可以较好地防止引导区传染的计算机病毒的传播。

3）不要随意下载软件，即使下载，也要使用最新的防病毒软件来扫描；不要使用任何解密版的盗版软件，要尊重知识产权，使用正版软件；不要使用来历不明的软盘或移动存储器，避免打开不明来历的 E-mail。

4）备份重要数据，数据备份是防止数据丢失的最彻底的途径。

5）重点保护数据共享的网络服务器，控制写的权限，不在服务器上运行可疑软件和不知情软件。

6）尽量不要访问没有安全保障的小网站；不要随便打开陌生人发来的链接，不要随便接受陌生人传过来的文件或程序。

7）加强教育和宣传工作，使广大的计算机用户都认识到编制计算机病毒软件是不道德的犯罪行为，从伦理和社会舆论上扼制病毒的产生。

8）建立、健全各种法律制度，保障计算机系统的安全。

9）完善的管理制度，可以人为地根除或减少病毒的制造源和传染源。

（2）计算机病毒的清除。

如果发现计算机感染了病毒，应立即清除。通常用人工处理或反病毒软件方式进行清除。

人工处理的方法有：用正常的文件覆盖被病毒感染的文件、删除被病毒感染的文件、重新格式化磁盘等。这种方法有一定的危险性，容易造成对文件的破坏。

用反病毒软件对病毒进行清除是一种较好的方法。常用的反病毒软件有金山毒霸（如图5-42 所示）、瑞星、卡巴斯基、NORTON、360 安全卫士等。特别需要注意的是，要及时对反病毒软件进行升级更新，这样才能保持软件的良好杀毒性能。

图 5-42　金山毒霸杀毒软件界面

习题 5

1. 计算机网络最突出的优点是（　　）。
   A. 运算速度快　　　　　　　　　　　B. 联网的计算机能够相互共享资源
   C. 计算精度高　　　　　　　　　　　D. 内存容量大

2. 传输控制协议/网际协议即（　　），属工业标准协议，是 Internet 采用的主要协议。
   A. Telnet　　　　　B. TCP/IP　　　　　C. HTTP　　　　　D. FTP

3. 下列 4 个 IP 地址中，（　　）是错误的。
   A. 213.163.25.18　　　　　　　　　　B. 60.263.12.18
   C. 165.56.25.18　　　　　　　　　　　D. 16.163.25.18

4. 我们平时说的"星型、环型、总线型等"是指网络的（　　）。
   A. 传输介质　　　　B. 拓扑结构　　　　C. 传输方式　　　　D. 传输性能

5. 访问 WWW 页面的协议是（　　）。

A．HTML　　　　B．HTTP　　　　C．SMTP　　　　D．DNS

6．文件传输（FTP）有很多工具，它们的工作界面有所不同，但是实现文件传输都要（　　）。

A．通过电子邮箱收发邮件　　　　　　　B．将本地计算机与 FTP 服务器进行网络连接

C．通过搜索引擎实现通信　　　　　　　D．借助微软公司的文件传输工具 FTP

7．将文件从 FTP 服务器传输到客户机的过程称为（　　）。

A．上传　　　　B．下载　　　　C．浏览　　　　D．计费

8．电子邮件地址的一般格式为（　　）。

A．用户名@域名　　　　　　　　　　　B．域名@用户名

C．IP 地址@域名　　　　　　　　　　　D．域名@IP 地址

9．IPv6 地址由（　　）位二进制数组成。

A．16　　　　B．32　　　　C．64　　　　D．128

10．下列传输介质中，带宽最大的是（　　）。

A．非屏蔽双绞线　　　　　　　　　　　B．同轴电缆

C．光缆　　　　　　　　　　　　　　　D．屏蔽双绞线

11．Internet 上每台计算机都有一个唯一的地址，即（　　）地址。

A．IP　　　　B．DNS　　　　C．FTP　　　　D．HTTP

12．根据地理覆盖范围，计算机网络分为（　　）。

A．专用网和公用网　　　　　　　　　　B．局域网、城域网和广域网

C．Internet 和 Intranet　　　　　　　　　D．校园网和企业网

13．下列正确的电子邮件地址是（　　）。

A．st:nit.edu.cn　　B．st&nit.edu.cn　　C．st@nit.edu.cn　　D．stnit@niteducn

14．计算机病毒是（　　）。

A．有错误的计算机程序　　　　　　　　B．设计不完善的计算机程序

C．已被破坏的计算机程序　　　　　　　D．以危害计算机系统为目的的计算机程序

15．（　　）不是计算机病毒的特点。

A．传染性　　　　B．破坏性　　　　C．遗传性　　　　D．潜伏性

16．网上"黑客"是指（　　）的人。

A．总在晚上上网　　　　　　　　　　　B．匿名上网

C．不花钱上网　　　　　　　　　　　　D．非法入侵他人计算机系统

17．我国与 Internet 互联的全国范围的公用计算机网络已经有多个，其中 CERNET 是（　　）的简称。

A．中国教育和科研计算机网　　　　　　B．中国联通互联网

C．中国移动互联网　　　　　　　　　　D．中国科技网

18．通过计算机网络收发电子邮件，不需要做的工作是（　　）。

A．如果是发邮件，需要知道接收者的 E-mail 地址

B．拥有自己的电子邮箱

C．将本地计算机与 Internet 连接

D．启动 Telnet 远程登录到对方主机

19．域名 www.gxcme.edu.cn 表明，它对应的主机属于（　　）。

A．教育界　　　　B．政府部门　　　　C．工商界　　　　D．网络机构

20．以下关于防火墙的说法，不正确的是（　　）。

A．防火墙是一种网络隔离技术

B．防火墙的主要工作原埋是对数据包及来源进行检查，阻断被拒绝的数据

C．防火墙的主要功能是查杀病毒

D．尽管利用防火墙可以保护网络免受外部黑客的攻击，提高网络的安全性，但不可能保证网络绝对安全

21．下面关于密码的设置，不够安全的是（　　）。

A．建议经常更新密码

B．密码最好是数字、大小写字母、特殊符号的组合

C．密码的长度最好不要少于 6 位

D．为了方便记忆，使用自己或家人的年工资、电话号码

22．在计算机网络中，通常把提供管理功能和共享资源的计算机称为（　　）。

A．工作站　　　　　B．服务器　　　　　C．网关　　　　　D．客户端

23．电子邮件到达时，收件人的计算机没有开机，那么该电子邮件将（　　）。

A．永远不再发送　　　　　　　B．保存在服务商 ISP 的主机上

C．退回给发件人　　　　　　　D．需要对方再重新发送

24．计算机信息安全技术分为两个层次，其中第一个层次为（　　）。

A．计算机系统安全　　　　　　B．计算机数据安全

C．计算机物理安全　　　　　　D．计算机网络安全

25．目前常用的计算机局域网所用的传输介质有光缆、同轴电缆和（　　）。

A．双绞线　　　　　B．微波　　　　　C．激光　　　　　D．电话线

26．使用浏览器访问网站时，网站上第一个被访问的网页称为（　　）。

A．网页　　　　　B．网站　　　　　C．HTML　　　　　D．主页

27．在 IE 浏览器中单击"刷新"按钮，则（　　）。

A．终止当前页的访问，返回空白页　　　B．自动下载浏览器更新程序并安装

C．更新当前显示的网页　　　　　　　　D．浏览器会更新一个当前窗口

28．URL 的含义是（　　）。

A．信息资源在网上什么位置和如何访问的统一描述方法

B．信息资源在网上什么位置及如何定位寻找的统一描述方法

C．信息资源在网上的业务类型和如何访问的统一方法

D．信息资源的网络地址的统一描述方法

29．目前使用的防毒软件的作用是（　　）。

A．可查出任何已感染的病毒　　　　　B．可查出并清除任何病毒

C．可清除已感染的任何病毒　　　　　D．可查出已知的病毒，清除部分病毒

30．个人接入 Internet 的两种常用方式是（　　）。

A．城域网接入和局域网接入　　　　　B．远程网接入和局域网接入

C．Windows 接入和 Novell 网接入　　　D．局域网接入和无线接入

第6章　演示文稿软件 PowerPoint 2010

PowerPoint 2010 是 Microsoft 公司推出的 Microsoft Office 2010 办公套件中的一个重要组件，专门用于制作演示文稿（俗称幻灯片）。使用它，可以制作专业水平的演示文稿、报表、简报、彩色和黑白投影幻灯片等。用户不但可以使之图文并茂，还可以利用 PowerPoint 提供的多媒体功能加入声音和动画。制作好的演示文稿具有生动活泼、形象逼真的动画效果，可以在计算机屏幕或投影屏幕上放映出来，具有很强的感染力。PowerPoint 制作的演示文稿被广泛应用于各种会议、商务宣传、学术演讲、教学演示、项目策划、工作汇报、产品介绍、个人或公司介绍等。

6.1　PowerPoint 概述

6.1.1　PowerPoint 的基本功能、特点和主要用途

1. 演示文稿及幻灯片的概念和基本功能

演示文稿是一个独立的 PowerPoint 文件，区别于 2007 以前的版本，2010 版默认的扩展名是.pptx。幻灯片是演示文稿中的一个页面。一个完整的演示文稿由若干张相互联系并按照一定顺序排列的幻灯片组成。

PowerPoint 在介绍和演示自己的产品、设计、研究成果等内容时有极大的优势。利用 PowerPoint 可以快速制作、编辑、演播专业水准的演示文稿，生成的幻灯片除文字、图片、图示、表格以外，还可以包含动画、声音剪辑、背景音乐以及全运动视频等多媒体对象，把所要表达的信息组织在一组声、图、文并茂的画面中，让观众清楚直观地了解要介绍的内容。PowerPoint 演示文稿可以通过计算机屏幕或投影仪播放，也可以用打印机打印出幻灯片或透明胶片，还可以通过 Internet 传播。

2. PowerPoint 的特点

PowerPoint 主要有以下几个特点：

- 多种方法创建演示文稿。PowerPoint 可以根据样本模板，也可以根据主题，还可以根据下载的 Office.com 模板创建演示文稿，或者创建空白演示文稿，从而设计有自己风格和特色的幻灯片。
- 丰富的幻灯片版式。PowerPoint 内置了丰富的幻灯片版式，可以插入多种对象，满足不同功能演示文稿的需要。
- 同时制作讲义、备注及大纲。在制作演示幻灯片的同时，可以制作出供观众使用的讲义、供演讲者使用的备注或打印出演示的大纲。
- 便利的幻灯片外观设置。可以利用幻灯片母版、配色方案以及应用设计模板，使同一演示文稿中所有的幻灯片具有形式、风格统一的外观。
- 多种动画、声音效果。可以为文本、图片设置一些特殊的声音和移动效果，使静态的对象能够显示出复杂多变的动态效果。

新编计算机应用基础（第二版）

- 设置不同的放映方式。既可以按照一定的顺序连续播放，也可以像选择菜单一样进行选择播放，且用户可以随时修改演示文稿，使用切换、定时和动画控制幻灯片的播放方式。
- 多种演示方式。屏幕演示是最常用的一种演示方式；可以将幻灯片印制成在投影仪上放映的黑白或彩色胶片，也可以制作成真正的 35mm 幻灯片；还可以将演示文稿保存为各种与 Web 兼容的格式，如 HTML 等，然后通过 Web 站点发布。
- 与其他 Office 软件联合使用。可以导入一个 Word 大纲作为演示文稿的基础，也可以在演示文稿中加入 Excel 图表。
- 信息检索。新的"信息检索"任务窗格可以提供各种参考信息和扩展资源，可以使用百科全书、Web 搜索或者通过访问第三方内容对主题进行信息检索。

6.1.2　PowerPoint 的操作界面

PowerPoint 和其他微软产品一样，拥有典型的 Windows 应用程序窗口，Microsoft PowerPoint 2010 启动后可以看到如图 6-1 所示的操作界面。

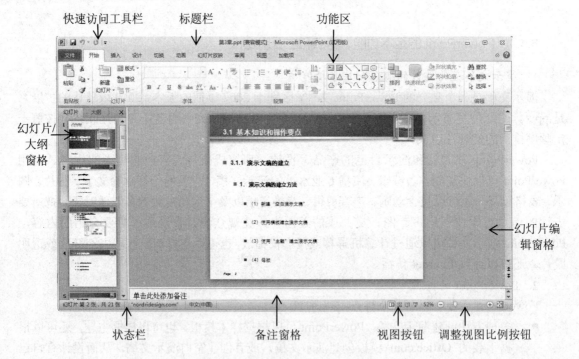

图 6-1　PowerPoint 2010 操作界面

1. 标题栏

窗口的左上角是控制菜单图标，双击可以关闭 PowerPoint。紧邻着控制菜单图标的是快速访问工具栏，默认可以进行保存、撤消及恢复，通过下拉黑色小三角可以进行自定义。顶部中间显示了应用程序名 Microsoft PowerPoint 以及当前演示文稿名，新建则默认为"演示文稿 1"。最右端是 3 个按钮，即"最小化"按钮、"最大化"按钮（或"还原"按钮）、"关闭"按钮。

2. 功能区

位于标题栏下方，包括"文件"、"开始"、"插入"、"设计"、"切换"、"动画"、"幻灯片放映"、"审阅、"视图"、"加载项"10 个选项卡，选项卡和工具栏合并联动组成功能区，当单击某个选项卡时，工具栏会切换并给出相应的工具按钮。PowerPoint 的各种功能操作基本都可以从这些选项卡中选择。

3. 幻灯片/大纲窗格

分成幻灯片和大纲两个选项卡，"幻灯片"选项卡显示幻灯片缩略图，"大纲"选项卡显示幻灯片中的文字大纲。

4. 幻灯片编辑窗格

是用于显示、加工、制作和编辑演示文稿的区域。下方是备注窗格，可以对幻灯片进行进一步的说明。

5. 视图切换按钮

是位于演示文稿右下方的 4 个按钮 ，分别是"普通视图"按钮、"幻灯片浏览视图"按钮、"阅读视图"按钮和"幻灯片放映"按钮，多种视图的作用是让用户从不同的角度查看、编排幻灯片的内容。

注意：一般情况下，只有在标题区和正文区输入的文本字符才能在大纲视图中显示，而由用户另外添加的文本框和其他对象不能在大纲视图中显示。

6. 显示比例按钮

位于窗口的最下方右端。显示比例按钮 由缩放级别、缩小、滑块、放大和使幻灯片适应当前窗口等组成，用于调节幻灯片的显示比例。

7. 状态栏

位于窗口的最下方。从左侧开始用于显示当前编辑的幻灯片的序号、整个文稿所包含的幻灯片的页数、文稿中所用的模板主题的名称等。

6.2　演示文稿的基本操作

6.2.1　演示文稿的创建与保存

1. 创建演示文稿

启动 PowerPoint 2010 后，可通过"样本模板"、"主题"、"空演示文稿"以及官网提供下载的 Office.com 模板 4 种方法来创建演示文稿。

（1）创建空白演示文稿。

是从空白幻灯片上开始创建演示文稿，创建的新演示文稿不包含任何颜色，不包含任何形式的样式。通过创建空白演示文稿，用户可以在幻灯片中充分使用颜色、版式和一些样式特征，从而得到最大程度的灵活性。创建过程为：启动 PowerPoint 2010，单击"快速访问工具栏"中的"文件"→"新建"命令，选择"空白演示文稿"并单击"创建"按钮，如图6-2 所示。

新建一个空白演示文稿也可使用快捷键 Ctrl+N。新演示文稿仅含有一个"标题幻灯片"，如图 6-3 所示，有两个标题占位符，用虚线框表示。

图6-2 新建"空白演示文稿"操作过程

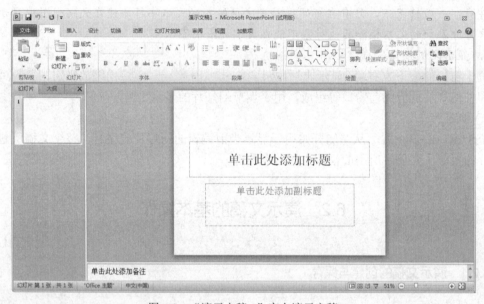

图6-3 "演示文稿1"空白演示文稿

（2）通过"样本模板"创建演示文稿。

可直接通过 PowerPoint 2010 自带的预设样本模板创建新演示文稿，根据不同的内容样式需要选择相册、宽屏演示文稿、培训、项目状态报告、小测验短片、宣传手册等几种样本模板，如图 6-4 所示。

如图 6-5 所示是项目状态报告样本模板，在模板基础上可根据项目的具体内容进行修改，更方便组织整理项目报告内容。

（3）通过主题创建演示文稿。

利用已经设计好页面布局、字体格式和配色方案的 PowerPoint 主题创建演示文稿，如图 6-6 所示。

图 6-4　通过"样本模板"创建演示文稿

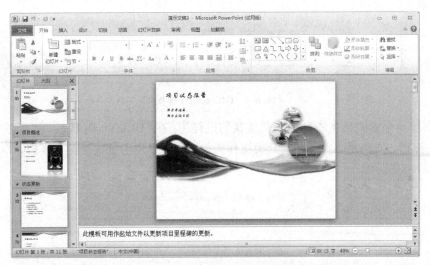

图 6-5　项目状态报告样本模板

图 6-6　通过"主题"创建演示文稿

（4）通过下载 Office.com 模板创建演示文稿。

微软官网还提供证书奖状、日历、贺卡、信件信函等标准格式模板下载使用，细分不同场合情况使用不同的模板样式，如图 6-7 所示。

图 6-7　Office.com 模板

例如创建一个学院学生考勤优秀奖奖状的过程为：在"Office.com 模板"列表框中单击"证书、奖状"按钮，双击进入"学院"分类文件夹；选择"学生考勤优秀奖"模板，单击"下载"按钮，如图 6-8 所示。

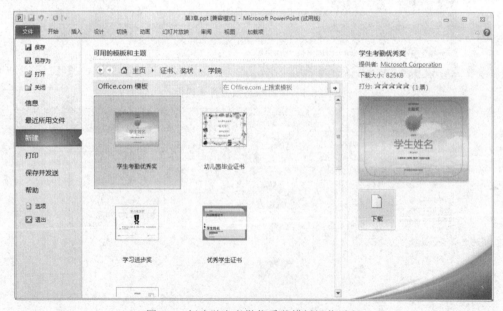

图 6-8　创建学生考勤优秀奖模板操作过程

出现的下载提示如图 6-9 所示。下载完毕创建模板为"学生考勤优秀奖"奖状模板，如图 6-10 所示。

图 6-9　下载模板提示

图 6-10　创建奖状模板

提示：默认情况下，启动 PowerPoint 2010（其他版本相似）时，系统新建一个空白演示文稿，并新建一张幻灯片。

2．保存演示文稿

与 Office 其他软件中保存文件的方法类似，PowerPoint 提供了 3 种保存演示文稿的方法：

● 单击"文件"→"保存"命令。

● 按 Ctrl+S 和 Ctrl+W 组合键（也可按 F2 功能键）。

● 单击"快速访问工具栏"中的"保存"按钮。

第一次保存演示文稿时会出现"另存为"对话框，将制作的演示文稿以指定的文件名保存在指定的文件夹中，如图 6-11 所示。

提示：对于经常需要播放的演示文稿，可以将其保存为.ppsx 类型的文件存放在桌面上，以便放映时直接打开演示文稿进行放映，而不用启动 PowerPoint。

6.2.2　演示文稿的编辑

PowerPoint 的基本操作包含对幻灯片进行添加、选定、移动和复制、幻灯片中各种对象的添加等操作。

图 6-11　保存新建演示文稿

1. 添加幻灯片

在当前演示文稿中添加新幻灯片的方法有以下 3 种：

● 按 Ctrl+M 组合键。

● 在普通视图下，用鼠标选定左侧幻灯片窗格中的幻灯片，然后按回车键。

● 单击"开始"选项卡"幻灯片"组中的"新建幻灯片"按钮。

注意：新添加的幻灯片被插入到当前选定的幻灯片的后面。

2. 移动和复制幻灯片

幻灯片的移动和复制可通过以下两种方法实现：

（1）利用鼠标拖动完成。

在"幻灯片/大纲"窗格或"幻灯片浏览"视图中，选定需要移动的幻灯片（如果是多张幻灯片，则先单击第一张幻灯片，再按住 Shift 键单击最后一张幻灯片），拖动鼠标到演示文稿指定的位置松开。若是复制幻灯片，则按住 Ctrl 键不放拖动鼠标到指定位置。

（2）利用剪贴板完成。

1）在大纲视图或幻灯片浏览视图中选定需要编辑或移动的幻灯片。

2）单击"开始"选项卡"剪贴板"组中"剪切"按钮 ✂ 或"复制"按钮 📋 （或者右击并选择"剪切"或"复制"命令）。

3）选中指定位置的前一张幻灯片。

4）单击"开始"选项卡"剪贴板"组中的"粘贴"按钮 📋 （或者右击并选择"粘贴"命令）。

3. 删除幻灯片

在"幻灯片/大纲"窗格或"幻灯片浏览"视图中选定要删除的幻灯片，直接按 Delete 键。

4. 输入文本

可以直接在幻灯片编辑窗格中选择相应的占位符输入文本。如果演示文稿中需要输入大量的文本，则可使用下面的方法实现：在"普通视图"下，将鼠标移到左侧窗格中，切换到"大纲"选项卡，然后直接输入文本字符作为标题，如果要在原幻灯片中继续输入正文文本，则按 Enter 键后再按一下 Tab 键，完成一张幻灯片的文字输入，如图 6-12 所示。每输入完一个幻灯片的内容后，按 Ctrl+Enter 键新建一张幻灯片，继续进行文本输入。

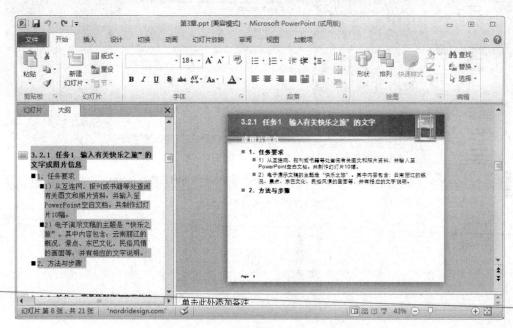

图 6-12　通过"大纲"选项卡输入文本

提示：如果在输入完一张幻灯片的标题后直接新建一张幻灯片输入新标题则按 Enter 键；如果输入完一张幻灯片的标题文本后，想将它作为上一张幻灯片的下级内容文本则按 Tab 键。

5. 插入图片

为了增强文稿的可视性，向演示文稿中添加图片是一项基本操作。插入图片的操作步骤如下：

（1）单击"插入"选项卡"图像"组中的"图片"按钮，如图 6-13 所示，弹出"插入图片"对话框。

（2）定位到需要插入的图片文件所在的文件夹，选中相应的图片文件，然后单击"插入"按钮，将图片插入到幻灯片中。

（3）用拖拽的方法调整好图片的大小，并将其定位在幻灯片的合适位置上。

提示：图片定位时，按住 Ctrl 键再按动方向键，可以实现图片的微量移动，达到精确定位图片的目的。

6. 插入声音

为演示文稿配上声音，可以大大增强演示文稿的播放效果。插入声音的操作步骤如下：

（1）单击"插入"选项卡"媒体"组中的"音频"按钮，在下拉列表中选择"文件中的音频"选项，如图 6-14 所示，弹出"插入声音"对话框。

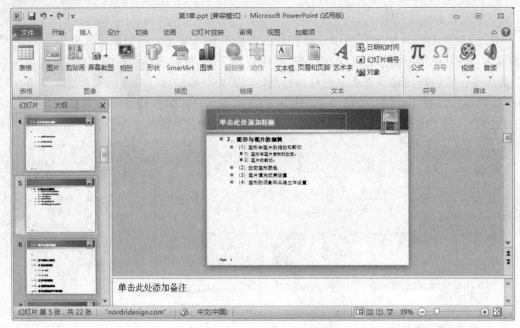

图 6-13　"插入"选项卡

图 6-14　插入声音

（2）定位到需要插入的声音文件所在的文件夹，选中相应的声音文件，然后单击"确定"按钮，将声音文件插入到当前幻灯片中。

演示文稿支持 mp3、wma、wav、mid 等格式的声音文件。插入声音文件后，会在幻灯片中显示出一个小喇叭图标，将鼠标移至图标时会出现播放器进度条。

在选中的声音文件上单击，功能区上会出现与之相关的"音频工具/格式"或"播放"选项卡，可进行声音选项的设置。

在图 6-15 所示的"播放"选项卡中，若在"开始"下拉列表框中选择"自动"，则在放映到该声音剪辑所在的幻灯片时会自动播放声音；若选择"单击时"，当幻灯片处于放映状态时，只要在声音图标上单击，即可开始播放。

7．插入视频

可以将视频文件添加到演示文稿中来增加演示文稿的播放效果。给演示文稿添加视频文件的操作步骤如下：

（1）单击"插入"选项卡"媒体"组中的"视频"按钮，在下拉列表中选择"文件中的视频"命令，弹出"插入视频文件"对话框。

图 6-15　声音播放设置

（2）定位到需要插入的视频文件所在的文件夹，选中相应的视频文件，单击"确定"按钮。

（3）调整好视频播放窗口的大小，将其定位在幻灯片的合适位置上。

演示文稿支持 avi、wmv、mpg、swf 等格式的视频文件。

8．插入 SmartArt 图形

PowerPoint 2010 中增加了一个 SmartArt 图形工具，主要用于添加流程、层次结构、循环或关系等。操作步骤如下：

（1）单击"插入"选项卡"插图"组中的 SmartArt 按钮，弹出"选择 SmartArt 图形"对话框，如图 6-16 所示出现内置图形库，主要包含列表、流程、循环、层次结构、关系、矩阵、棱锥图和图片八大类型的模板。

图 6-16　插入 SmartArt 图形

（2）以建立"多向循环"为例，选择"循环"中的"多向循环"，在左侧的框中输入文字，同时显示在右侧的图表中，如图 6-17 所示。

（3）选中 SmartArt 图形，功能区出现"SmartArt 工具"选项卡，包括"设计"和"格式"两个子选项卡，可以对图形进行美化。

提示：可以将文本转换为 SmartArt 图形，方法是：选中文本占位符，单击"开始"选项卡"段落"组中的"转换为 SmartArt 图形"按钮 转换为 SmartArt ，在下拉列表中选择合适的类型。

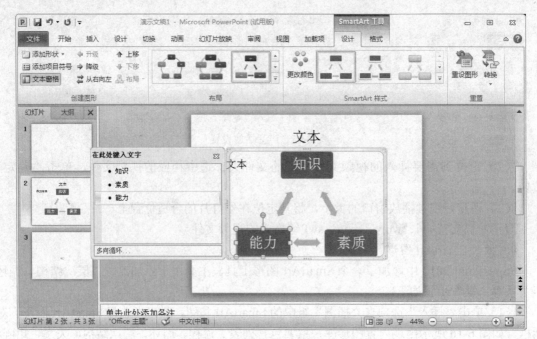

图 6-17 插入"多向循环"图形

9. 插入艺术字

Office 的多个组件中都有艺术字功能，在演示文稿中插入艺术字的操作步骤如下：

（1）单击"插入"选项卡"文本"组中的"艺术字"按钮，如图 6-18 所示。

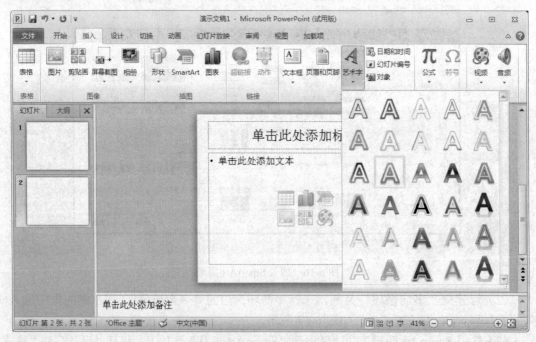

图 6-18 艺术字库

（2）在下拉列表中选中一种样式，在占位符内输入文字，设置好字体、字号等各种样式，如图 6-19 所示。

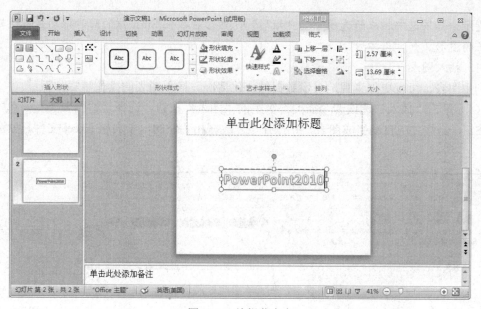

图 6-19　编辑艺术字

提示：选中插入的艺术字，上方有一个绿色圆形的控制柄，拖动该控制柄可以旋转艺术字。

10. 绘制图形

根据演示文稿的需要，经常要在其中绘制一些图形，利用"形状"按钮可以插入多种图形，操作步骤如下：

（1）单击"插入"选项卡"插图"组中的"形状"按钮，在下拉列表中选择相应的选项（如"基本形状"中的"云形"），如图 6-20 所示。

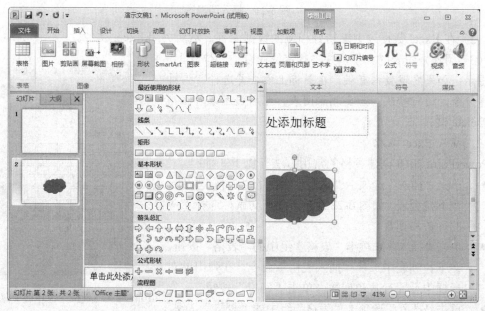

图 6-20　插入图片形状

（2）在幻灯片中拖拽即可绘制出相应的图形。

提示： 如果选中相应的选项（如"矩形"），然后在按住 Shift 键的同时拖动鼠标，则可绘制出正的图形（如"正方形"）。

11. 插入图表

利用图表，可以更加直观地演示数据的变化情况。插入图表的操作步骤如下：

（1）单击"插入"选项卡"插图"组中的"图表"按钮，选择合适图表类型，单击"确定"按钮，幻灯片中自动生成图表，并打开与之数据相关联的电子表格 Excel 文件，如图 6-21 所示。

图 6-21　插入图表

（2）在 Excel 数据表中编辑好相应的数据内容，然后关闭 Excel 文件。

（3）调整好图表的大小，并将其定位在合适的位置上。

提示： 如果发现数据有误，在图标上右击并选择"编辑数据"命令，进行修改。若要删除图表，则单击图表外框，再按 Delete 键。

12. 插入 Excel 表格

PowerPoint 2010 创建表格的常用方法有以下 3 种：

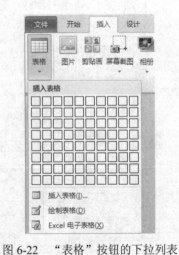

- 单击"插入"选项卡"表格"组中的"表格"按钮，在下拉列表（如图 6-22 所示）中拖动鼠标选择相应的行数和列数。

- 单击"插入"选项卡"表格"组中的"表格"按钮，在下拉列表中选择"插入表格"命令，在弹出的对话框中设置行数和列数，单击"确定"按钮。

图 6-22　"表格"按钮的下拉列表

- 单击"插入"选项卡"表格"组中的"表格"按钮，在下拉列表中选择"绘制表格"命令，在幻灯片的空白处单击并拖动画笔，到适当位置后释放鼠标。

提示：还可以在 PowerPoint 中插入 Excel 电子表格，在工作表界面中调整输入数据后单击空白处完成表格的创建，表格的其他操作，如插入、删除行或列、拆分、合并单元格等都在工作表中完成。

6.3　演示文稿的修饰

为了制作精美的演示文稿，用户可以对幻灯片中的文字、段落、版式等进行美化。为了使演示文稿的所有幻灯片具有统一的外观风格，我们可以自定义演示文稿的视觉效果，PowerPoint 中控制幻灯片外观的方法有两种：模板和母版。

6.3.1　模板的使用

PowerPoint 2010 提供了两种模板：设计模板和内容模板。设计模板包含预定义的格式和配色方案，可以应用到任意演示文稿中创建外观。内容模板除了预定义格式和配色方案外，还增加了针对不同模板提供的建议内容。这里主要介绍设计模板。

1．设计模板简介

设计模板是控制演示文稿具有统一外观的最快捷的一种方法。设计模板包含了预先设计好的格式和配色方案，可以将其应用于任何演示文稿中，从而创建独特的外观。在演示文稿中应用设计模板时，新模板将取代原演示文稿的外观设置，并且插入的每张新幻灯片都会拥有相同的外观。

在"设计"选项卡的"主题"组中有多种"设计主题"模板供用户选择，不仅有内置模板，还有来自 Offic.com 网站的模板。可以选择一个合适的模板应用于当前的演示文稿中。

2．自定义模板

如果对已有的设计模板不满意，用户还可以自己创建模板。创建模板的操作步骤如下：

（1）单击"设计"选项卡"主题"组中的下拉按钮，在下拉列表中选择"保存当前主题"命令，如图 6-23 所示。

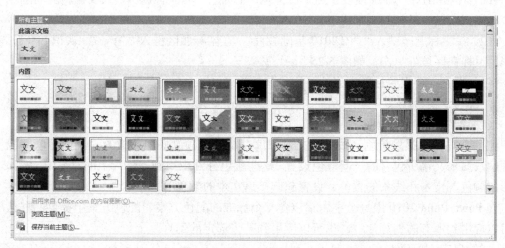

图 6-23　"所有主题"下拉列表

（2）弹出"保存当前主题"对话框，如图 6-24 所示，保存位置默认设置为 Templates 文件夹，"保存类型"设置为 Office Theme，输入模板的文件名，然后单击"保存"按钮。保存后的模板会自动显示在"主题"组中供用户使用。

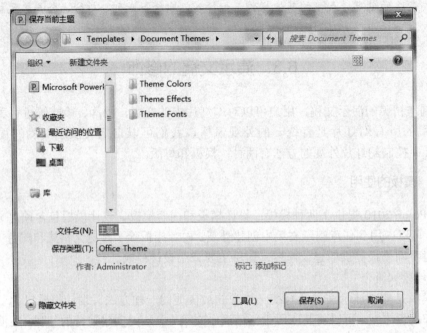

图 6-24 "保存当前主题"对话框

3. 幻灯片版式

设计幻灯片版式是制作幻灯片的一个重要环节，通过在幻灯片中巧妙地安排各个对象的位置，能够更好地达到吸引观众注意力的目的。

下面以标题幻灯片为例来绍幻灯片的制作过程。

（1）单击"开始"选项卡"幻灯片"组中的"版式"按钮，弹出"版式"对话框。通常，演示文稿都采用标题幻灯片版式作为第一张幻灯片，就如同一本书的封面，用以说明文稿的模板和目的。标题幻灯片版式预设了两个占位符：主标题区和副标题区。只要在相应的区域中单击，即可直接输入具体的文字内容。

（2）在主标题区键入"PPT2010 基础教程"，在副标题区键入"第一章 认识PPT"，输入完毕用鼠标在区域外单击，如图 6-25 所示。

（3）根据需要设置标题文字的格式和艺术效果。

4. 配色方案的修改

（1）配色方案的构成。

配色方案是由背景颜色、线条和文本颜色以及其他颜色搭配而成的。我们可以把配色方案理解成演示文稿所包含的一套颜色设置。这些颜色分别应用到幻灯片上的对象中，例如填充图形的颜色、文本和线条的颜色、设置超链接后文本的颜色等。

在 PowerPoint 2010 中每个主题都包含一个标准的配色方案，配色方案中提供的默认颜色既可以应用到所有的幻灯片中，也可以应用到某张选定的幻灯片上。

（2）自定义配色方案。

如果对预设的配色方案不满意，则可以对其中的颜色配置进行更改或重新创建，方法为：单击"设计"选项卡"主题"组中的"颜色"按钮，在弹出的下拉列表中列出了所有可选的主题颜色，如图 6-26 所示。同时，在选定某种设计主题后，还可以对该主题背景样式进行设计。
单击"设计"选项卡"背景"组中的"背景样式"按钮，弹出"背景样式"对话框，在其中选
择需要的背景。或者单击"背景"按钮，在弹出的"设置背景格式"对话框中选择各种图片、
纹理等对背景进行填充。

图 6-25　幻灯片版式

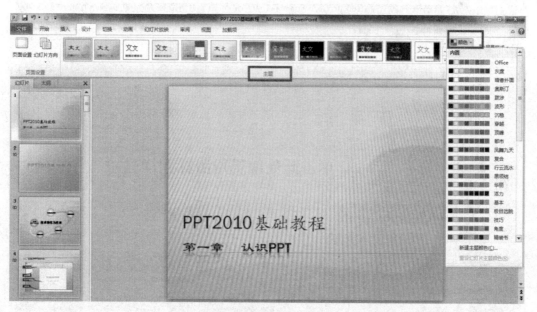

图 6-26　编辑配色方案

选择某种配色方案后，PowerPoint 2010 会直接将新的配色方案应用到当前幻灯片中。

6.3.2　幻灯片母版

1. 幻灯片母版简介

幻灯片母版是指定义演示文稿中所有幻灯片或页面格式的幻灯片视图或页面，通俗地讲就是一种套用格式。幻灯片母版具有以下特征：

- 在含有标题和文本的幻灯片版式中，文字最初的格式，包括位置、字体、字号、颜色等都是统一的。
- 幻灯片版式中的文字的最初格式是自动套用母版的格式，如果母版的格式改变了，则所有幻灯片上的文字格式将随之改变。
- 母版是可以由用户自己定义模板和版式的一种工具。
- 如果希望修改演示文稿中所有幻灯片的外观，则只需在相应的幻灯片母版上作一次修改，而不必对每一张幻灯片都做修改。
- 在 PowerPoint 2010 中每个相应的幻灯片视图都有与其相对应的母版：幻灯片母版（常用）、讲义母版和备注母版。幻灯片母版控制在幻灯片上键入的标题和文本的格式与类型；讲义母版用于添加或修改幻灯片在讲义视图中的每页讲义上出现的页眉或页脚信息；备注母版用来控制备注页版式和备注页文字格式。

2. 母版的设计

如果要为每一张幻灯片添加上一项固定的内容（图片或文字），则可以通过修改"母版"来实现。操作步骤如下：

（1）单击"视图"选项卡"母版视图"组中的"幻灯片母版"命令，进入"幻灯片母版"编辑状态，如图 6-27 所示。

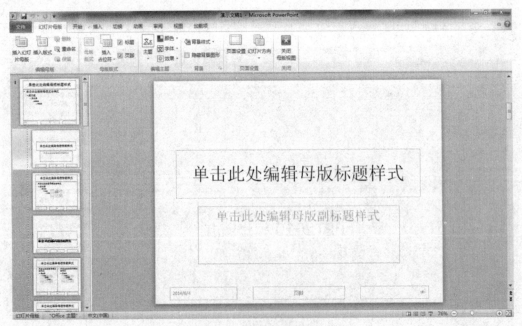

图 6-27　幻灯片母版编辑状态

（2）将图片或文字插入到幻灯片中，调整好大小并定位到合适的位置上，再单击"关闭母版视图"按钮退出"幻灯片母版"编辑状态。

（3）返回普通视图，可观察到所有基于该母版的幻灯片都已套用了修改后的母版格式，即幻灯片母版上更换的对象将出现在每张幻灯片的相同位置上。

注意：不要在母版中的文本占位符内输入文字，因为那样并不会修改幻灯片。添加到母版中的对象，在每一张幻灯片上都会显示，而且只能通过母版视图进行修改。如果不小心删除了母版中的占位符（如删除了标题占位符），则单击"母版版式"组中的"插入占位符"按钮，在下拉列表中将删除掉的占位符复选框选中即可，如图 6-28 所示。

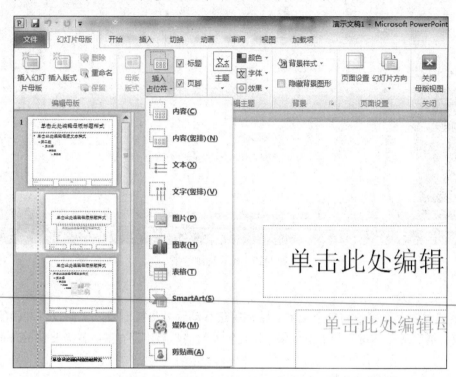

图 6-28　"插入占位符"按钮的下拉列表

6.4　幻灯片的放映

6.4.1　设置动画效果

在制作演示文稿的过程中，除了精心组织内容、合理安排布局外，还需要应用动画效果控制幻灯片中的文本、声音、图像以及其他对象的进入方式和顺序，以便突出重点，控制信息的流程。

在 PowerPoint 2010 中，设置幻灯片中对象的动画效果可以通过两种途径实现："切换"选项卡中的"切换到此幻灯片"和"动画"选项卡中的"自定义动画"。

1. 幻灯片切换

动画方案是 PowerPoint 中已经定义好的一系列动画效果，它的设置方法简单、快捷，一般可以满足大部分动画要求。设置动画方案的操作步骤如下：

（1）选中要设置动画效果的元素，如文本、图表、表格等。

（2）单击"切换"选项卡"切换到此幻灯片"组在右侧的下拉按钮，在列表框中选择效果，同时在幻灯片中可以预览其动画效果，如图 6-29 所示。

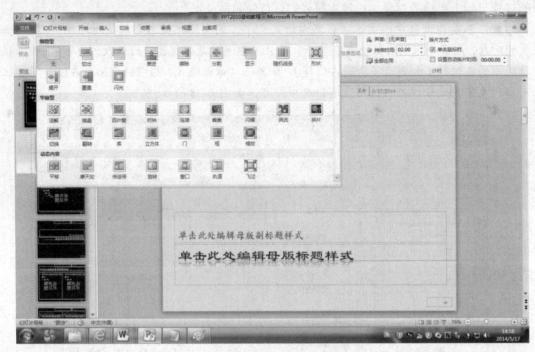

图 6-29　预设动画效果

2. 自定义动画

当需要对演示文稿中的单个文本、图片等进行动画效果控制时，比如设置动画的声音和定时功能、调整对象的进入和退出效果、设置对象的动画显示路径等，就需要使用自定义动画功能。

设置自定义动画效果的基本步骤如下：

（1）选中要设置动画效果的文字或图片。设置自定义动画主要有两种方法：单击"动画"选项卡中的"动画"按钮，在其下拉列表中定义各个对象的动画效果；单击"动画"选项卡中的"添加动画"按钮，弹出"添加动画"对话框，在其中进行动画自定义。

（2）单击"添加动画"按钮，对选中的对象设置某种动画类型（进入、强调、退出、动作路径）、动画效果、启动动画的方式（单击时、之前、之后）、动画的方向和持续时间等。

（3）单击"播放"按钮，预览幻灯片中设置的动画效果；单击"幻灯片放映"按钮，可看到完成的幻灯片放映效果。

单击"动画"选项卡"高级动画"组中的"动画窗格"按钮，在打开的"动画窗格"界面（如图 6-30 所示）中可以看到所有的自定义动画。当列表框中有多个动画对象时，可通过"重排顺序"按钮来调整动画的播放顺序。若要取消动画效果，只需要选择相应的自定义动画，然后用右键删除。

提示：如果想预览动画效果，可单击"自定义动画"任务窗格最底部的"播放"按钮。PowerPoint 2010 中新增了"动画刷"工具使用技巧，功能有点类似于以前我们知道的格式刷，但动画刷主要用于动画格式的复制应用，我们可以利用它快速设置动画效果。

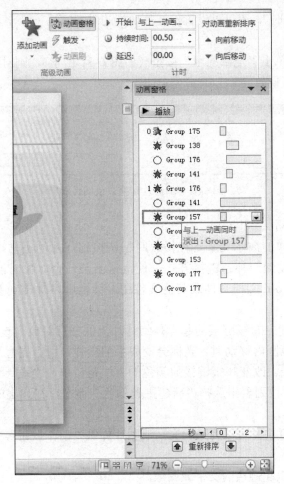

图 6-30 动画窗格

6.4.2 设置幻灯片切换效果

1. 幻灯片的切换

幻灯片的切换方式是指演示文稿播放过程中幻灯片进入和退出屏幕时产生的视觉效果，也就是让幻灯片以动画方式放映的特殊效果。

PowerPoint 2010 默认的换片方式为手动，即单击鼠标完成幻灯片的切换。

PowerPoint 2010 也提供了多种切换效果，如棋盘、随机水平线等，建议设置随机效果。

在演示文稿制作过程中，可以为一张幻灯片设计切换效果，也可以为一组幻灯片设计相同的切换效果。

最好在幻灯片浏览视图下增加切换效果，在这种视图方式下，可以为任何一张、一组或全部幻灯片指定切换效果，并可预览幻灯片切换效果。

2. 幻灯片切换效果设置

设置幻灯片切换效果的操作步骤如下：

（1）在幻灯片浏览视图下选中一张或若干张幻灯片，单击"切换"选项卡"切换到此幻灯片"组右侧的下拉按钮，打开"幻灯片切换"任务窗格，选择一种幻灯片切换方式。

（2）在"计时"组中可以设置动画效果持续时间、切换时的声音和换片方式，"换片方式"默认为"单击鼠标时"，还可以设置幻灯片切换的时间间隔（秒），幻灯片将按指定的时间间隔自动循环播放。

（3）设置完成后单击"全部应用"按钮（如图 6-31 所示），则对演示文稿中的所有幻灯片都增加了所选择的切换效果。

图 6-31　幻灯片切换效果的设置

3. 交互式演示文稿

用 PowerPoint 制作的演示文稿，在播放时默认按幻灯片的正常次序进行放映。但是用户也可以在幻灯片中设置一种超链接方式，使得单击某一个对象时能够跳转到某一张幻灯片、其他演示文稿、Word 文档文件或其他文件中，甚至可以跳转到 Internet 的某个 Web 页面上。

在 PowerPoint 中建立超级链接的起点是幻灯片上的任意对象。设置了超级链接的对象，当鼠标在这些对象的范围内移动时，光标会变成手的模样，用于提醒用户，具有超级链接的文本会自动添加下划线。改变超级链接的颜色的方法是：单击"设计"选项卡"主题"组中的"颜色"按钮，在下拉列表中选择"新建主题颜色"命令，在弹出的对话框中对颜色进行调整。

在 PowerPoint 2010 中，可以为某一文字或图片提供"动作按钮"，并为它设置超级链接，操作步骤如下：

（1）选择需要设置超链接的文字或图像。

（2）单击"插入"选项卡"链接"组中的"动作"按钮（如图 6-32 所示），弹出"动作设置"对话框，如图 6-33 所示。

图 6-32　添加"动作按钮"

（3）PowerPoint 提供了两种激活交互动作的选项：单击鼠标和鼠标移过。前者适用于超链接方式，后者适用于提示、播放声音。在"单击鼠标"选项卡内选择"超链接到"单选按钮，在下拉列表框中选择链接的目的。设置完毕后单击"确定"按钮。

提示：如果要链接到 Word 文档或其他文件时，则在"超链接到"下拉列表框中选择"其他文件"选项，打开"超级链接到其他文件"对话框再选择相应的文件。要修改链接，可以在选中的按钮上右击，在弹出的快捷菜单中选择"编辑超级链接"命令实现。要删除链接，同样也可以在弹出的快捷菜单中选择"删除超级链接"命令实现。在"超链接到"列表框中设置链接目标。例如选择超链接到"文档中的位置"，就可以在当前演示文稿中选择需要链接的幻灯片。

图 6-33　"动作设置"对话框

6.4.3　放映幻灯片

演示文稿设计和制作完成后，还要对它的放映方式和播放过程进行设置。

1. 排练计时的使用

演示文稿中幻灯片的换片方式有人工和自动两种。人工换片方式适合于有人操作的情况，但也有需要反复展示的幻灯片，人工换片方式不能胜任，需要使用自动换片，而每张幻灯片演示停留的时间应根据幻灯片内容的多寡来确定。为了达到最好的播放效果，需要使用排练计时功能。具体操作步骤如下：

（1）单击"幻灯片放映"选项卡"设置"组中的"排练计时"按钮，演示文稿自动进入幻灯片放映状态，从第一张幻灯片开始放映，并出现一个"录制"控制条，如图 6-34 所示。

图 6-34　"录制"控制条

- "下一项"按钮 ➡：单击可切换幻灯片，如果当前幻灯片中的对象已设置了动画，则每单击一次该按钮显示出一个动画对象，直到所有对象都显示完后才切换幻灯片。
- "暂停"按钮 ▮▮：单击则暂停计时，暂停期间的时间不会被记录下来。
- 0:00:26 ：用来显示当前幻灯片已放映的时间。
- "重复"按钮 ↩：单击则重新对当前幻灯片计时。
- 0:00:26 ：用来显示到目前为止演示文稿已经放映的时间。

（2）排练结束后，单击"录制"工具条中的"关闭"按钮，在弹出的提示对话框中选择是否接受此次的排练，如图 6-35 所示。

排练好演示文稿的放映时间后，放映时 PowerPoint 会按照排练的时间自动放映。

2. 演示文稿的放映

（1）设置幻灯片放映方式。

图 6-35　信息提示框

PowerPoint 提供了 3 种幻灯片放映方式：演讲者放映、观众自行浏览、在展台浏览，用户可以根据需求进行选择。

1）单击"幻灯片放映"选项卡"设置"组中的"设置幻灯片放映"按钮，弹出"设置放映方式"对话框，如图 6-36 所示。

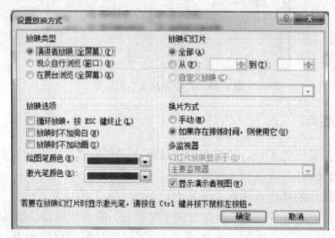

图 6-36　"设置放映方式"对话框

2）在其中选择相应的放映类型。

● 演讲者放映（全屏幕）：可运行全屏显示的演示文稿，这是最常用的幻灯片播放方式，也是系统默认的选项。演讲者具有完整的控制权，可以将演示文稿暂停、添加说明细节，还可以在播放中录制旁白。

● 观众自行浏览（窗口）：适用于小规模演示，这种方式提供演示文稿播放时移动、编辑、复制等命令，便于观众自己浏览演示文稿。

● 在展台浏览（全屏幕）：适用于展览会场或会议，观众可以更换幻灯片或者单击超链接对象，但不能更改演示文稿。

3）在演示文稿放映过程中右击，可弹出演示快捷菜单，选择用"定位至幻灯片"命令可直接跳转到指定的幻灯片；选择"指针选项"中的各式绘图笔将鼠标指针变为一支笔，在播放过程中使用这支笔可在幻灯片上作适当的批注。

（2）放映演示文稿。

放映演示文稿的方法有以下 4 种：

● 按 F5 键。

● 单击"幻灯片放映"选项卡"开始放映幻灯片"组中的"从头开始"按钮。

● 单击"幻灯片放映"选项卡"开始放映幻灯片"组中的"从当前幻灯片开始"按钮。

● 单击演示文稿窗口左下角的"幻灯片放映"按钮 。

注意：前两种方法是从整个演示文稿的第一张幻灯片开始播放，后两种方法则是从当前幻灯片处开始播放。

3．放映的控制

在演示文稿的放映过程中，PowerPoint 还提供了用户对放映进行控制的功能。下面介绍常用的 3 种方式。

（1）翻页方式。

在放映过程中，按 Page Down 或 Page Up 键，或者在屏幕上右击并在弹出的快捷菜单中选择"上一页"或"下一页"命令都可以实现上下翻页；若准备进行幻灯片的跳转播放，可以在屏幕上右击，在弹出快捷菜单的"定位至幻灯片"级联菜单中选择相应的幻灯片，如图 6-37 所示。

（2）绘图笔的应用。

在放映过程中，在屏幕上右击，在弹出快捷菜单的"指针选项"级联菜单中选择各式绘图笔，如图 6-38 所示。使用绘图笔后，演示者可以使用鼠标在幻灯片上做一些标注，标注只对当前屏幕起作用，不会对幻灯片的内容进行任何修改。

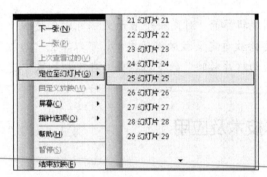
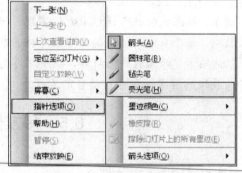

图 6-37　定位至幻灯片　　　　　　　图 6-38　"指针选项"级联菜单

（3）结束放映。

在放映过程中，在屏幕上右击，在弹出的快捷菜单中选择"结束放映"命令。

4．设置自定义放映

所谓自定义放映，就是由用户在演示文稿中挑选幻灯片组成一个较小的演示文稿，定义一个名字，作为独立的演示文稿来放映。设置自定义放映的方法如下：

（1）单击"幻灯片放映"选项卡"开始放映幻灯片"组中的"自定义幻灯片放映"按钮，如图 6-39 所示，在弹出的"自定义放映"对话框中单击"新建"按钮，弹出"定义自定义放映"对话框。

图 6-39　自定义放映

（2）在其中修改幻灯片放映名称，从左侧的"在演示文稿中的幻灯片"列表框中选择需要的幻灯片，单击"添加"按钮，被选择的幻灯片添加到右侧的"在自定义放映中的幻灯片"列表框中，如图 6-40 所示。要想改变幻灯片放映次序，先在"在自定义放映中的幻灯片"列表框中选定要移动的幻灯片，然后单击右侧的箭头按钮 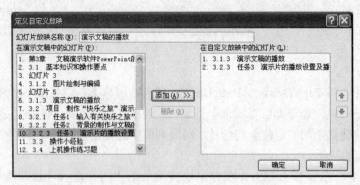 和 ⬇ 即可上下调整该幻灯片的顺序。

图 6-40　"定义自定义放映"对话框

（3）设置完成后单击"确定"按钮，回到"自定义放映"对话框中，单击"放映"按钮即可观看自定义放映效果。

提示：结束放映也可通过 Esc 键实现，回到编辑界面。对同一个演示文稿可以创建多个自定义放映，每个自定义放映的名字应不同。想要播放自定义放映演示文稿，可以单击"幻灯片放映"选项卡"开始放映幻灯片"组中"自定义幻灯片放映"的下拉按钮，在下拉列表中选择自定义放映的名字，即可启动自定义放映。

6.5　多媒体技术及应用

6.5.1　多媒体的基本概念

1. 媒体、多媒体及多媒体技术

媒体（Medium）指的是承载信息的载体，既可以是自然媒体，也可以是电子媒体，还可以是抽象事实，诸如统计规律或思维活动等。从本质上讲，只要能够承载信息，就可以认为是媒体。

在计算机领域，媒体主要有两个含义：一个是存储信息的实体，如磁带、磁盘、光盘、半导体存储器等；另一个是信息的载体，如文本/字符、声音、图像、图形、动画、视频等。多媒体计算机技术（Multimedia Computing）中的媒体指的是后者。

多媒体（Multimedia）是相对于单媒体而形成的概念，是指把多种不同的媒体，如文字、声音、图像、动画等综合集成在一起而产生的一种传播和表现信息的全新载体。多媒体不完全指多媒体信息本身，还泛指处理和应用多媒体的一套技术，特别是指利用计算机处理和应用多媒体信息的技术。

所谓多媒体技术，通常是指多媒体计算机技术，其含义是利用计算机来综合、集成地处理文本、声音、图形、图像、动画、视频等媒体，以实现人类与计算机交互处理多媒体信息的手段和方法。

2. 多媒体技术的特点

多媒体技术有以下几个主要特点：

- 集成性：能够对信息进行多通道统一获取、存储、组织与合成。
- 控制性：多媒体技术是以计算机为中心，综合处理和控制多媒体信息，并按人的要求以多种媒体形式表现出来，同时作用于人的多种感官。

- 交互性：交互性是多媒体应用有别于传统信息交流媒体的主要特点之一。传统信息交流媒体只能单向地、被动地传播信息，而多媒体技术可以实现人对信息的主动选择和控制。
- 非线性：多媒体技术的非线性特点将改变人们传统的循序性读写模式。以往人们的读写方式大都采用章、节、页的框架，循序渐进地获取知识，而多媒体技术将借助超文本链接（Hyper Text Link）的方法把内容以一种更灵活、更具变化的方式呈现给读者。
- 实时性：当用户给出操作命令时，相应的多媒体信息都能够得到实时控制。
- 互动性：它可以形成人与机器、人与人、机器与机器间的互动，互相交流的操作环境及身临其境的场景，人们根据需要进行控制。人机相互交流是多媒体最大的特点。
- 信息使用的方便性：用户可以按照自己的需要、兴趣、任务要求、偏爱和认知特点来使用信息，任取图、文、声等信息表现形式。
- 信息结构的动态性："多媒体是一部永远读不完的书"，用户可以按照自己的目的和认知特征重新组织信息，增加、删除或修改节点，重新建立链。

3. 多媒体信息处理的关键技术

（1）多媒体数据压缩/解压缩技术。

多媒体数据压缩技术是多媒体技术中的核心技术。随着多媒体技术在计算机及网络中的广泛应用，多媒体信息中的图像、视频、音频信号都必须进行数字化处理，才能应用到计算机和网络上。但是这些多媒体信息数字化后的数据量非常庞大，给多媒体信息的存储、传输、处理带来了极大的压力。因此，必须对数据进行压缩编码。

（2）多媒体数据存储技术。

如何实现多媒体大容量信息的存储是多媒体技术的关键。目前海量存储设备有磁带机、光盘机、硬盘机、存储卡等。

（3）多媒体专用芯片技术。

专用芯片是多媒体计算机硬件的关键器件。为了实现音频、视频信号的快速压缩、解压缩和播放处理，需要大量的快速计算，而且图像的绘制、生成、合并、特殊效果等处理也需要大量的计算。多媒体计算机专用芯片可归纳为两种类型：一种是固定功能的芯片；另一种是可编程的数字信号处理器（DSP）芯片。专用芯片可用于多媒体信息的综合处理，如图像的特效、图形的生成和绘制、提高音频信号处理速度等。

4. 多媒体技术的发展概况

多媒体技术在应用方面的主要发展方向是形成与人们的日常生活特别是与娱乐和教育密切相关的多媒体技术和产品。有两种趋势：一种是以计算机为基础扩展视频、音频能力，并与电话、网络和通信相结合，主要代表是多媒体个人计算机 MPC，集个人计算机、高清晰度电视、环绕立体声、电话、传真、游戏机等功能于一体；另一种是以电视为基础，扩展计算机的功能，主要代表是交互式电视 ITV。ITV 不但提供基本电视和点播电视（VOD）的服务，还可以提供许多其他服务，如服务导引、交互式娱乐、数字音频、家庭邮购、财务结算、数字多媒体图书馆、电子报纸和杂志等。

目前，多媒体技术仍不完善，还有很多亟待解决的技术问题。首先，现行的计算机网络不能满足多媒体技术的要求，需要解决实时视频问题；其次，多媒体软件和硬件缺乏高度的兼容性和标准化，现有的图形、图像存储格式多数是厂商的标准，缺乏完善的、统一的、规范的多媒体计算机操作系统及支持多媒体数据处理的高级程序设计语言；最后，新型的人机交互技术需要进一步研究、发展和完善。

6.5.2　音频信息处理

1. 模拟音频信号的数字化

通过话筒及相关电压放大电路将语音、音乐或自然界其他声音的声波转换成电压波形，这样获得的声音波形就是模拟信号。所谓模拟信号，是指时间和幅度都连续的信号。时间和幅度的连续是指在一个时间段内波形的幅度是连续的、不间断的，即模拟信号意味着在一个指定的时间范围里信号的幅值有无穷多个。

计算机只能存储离散的数字信号，所以必须将获得的模拟声音信号转换为数字信号。通过采样和量化，可以将一个连续的波形变成一系列由二进制数字表示的数据，实现模拟信号的数字化。这个过程称为模数转换（analog-to-digital conversion，A/D 转换），承担转换任务的电路和芯片称为模数转换器。

采样就是按一定的频率（即每间隔一小段时间）测量模拟信号的值，若每隔相等的一小段时间采样一次，称为均匀采样，否则称为非均匀采样。

量化是将电压变化的最大幅度划分成几个区段，把落在某区段的采样得到的值归一，并给出相应的量化值。

2. 常用的声音压缩标准

市面上的声音压缩格式数不胜数，除了常用的 MP3 外，还有 WAV、MP4、RA、OGG 等数十种。

- WAV：Windows 系统使用的声音格式，是计算机标准声音格式，不压缩，音质几乎原音重现，但文件较大，CD 音质一分钟约 10MB，传输率高达 1411.2kbps，CD 音质取样频率为 44100Hz，一张光盘约可储存 74 分钟，支持多种压缩算法、音频位数、采样频率和声道，常用软件压缩方法主要有 ACM 和 PCM。8 位以上的声卡就可以将文件的内容还原并播放出来。

- APE：无损音质的压缩格式，强调原音重现，可压缩到 WAV 的一半，APE 和 FLAC 是目前普遍公认的音频无损压缩格式，传输率高达 800kbps～1400kbps，接近于音乐 CD 的 1411kbps，通过插件可在微软的媒体播放器 foobar2000 和 Winamp 中播放。

- MP3（MPEG-1 Audio Layer-3）：为 MPEG 第三级编码（VCD 是压缩率较低的 MP1 和 MP2），是最普遍的声音文件格式，音质佳，易于网络传递，多数软硬件可直接播放，常用传输率为 128/192 kbps，文件压缩 1/10～1/12，每分钟约 1MB 容量，128kbps 以下有高频失真现象，重视音质可选 192kbps 最大至 320kbps 格式，在人耳难以察觉的音质损失下把 WAV 文件以高音质、低采样率的技术破坏性压缩。

- WMA（Windows Media Audio）：微软制定，压缩率可达 1/18，文件较 MP3 小很多，有损编码格式中 128kbps 以下音质最佳，但 192kbps 时 MP3 音质较佳，可在 20K 比特率流量下提供可听的音质，为在线收听和广播的首选，在 64 kbps 时有相当于 128kbps 的 MP3 音质，但 128kbps 以上音质无法明显提升。

- RA、RM 系列（RealAudio）：Real Networks 的专属格式，要安装 RealPlayer 或 Real Alternative 才能播放，文件很小，能边传输边播放，是目前网络在线播放最好的一种格式，如音乐试听网站，10～32kbps 就有能听的音质，但在更高比特率时音质无法提升太多，不像 WAV、MP3、MIDI 等格式，必须全部下载，才能播放。文件格式主要有 RA（RealAudio）、RM（RealMedia，RealAudio G2）、RMX（RealAudio Secured）三种，可随网络带宽改变质量，在多数人听到流畅声音的前提下，令带宽较宽者获得较好音质，制作时可加入版权、演唱者、制作者、Mail 和歌曲的 Title 等信息。

- MIDI（Musical Instrument Digital Interface）：是数字音乐/电子合成乐器的国际标准规格协议，使不同厂家的设备得以相互沟通，非直接录制音乐，而是记录乐器种类、音调、拍数、响度、延续时间等信息，再利用声卡依指令合成声音，非常节省空间，很适合在网络上传输，文件大小只有 WAVE 的百分之一，通常为纯音乐，不适合录制乐器以外的自然声音，如歌唱、演讲、动物叫声，否则易失真，常作为网页的音效，增添网页效果，节省网页下载的时间。

3. 声音文件的存储格式

声音文件要在计算机中进行存储，需要具有一定的文件格式，不同的计算机操作系统支持不同的音频文件格式，如 PC 机的 Windows 操作系统默认支持*.wav 音乐文件，而 UNIX 操作系统默认支持*.au 音频文件。各个声卡生产厂家和音频处理软件制作公司也有自己的音频文件格式标准，所以在对声音文件进行存储、编辑和播放时要考虑该音频文件是何种格式的。

常用的声音文件格式如表 6-1 所示。

表 6-1　常用的声音文件格式

声音文件格式	对格式的说明
AU	SUN 和 NeXT 公司的音频文件格式（采用 8 位 μ 律编码或者 16 位线性编码）
AIF	Apple 公司开发的音频格式
CMF	声霸卡的 MIDI 文件格式
MCT	MIDI 文件格式
MFF	MIDI 文件格式
MID	Windows 操作系统的 MIDI 文件格式
MP2	MPEG Layer I/II 文件格式
MP3	MPEG Layer II 文件格式
MOD	MIDI 文件格式
RM	RealNetworks 公司开发的流媒体声音文件格式
RA	RealNetworks 公司开发的流媒体声音文件格式
ROL	Adlib 声卡上的声音文件格式
SND	Apple 公司开发的声音文件格式
SEQ	MIDI 文件格式
SNG	MIDI 文件格式
VOC	声霸卡存储的声音文件格式
WAV	Windows 标准声音文件格式
WRK	Cakewalk Pro MIDI 音乐制作软件的 MIDI 声音文件格式

4. Windows 7 的"录音机"使用初步

Windows 7 提供的录音机程序能够进行简单的波形声音文件录制，录制完成后，可以将声音链接或插入到另一个文档中。使用步骤如下：

（1）单击"开始"→"所有程序"→"附件"→"录音机"命令，如图 6-41 所示。

（2）在"录音机"控制工具栏中单击"开始录制"按钮可进行声音的录制，如图 6-42 所示。

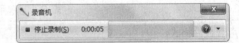

图 6-41　打开 Windows 7 的录音机　　　　图 6-42　"录音机"录制工具栏

（3）单击"停止录制"按钮，弹出如图 6-43 所示的 wma 格式声音保存对话框，进行命名及路径选择则可保存录制好的声音。

图 6-43　保存录制的 wma 格式声音

（4）如果需要继续录制另一段声音，则可单击录音机的"继续录制"按钮。

6.5.3 图形和图像信息处理基础知识

1. 图形和图像的基本概念
- 图形：是指由外部轮廓线条构成的矢量图，即由计算机绘制的直线、圆、矩形、曲线、图表等，由一组指令集合来描述图形的内容，如描述构成该图的各种图元位置维数、形状等。描述的对象可任意缩放不会失真，即矢量图。
- 图像：是由扫描仪、摄像机等输入设备捕捉实际的画面产生的数字图像，由像素点阵构成的位图用数字任意描述像素点、强度和颜色，描述信息文件存储量较大，所描述的对象在缩放过程中会损失细节或产生锯齿，即位图，或称为点阵图。在图像中，每单位长度上的像素数称为图像的分辨率，即分辨率=像素数/该像素所占的长度。分辨率是对点阵图（位图）而言的，对矢量图因为它不是由像素点组成的，所以没有意义。
- 色彩深度：又称色彩位数，是指扫描仪对图像进行采样的数据位数，也就是扫描仪所能辨析的色彩范围。目前有 18 位、24 位、30 位、36 位、42 位和 48 位等多种。应该说，色彩位数越高扫描仪越具有提高扫描效果还原度的潜力。但并非色彩位数越高，扫描效果越好，需要考虑色彩位数的来源，扫描仪的色彩位数和色彩还原效果取决于以下几个方面：感光器件的质量、数模转换器的位数、色彩校正技术的优劣、扫描仪的色彩输出位数。
- 色彩模型：是一个立体的色彩空间，代表人眼能看见的所有色彩。我们使用的色彩模型可分为两大类：RGB 色彩和 CMYK 色彩。电视和计算机显示器是 RGB 色彩，彩色照片、喷墨打印图片和彩色印刷品是 CMYK 色彩。色彩模型发展至今有数十个，继 CIE xyY 之后有 CIE Luv，柯达公司的 Photo YCC、泰克公司的 TekHVC 等。色彩模型有助于学生了解色彩理论，也有助于研究人员和开发商研究和开发有关色彩的产品。

2. 图像数据的容量和图像压缩
图片大小的存储基本单位是字节（byte）。每个字节由 8 个比特（bit）组成。所以，一个字节在十进制中的范围是 0～255，即 256 个数。
图片存储容量的大小与颜色模式有直接关系。
- 灰度模式：图片每一个像素由 1 个字节数值表示，也就是说每一像素由 8 位 01 代码构成。
- RGB 模式：即 Red、Blue、Green 三原色的简写。图片每一个像素由 3 个字节数值表示，也就是说每一像素是由 24 位 01 代码构成。
- CMYK 模式：即由青色（C）、洋红（M）、黄色（Y）、黑色（K）构成。图片每一个像素由 4 个字节数值表示，也就是说每一像素是由 8 位 01 代码构成。

图像压缩是数据压缩技术在数字图像上的应用，目的是减少图像数据中的冗余信息，从而用更加高效的格式存储和传输数据。图像压缩可以是有损数据压缩（如 gif），也可以是无损数据压缩（如 tiff）。此外常见的 JPEG 图像是有损压缩，实现高压缩比率。

3. 常见的图像文件格式
常见的图像文件格式如表 6-2 所示。

表6-2　常见的图像文件格式

图像文件格式	对格式的说明
psd	Photoshop 自身默认生成的图像格式，可保存图层、通道等各种信息
tif	一种无损压缩图像格式，可保存透明通道
bmp	一种 Windows 标准点阵式图形文件格式，包含图像信息丰富但占用磁盘空间大
jpg	目前所有格式中压缩率最高的格式，广泛用于图像显示和一些超文本文档中
gif	CompuServe 提供的一种格式，体积小，广泛应用于互联网，支持透明背景及动画格式
png	新兴网络图形格式，用于网络进行无损压缩和半透明的图片
pdf	一种电子出版物软件的文档格式，包含位图和矢量图，具有查找和导航功能
eps	一种包含位图和矢量图的混合图像格式，常用于印刷或打印输出

4．Windows 的画图程序及其使用方法

Windows 7 的画图程序是一款外观美观，功能简单而且实用，满足一般家用需求的微软系统画图软件。Windows 7 画图软件不仅可以绘图，还可以调整整个图像、图片中某个对象或某部分的大小。具体操作方法如下：

（1）单击"开始"→"所有程序"→"附件"→"画图"命令，如图 6-44 所示。

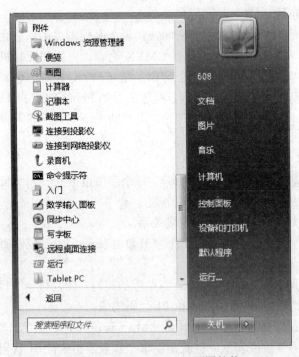

图 6-44　打开 Windows 7 画图软件

（2）使用"主页"选项卡中的各种绘图工具绘制图形，如图 6-45 所示。

（3）绘制完毕后单击快速访问工具栏中的"保存"按钮打开"保存"对话框，选择合适的图片格式进行保存，如图 6-46 所示。

图 6-45 使用 Windows 7 画图软件的形状工具绘制图形

图 6-46 保存 Windows 7 画图软件绘制的图形

6.5.4 视频信息处理基础知识

1. 视频信号及其数字化

视频信号是指电视信号、静止图像信号和可视电视图像信号。对于视频信号可支持 3 种制式：NTSC、PAL、SECAM，除了北美、东亚部分地区使用 NTSC 和中东、法国及东欧采用 SECAM 以外，世界上大部分地区都采用 PAL。大多数视频信号都是模拟信号，而计算机中的数据是以 0 和 1 的数字形式存在的，所以当模拟数据要输入输出计算机时，都要进行视频信号的数字化。

将视频信号经过视频采集卡转换成数字视频文件存储在数字载体硬盘中，这就是视频信号数字化，通过对模拟视频信号进行采集扫描、取样、量化和编码，完成视频信号的数字化。在使用时，将数字视频文件从硬盘中读出，再还原成电视图像加以输出。

2. 视频压缩标准

从 20 世纪 90 年代开始，国际上先后制定了一系列视频图像编码标准。目前从事视频压缩标准制定的国际组织主要有国际电信联盟 ITU-T 的视频编码专家组 VCEG（Video Coding Expert Group）和国际标准化组织 ISO/IEC 的运动图像专家组 MPEG（Motion Picture Expert Group）。两个标准化组织根据不同的应用需求，采用近似的压缩编码技术，分别制定了 H.26X 和 MPEG-X 系列视频压缩标准，虽然它们的应用领域不同，但是均采用了预测编码结合变换量化的混合编码模式。常用的视频压缩标准有以下几种：

- H.261：最早出现的视频编码标准，最初是针对在 ISDN 上实现电信会议应用特别是面对面的可视电话和视频会议而设计的，优点是在实时编码时比 MPEG 所占用的 CPU 运算量少得多；缺点是剧烈运动的图像比相对静止的图像质量要差。
- MPEG-1：针对数据传输率在 1.5Mb/s 以下的数字存储介质图像及其伴音编码而制定的国际标准，主要用于家用 VCD 的视频压缩，优点是对动作不激烈的视频信号可获得较好的图像质量；缺点是当动作激烈时，图像就会产生马赛克现象。它没有定义用于对额外数据流进行编码的格式，因此这种技术不能被广泛推广。
- MPEG-2/H.262：MPEG-2 标准的全称为"运动图像及其伴音的编码"，其中 H.262 就是它的视频编码部分。编码率为 3Mb/s～100Mb/s，是广播级质量的图像压缩标准，并具有 CD 级的音质。优点是提供左、右、中及两个环绕声道，以及一个加重低音声道和多达 7 个伴音声道；缺点是压缩比较低，数据量依然很大，不便于存放和传输，如用于网络方面则需要较高的网络带宽，因此不太适合用于 Internet 和 VOD 点播方面。
- WMV（Windows Media Video）：一种流媒体格式，WMV 格式的体积非常小，适合在网上播放和传输。优点是在同种视频质量的条件下，WMV 的文件非常小；缺点是非开放性标准，时延非常大。

3. 常见的视频文件格式

常见的视频文件格式如表 6-3 所示。

表 6-3 常用的视频文件格式

视频文件格式	对格式的说明
AVI	音频视频交错格式，图像质量好，可以跨多个平台使用，但体积过于庞大，压缩标准不统一
MPEG	运动图像专家组格式，主要有 3 个压缩标准：MPEG-1、MPEG-2 和 MPEG-4
DivX	由 MPEG-4 衍生出来的另一种视频编码格式
RM	RealNetworks 公司制定的音频视频压缩格式
RMVB	由 RM 视频格式升级延伸出来的新视频格式

除表 6-3 所示的格式外，常见的可用作其他用途的视频格式还有 DV-AVI、MOV、ASF、WMV、TS、HDDVD 等，不同的格式用在不同的软件环境中。

4. Windows 的媒体播放器及其使用方法

Windows 的媒体播放器 Windows Media Player 12 是 Windows 7 自带的一个全新的媒体播放平台，交互性增强，能够支持更多的媒体格式，提供实时播放预览、更强大的回放功能、文件预览和在 Windows 7 特色任务栏中添加跳转播放列表等。

Windows 媒体播放器的使用方法如下：

（1）单击"开始"→"所有程序"→Windows Media Player 命令，如图 6-47 所示，打开 Windows Media Player 播放器。

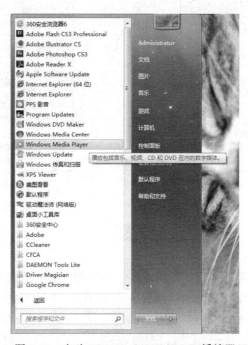

图 6-47　启动 Windows Media Player 播放器

（2）单击右上角的"播放"选项卡，可以将音频或视频直接拖到播放列表中进行播放或单击"播放收藏夹"，如图 6-48 所示。

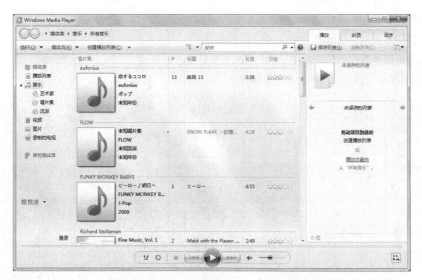

图 6-48　Windows Media Player 播放器界面

（3）要进行 CD 光盘刻录，可单击"刻录"选项卡，将要刻录的文件拖入列表内，在光驱中插入空白 CD，单击"开始刻录"按钮，如图 6-49 所示。

（4）还可与 MP3 等进行音乐同步，使用数据线将计算机与 MP3 等播放设备连接，然后拖入想要同步的文件，单击"开始同步"按钮，如图 6-50 所示。

图 6-49　刻录 CD 光盘

图 6-50　同步设备

习题 6

1．PowerPoint 2010 的主要功能有哪些？简述 PowerPoint 2010 不同视图间的区别。

2．在制作新的演示文稿时，PowerPoint 2010 提供了哪几种方法供用户选择？这些方法各有哪些优缺点？

3．如何在一张幻灯片中插入图形和声音？如果在演示文稿中插入了背景音乐，到另一台计算机上放映时，没有将背景音乐文件拷贝到另一台计算机正确的文件夹中，会产生什么问题？

4．如何设置幻灯片的切换方式？

5．如何设置幻灯片对象（文字、图形等）的动态演示效果？

6．如何使用幻灯片的超级链接和动作按钮来增强演示文稿的交互性？

7．如何设置演示文稿的自定义放映方式？

8．如何将演示文稿保存成网页？

9．什么是多媒体？什么是多媒体技术？简述多媒体技术的应用。

10．常用的图像、音频、视频的格式有哪些？

第7章　数据库技术

数据管理技术是对数据进行分类、组织、编码、输入、存储、检索、维护和输出的技术。数据管理技术的发展大致经历了3个阶段：人工管理阶段、文件系统阶段、数据库系统阶段。经过近40年的发展，数据库技术已成为一项理论成熟、应用极广的数据管理技术。各种组织不仅借助数据库技术开发了信息系统，而且在其中存储并积累了大量的业务数据，为管理决策提供了丰富的数据基础。

7.1　数据库概述

7.1.1　数据库的相关概念

（1）数据。

数据（Data）是指可存储并具有明确意义的符号，包括数字、文字、图形、图像和声音等，用于描述现实世界中的各种具体事物或抽象概念。数据是数据库中存储的基本对象。

（2）数据库。

数据库（Database，DB）是存储在计算机内、有组织、可共享的数据集合。数据库中的数据按一定的数据模型组织、描述和存储，具有较小的数据冗余度、较高的数据独立性和扩展性，并且数据库中的数据为各个合法用户所共享。

（3）数据库管理系统。

数据库管理系统（Database Management System，DBMS）是一种操纵和管理数据库的软件，是位于用户和操作系统之间的用于建立、使用和维护数据库，并对数据库进行统一管理和控制，以保证数据库的安全性和完整性的系统软件。数据库管理系统是数据库系统的核心。

（4）数据库系统。

数据库系统（Database System，DBS）是指运行了数据库管理系统的计算机系统，能够对大量的动态数据进行有组织的存储与管理，提供各种应用支持。数据库系统通常由硬件系统、数据库、数据库管理系统、系统支撑软件与应用软件、数据库管理员及用户等几个部分组成。

7.1.2　数据库系统的特点和数据管理技术的发展

1. 数据库系统的特点

数据库系统的主要特点如下：

- 数据结构化：所谓整体结构化是指在数据库中的数据不仅仅针对某一个应用，而是面向全组织；不仅数据内部是结构化的，整体也是结构化的，而且数据之间是有联系的。这也是数据库系统与文件系统的本质区别。
- 数据的共享性高、冗余度低、易扩充：数据可以被多个用户、多个应用程序共享使用，数据结构化大大减少了数据的冗余，节约了存储空间，避免了数据之间的不相容与不一致。面向系统的数据结构化设计使其容易扩充。

- 数据独立性高：数据独立性包括数据的物理独立性和逻辑独立性。由 DBMS（数据库管理系统）管理的数据，当数据的物理存储结构改变或数据的逻辑结构改变时，用户程序可以不改变。
- 数据由 DBMS 统一管理和控制：数据库的共享是并发的共享，即多个用户可以同时存取数据库中的数据，甚至可以同时存取数据库中的同一个数据。DBMS 为数据提供了数据的安全性保护、数据的完整性检查、数据库的并发访问控制、数据库的故障恢复等数据控制功能。

2. 数据管理技术的发展

数据管理是指对数据进行组织、存储、分类、检索、维护等数据处理的技术，是数据处理的核心。随着计算机硬件技术和软件技术的发展，计算机数据管理的水平不断提高，管理方式也发生了很大变化。数据管理技术的发展主要经历了人工管理阶段、文件系统阶段和数据库系统阶段 3 个阶段。

（1）人工管理阶段。

人工管理阶段始于 20 世纪 50 年代，出现在计算机应用于数据管理的初期。这个时期的计算机主要用于科学计算。从硬件看，由于当时没有磁盘作为计算机的存储设备，数据只能存放于卡片、纸带、磁带上。在软件方面，既没有操作系统，也没有专门管理数据的软件，数据由计算或处理它的程序自行携带。

（2）文件系统阶段。

在 20 世纪 60 年代，计算机软硬件技术得到快速发展，硬件方面有了磁盘、磁鼓等大容量且能长期保存数据的存储设备，软件方面有了操作系统。操作系统中有专门的文件系统用于管理外部存储器上的数据文件，数据与程序分开，数据能长期保存。

（3）数据库系统阶段。

由于文件系统管理数据存在缺陷，迫切需要一种新的数据管理方式，把数据组成合理的结构，进行集中、统一的管理。数据库技术始于 20 世纪 60 年代末，到了 20 世纪 80 年代，随着计算机的普遍应用和数据库系统的不断完善，数据库系统在全世界范围内得到了广泛应用。

在数据库系统阶段，是将所有的数据集中到一个数据库中，形成一个数据中心，实行统一规划、集中管理，用户通过数据库管理系统来使用数据库中的数据。

7.1.3　数据模型和数据库分类

1. 数据模型

数据模型是指数据库中数据与数据之间的关系，数据模型不同，相应的数据库系统就完全不同，任何一个数据库系统都是基于某种数据模型的。不同的数据模型提供了模型化数据和信息的不同工具，根据模型应用的目的不同，可以将模型分为两类或两个层次：概念模型和数据模型。前者是按用户的观点来对数据和信息建模，后者是按计算机系统的观点来对数据建模。

（1）概念模型。

概念模型是对客观事物及其联系的抽象，用于信息世界的建模，它强调其语义表达能力，以及能够较方便、直接地表达应用中的各种语义知识。这类模型概念简单、清晰，易于被用户理解，是用户和数据库设计人员之间进行交流的语言。概念模型的表示方法很多，其中最著名的是 E-R 方法（实体－联系方法），它用 E-R 图来描述现实世界的概念模型，E-R 图的主要成分是实体、联系和属性。

（2）数据模型。

模型是对现实世界特征的模拟和抽象。数据模型是对现实世界数据特征的抽象，它反映了客观世界中各种事物间的联系，是这种联系的抽象和归纳。常用的数据模型可以分为层次数据模型、网状数据模型和关系数据模型。层次数据模型反映了客观事物之间一对多（1:n）的联系；网状数据模型反映了客观事物之间多对多（m:n）的联系；关系数据模型就是把事物间的联系及事物内部的联系用一张二维表来表示，这种二维表就称为"关系"，关系模型既可以表示两个实体类型间的 1:1、1:n 联系，也可以直接描述它们之间的 m:n 联系。

2. 数据库的分类

根据数据库所使用的数据模型，数据库也相应用地分为层次型数据库、网状型数据库和关系型数据库。

关系型数据库有如下几特点：

- 关系：一个关系就是一张由行和列组成的二维表。在一张二维表中，表的每一行对应一个元组（即记录），表的每一列对应一个域（即字段）。所有的记录格式相同，长度相同。
- 字段（属性）：二维表的列称为"字段"，每个字段表示对象的一个属性。在同一张二维表中，字段名不能相同。同一字段数据的类型相同，它们均为同一属性的值。
- 记录（元组）：二维表的行称为"记录"，也叫元组。一行就是一个记录，它表示了一个对象的各个属性的取值。二维表的第一行是各字段的名称，简称字段名。
- 行和列的排列顺序并不重要。

7.2　Access 的基本操作

7.2.1　创建 Access 数据库

Access 2010 是 Microsoft Office 2010 套装办公软件中的数据库组件，是一个关系数据库管理系统，它提供了一套完整的工具和向导，通过可视化的操作来完成大部分的数据库管理和开发工作。Access 2010 提供了 3 种创建数据库的方法：

- 使用 Access 提供的模板，在"数据库向导"帮助下，对向导所给出的选项做出不同的选择，可建立一个包含表、查询、窗体、报表等对象的数据库。
- 先创建一个空的数据库（数据库中暂时没有表、查询等任何对象），然后再通过添加对象的方式添加表、查询、报表及其他对象。
- 根据现有数据库文件新建，用这种方法可以快速创建一个数据库的副本。

1. 启动 Access 2010

单击"开始"→"所有程序"→Microsoft Office→Microsoft Access 2010 命令即可启动 Access 2010，软件界面如图 7-1 所示。

2. 创建空数据库

（1）单击"文件"→"新建"命令，在"可用模板"下单击"空数据库"选项，或单击中右侧"文件名"下的按钮，弹出"文件新建数据库"对话框，如图 7-2 所示。

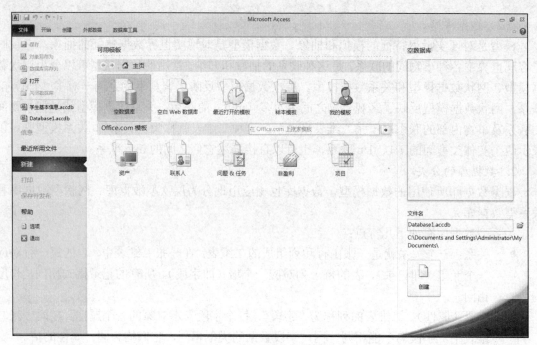

图 7-1　Access 2010 软件界面

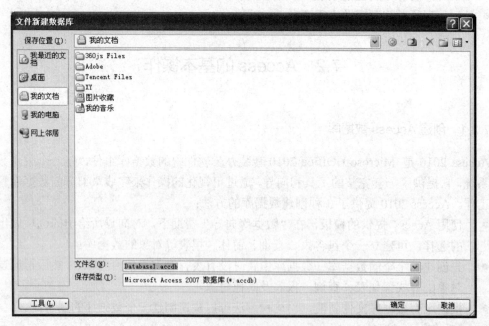

图 7-2　"文件新建数据库"对话框

（2）在其中指定"保存位置"（如 D:）并输入"文件名"（如"学生基本信息"），如图 7-3 所示，单击"确定"按钮，再单击"创建"按钮完成操作。

（3）打开 D 盘即可看到有一个 学生基本信息.accdb Microsoft Access 328 KB 的数据库文件了。双击打开这个数据库文件，其数据库窗口界面如图 7-4 所示。

图 7-3 新建数据库文件

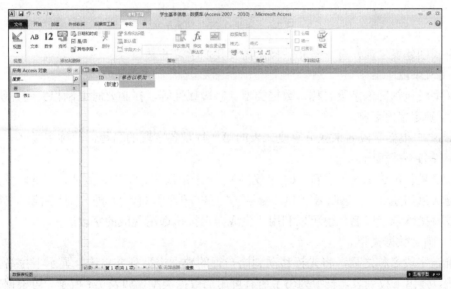

图 7-4 "学生基本信息"数据库窗口

数据库窗口的功能区如图 7-5 所示。

图 7-5 数据库窗口的功能区

7.2.2 创建表

数据表是 Access 中最重要的数据库对象之一,是 Access 管理数据的基础,是用于保存数据的数据库对象。表也是其他数据库对象的数据来源和基础。因此建立数据库的重要工作是建立数据表,建立了数据表才能进一步建立数据库的查询、报表等其他对象。在创建了空数据库之后，首先要创建数据表。

在"学生基本信息"数据库中创建"学生信息"表，表中的数据如图 7-6 所示。

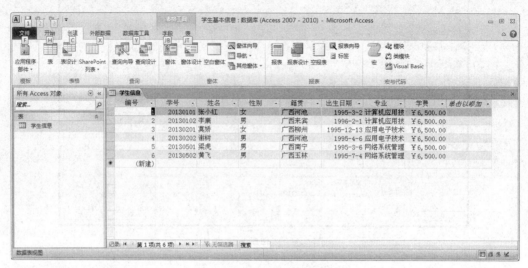

图 7-6   "学生信息"表数据

在正式创建表之前，有一些相关概念需要我们学习并掌握。

1. 定义字段

定义字段包括确定字段名称、数据类型、字段属性等，在必要时编制相关的说明。

（1）确定字段名称。

Access 中根据字段名来区分字段，表的第一行是各字段的名称，简称字段名。在同一张表中，字段名不能相同。

字段名最长可达 128 个字符（64 个汉字），可采用汉字、字母、数字、空格以及其他一些特殊字符（除句点（.）、感叹号（!）、撇号（'）和方括号（[、]）外），但不能以空格开头。

可以直接输入字段名，也可以利用"生成器"按钮选用现成的字段。

（2）确定数据类型。

在确定字段名称之后，将光标移动到同一行的数据类型列并单击，显示下拉箭头。再单击此箭头，弹出下拉列表。表中列出了所有可用的数据类型，如表 7-1 所示。可根据实际需要从中选择合适的数据类型。

表 7-1   数据类型

数据类型	使用对象	大小
文本	存储文本，如地址、电话号码、零件编号或邮编	最多 255 个字符。每个汉字计一个字符
备注	保存长文本，如摘要、备注、说明	最多 65536 个字符
数字	可用来进行算术计算的数字数据，可在"字段大小"属性中指定子类型	1、2、4 或 8 个字节
日期/时间	日期及时间	8 个字节
货币	货币值。货币计算时禁止四舍五入，并精确到小数点左方 15 位数及右方 4 位数	8 个字节

续表

数据类型	使用对象	大小
自动编号	在添加记录时自动插入的唯一顺序（每次递增 1）	4 个字节
是/否	表示逻辑值，如 Yes/No、True/False、On/Off	1 位
OLE 对象	在其他应用程序中按 OLE 协议创建的对象（如 Word 文档、Excel 电子表格、图像、声音或其他二进制数据），可以将这些对象链接或嵌入到 Access 2010 表中。在窗体或报表中使用绑定对象框来显示 OLE 对象	最大可为 1GB
超级链接	保存超级链接的字段	最多 64000 个字符
查阅向导	选定此数据类型将启动向导来定义组合框，使用户能选用另一表或值列表中的数据	通常为 4 个字节

（3）确定字段属性。

不同数据类型的字段有不同的属性，如表 7-2 所示。

表 7-2　字段属性

属性选项	功能	说明	
字段大小	限定文本字段的大小和数字型数据的种类	文本字段的大小是指文本字段保存和显示的大小，其范围为 0～255，在默认情况下为 50 字节	
		7 种不同的数字型数据的大小和范围各不相同	字节：保存 0～255 之间的整数，占 1 个字节
			整型：保存-32768～+32767 之间的整数，占 2 个字节
			长整型：保存-2147483648～+2147483647 之间的整数，占 4 个字节
			单精度型：保存-3.402823E38～+3.402823E38 之间的实数，精度为小数点后 7 位，占 4 个字节
			双精度型：保存 -1.797693134862632E308 ～ +1.797693134862632E308 之间的实数，精度为小数点后 15 位，占 8 个字节
			同步复制 ID：全局唯一标识符 GUID（一种用于建立同步复制唯一标识符的 16 字节字段，用于标识副本、副本集、表、记录和其他对象）
			小数
格式	控制数据显示和打印的格式	不同类型的数据有不同的格式。可在不改变数据实际存储情况的条件下改变数据显示和打印的格式。对于数字型数据的格式，可以使用"格式"属性的下拉列表来选定	
小数位数	指定数字、货币字段数据的小数位数	默认值是"自动"，范围是 0～15。当设置为"自动"时，"格式"属性为"货币"、"固定"、"标准"、"百分比"和"科学记数法"的字段将显示两位小数。只有设置了字段或控件的"格式"属性后，"小数位数"属性才有效	
输入掩码	用户为数据定义的格式	输入掩码用掩码表达式来设置，使用户在输入数据时可以看到这个掩码，从而知道应该如何输入数据，对文本、数字、日期/时间和货币类型字段有效	
标题	用于在窗体和报表中取代字段的名称	在设计表时，字段名应以简明为好，以便于表的使用和管理。但在报表和窗体中，为了表示出该字段明确的意义，可以把字段名用一个更为详细的标题来代替	

属性选项	功能	说明	
默认值	在添加新记录时自动加入到字段中的值	默认值只是个开始值，可以在输入时改变。若某个字段的值大部分记录都相同，可以设置其为默认值，提高数据的录入速度。自动编号和 OLE 数据类型没有此项属性	
有效性规则	根据表达式建立的规则来确认数据是否符合规定	用户输入的数据必须满足此表达式，当光标离开此字段时，系统会自动检测，如果不符合就给出提示来自于"有效性文本"所输入的信息内容，若无内容，则系统会提示标准出错信息，并强迫光标停留在该字段，直到输入的数据≥0 为止	设置有效性规则的方法：把光标移动到有效性规则的文本框，对于简单有效性规则，可以直接在其中输入有效性规则表达式；对于复杂有效性规则，可以单击其后出现的…按钮，弹出表达式生成器对话框。如高考分数不可能为负数，可以为"高考分数"字段设置">=0"的有效性规则
有效性文本	当数据不符合有效性规则时所显示的信息	当违反了有效性规则时，系统将显示所输入的文本作为错误信息。如果没有设置有效性文本属性，则显示系统的标准信息	
必填字段	该属性决定字段中是否允许出现 Null 值		
允许空字符串	指定该字段是否允许零长度字符串		
索引	决定是否建立索引的属性，有 3 个选项："没有"、"有，允许重复"和"有，不允许重复"		
Unicode 压缩	指示是否允许对该字段进行 Unicode 压缩		
输入法模式	确定光标移至该字段时准备设置哪种输入法模式，有 3 个选项：随意、开启、关闭		

2. 构造表结构

"学生信息"表结构如表 7-3 所示。

表 7-3　"学生信息"表结构

字段名称	数据类型	字段大小	小数位数	格式
编号	自动编号	长整型		主键
学号	数字	长整型	自动	主键
姓名	文本	8		
性别	文本	2		
籍贯	文本	20		
出生日期	日期/时间			短日期
专业	文本	20		
学费	货币		自动	货币

创建表的操作步骤如下：

（1）打开数据库，切换到"创建"选项卡。在"学生基本信息"数据库窗口下单击"表"按钮，可以得到一个新创建的表，表默认名称为"表 1"。右击"表 1"图标，选择"设计视图"命令，会弹出"另存为"对话框，在"表名称"文本框中输入表的名称"学生信息"，单击"确定"按钮，打开表的设计视图，如图 7-7 所示。

（2）在表设计视图上方窗格的第一行的"字段名称"列中输入"编号"，在"数据类型"

列中单击，在弹出的下拉菜单中选择"自动编号"，在下方窗格的"常规"选项卡的"字段大小"文本框中使用默认的"长整型"。

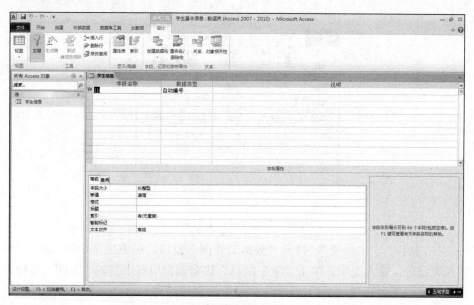

图 7-7 表的设计视图

（3）在表的设计视图中依照表 7-3 分别定义字段"学号"、"姓名"、"性别"、"籍贯"、"出生日期"、"专业"和"学费"的字段名称、数据类型和字段大小。

（4）将鼠标放在编号前端的灰色边框上，鼠标会变成一个向右指示的黑色实心箭头，此时向下拖动鼠标将第一和第二行同时选定，单击"表格工具/设计"选项卡"工具"组中的"主键"按钮或者右击并选择"主键"命令，这时字段行左侧会出现一个钥匙状的图标。设计完成后的表设计视图如图 7-8 所示。

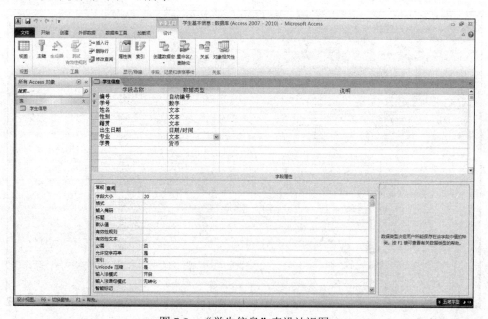

图 7-8 "学生信息"表设计视图

（5）单击"保存"按钮，关闭表设计视图回到数据库窗口，在学生基本信息管理数据库窗口中列出了新建的表"学生信息"，如图 7-9 所示。

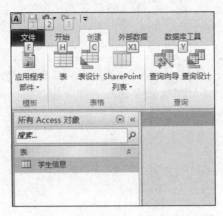

图 7-9　数据库窗口下的新建表

（6）双击表名"学生信息"，打开"数据表视图"窗口，按照图 7-6 所示的"学生信息"数据表输入表记录。输入完毕，单击"学生信息"数据表窗口右上角的"关闭"按钮，数据自动保存并返回到数据库窗口。至此，"学生信息"表创建结束。

7.2.3　修改表的结构

用户可以在创建表的同时进行表结构的修改，也可以在创建表之后对表结构进行修改。下面以修改"学生信息"表结构为例，在学生基本信息管理数据库窗口的"表"对象下选择表名"学生信息"，右击"学生信息"图标并选择"设计视图"命令，打开"学生信息"表的设计视图，如图 7-10 所示。

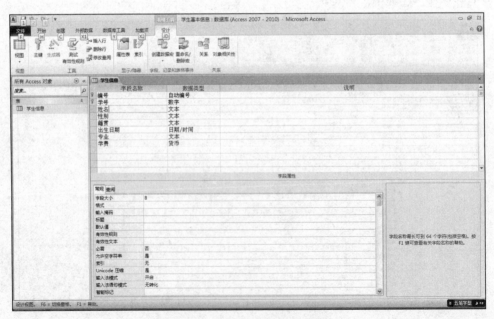

图 7-10　"学生信息"表设计视图

（1）增加字段。

将光标插入到末字段"学费"的下方，输入新字段名，选择相应的数据类型，设置其字段属性。如果需要在中间插入新字段，则将光标置于要插入新字段的位置上，单击"表格工具/设计"选项卡"工具"组中"插入行"按钮，在当前位置会产生一个新的空白行（原有的字段向下移动），再输入新字段信息。

（2）修改字段。

选择要修改的字段名，录入需要替换的字段名文字，修改相应的数据类型及字段属性。

（3）删除字段。

将光标置于要删除字段所在行的任意单元格上，单击"表格工具/设计"选项卡"工具"组中"删除行"按钮，可以将该字段删除。也可以将鼠标移到字段左边的行选定器上（可以选一行或多个相邻行），再执行上述的删除操作或按 Delete 键。系统将弹出对话框，要求用户确认是否永久删除，单击"是"按钮。

（4）移动字段。

单击要移动字段左边的行选定器，这时该字段左边出现向右指示的实心箭头符号，用鼠标左键将该箭头符号向上（或向下）拖至目标位置。

（5）定义主键。

单击用作主键的字段行的任意位置，单击"表格工具/设计"选项卡"工具"组中"主键"按钮或者在字段行处右击并选择"主键"命令，该字段就成为该表的主键。如果一个表以多字段的组合作为主键，则按住 Ctrl 键，依次选择这多个字段，再单击"主键"按钮。主键由一个或多个字段组成，主键字段的值对每条记录来说必须是唯一的。也就是说，主键字段的值可以唯一区别每一条记录。一个表只能有一个主键。如果表设置了主键，则记录的存取顺序将由主键的值确定，并且设置为主键的字段不能输入 Null 值。

（6）删除主键。

选定要删除主键的字段，单击 Ⓐ 的"主键"按钮或者在该字段行处右击并选择"主键"命令，主键标志将消失，从而删除主键。

7.3 表的数据操作

7.3.1 添加记录

1. 向空表添加数据记录

打开要编辑的数据库，在"表"对象下双击打开指定的表（或选定指定表并右击，在弹出的快捷菜单中选择"打开"命令），进入到该表的数据表视图，在数据表视图中输入各字段对应的数据。

2. 向已有记录的数据表追加新记录

打开需要添加新记录的数据表，将光标直接定位在最末端的空白记录上，然后输入数据，可以在表的末尾添加若干条记录。

7.3.2 编辑记录

1. 修改记录数据

打开需要修改记录的数据表，进入到数据表视图，将要修改的记录中的原数据删除，再输入新数据。

2. 删除记录

打开需要删除记录的数据表，进入到数据表视图，选择需要删除记录的记录行，然后右击，在弹出快捷菜单中，选择"删除记录"命令。

如果同时删除多条相邻的记录，则先选择要删除的第一条记录，再按住 Shift 键并选定至要删除的最后一条记录，按 Delete 键或右击已选定的记录并选择"删除记录"命令，系统将弹出对话框，要求用户确认是否删除，单击"是"按钮。

7.3.3 保存数据

1. 新表的数据保存

（1）对于一个新建的表，当关闭其表视图（或单击"文件"→"保存"命令）时，会弹出是否保存的提问，如图 7-11 所示。

（2）单击"是"按钮，弹出"另存为"对话框，如图 7-12 所示。

图 7-11　是否保存提示对话框　　　　图 7-12　"另存为"对话框

（3）在"表名称"文本框中输入表名，如"学生信息"，单击"确定"按钮，回到数据库窗口，在学生基本信息管理数据库窗口中列出了新建的表"学生信息"，如图 7-13 所示。

图 7-13　含"学生信息"表的数据库窗口

2. 修改表数据的保存

对已保存过的表进行数据修改和编辑，当关闭数据表视图窗口时，对所修改的新数据会自动保存。

7.3.4 记录的排序和筛选

1. 排序记录

当在数据表视图中打开表时，表中的记录是按主关键字的升序排列显示的。为了便于查看记录，可以按用户指定的字段排序，方法如下：

（1）在"数据表"视图中单击要用于排序记录的字段。若要排序子数据表中的记录，则单击其展开指示器来显示该子数据表，然后再单击所需的字段。

（2）若要升序排序，则单击"升序"按钮；若要降序排序，则单击"降序"按钮。

2. 筛选记录

筛选是将满足条件的多条记录显示在屏幕上，表中的数据不会被更改。在 Access 的"开始"选项卡的"排序和筛选"组中提供了 3 个筛选按钮："筛选器"按钮、"选择"按钮和"高级"按钮。单击"高级"按钮，打开下拉列表显示与筛选相关的命令。这 3 个按钮对应的 4 种筛选方式分别是"筛选器"、"选择筛选"、"按窗体筛选"和"高级筛选"。

- 筛选器：提供一种比较灵活的筛选方式，它把所选定的字段列中的所有不重复值以表显示出来，用户可以逐个选择需要的筛选内容，筛选器可以应用到除了 OLE 和附加字段外的所有字段类型。
- 选择筛选：是一种简单易用的常用筛选方法，提供了供用户选择的字段值，所提供的字段值由光标指定位置决定，选择筛选条件具体分为"等于"、"不等于"、"包含"、"不包含"等。
- 按窗体筛选：是一种快速的筛选方法，通过它无须浏览整个数据表记录，而且可以同时对两个以上的字段值进行筛选。选择"按窗体筛选"命令时，数据表自动转化为单一记录的形式，并且每个字段变为一个下拉列表，可以从每个列表中选取一个值作为筛选的内容。
- 高级筛选：适合于筛选条件比较复杂的情况，可以设置更多的筛选字段和条件，高级筛选实际上是通过创建一个查询来实现各种复杂条件的筛选。

3. 筛选的使用/取消/删除

（1）筛选的使用。

用户如果保存了筛选，则该筛选与表一起保存，而不作为独立的对象保存。当用户再次打开该表时，筛选不再起作用。如果用户想在一个表中使用多个筛选或永久保存一个筛选，则必须将其作为一个查询保存起来。

（2）筛选的取消。

单击功能区中的"取消筛选/排序"按钮。

（3）筛选的删除。

若要完全删除一个筛选，则要通过"清除网格"、"应用筛选"、"关闭"、"高级筛选/排序"等操作来完成。

7.4 表文件的操作及表间关系

7.4.1 表文件的操作

1. 表文件的复制

可以在同一个数据库中进行表文件的复制，也可以将表文件从一个数据库复制到另一个数据库中。

（1）同一数据库中表文件的复制。

打开数据库，选择"表"对象下所要复制的表文件，单击功能区中的"复制"按钮，再单击功能区中的"粘贴"按钮，弹出"粘贴表方式"对话框，在"表名称"文本框中输入新表名，选择"结构和数据"粘贴选项，单击"确定"按钮。

（2）不同的数据库间表文件的复制。

1）打开源数据库，选择"表"对象下所要复制的表文件，单击功能区中的"复制"按钮，关闭该数据库窗口。

2）打开目标数据库，单击功能区中的"粘贴"按钮，弹出"粘贴表方式"对话框，在"表名称"文本框中输入表名，选择"结构和数据"粘贴选项，单击"确定"按钮。

2．表文件的重命名

打开数据库，在"表"对象下选择需要更改名称的数据表并右击，在弹出的快捷菜单中选择"重命名"命令，输入表的新名称，按 Enter 键。

3．表文件的删除

打开数据库，在"表"对象下选择需要删除的数据表并右击，在弹出的快捷菜单中选择"删除"命令。

7.4.2　表与表之间的关系

Access 数据库中各个表之间是通过相同的字段内容联系起来的，多个表通过相同字段建立起表之间的关系，然后再通过创建查询、窗体、报表来达到同时显示来自多个表中的信息的目的。

1．表与表之间的关系

表与表之间的关系可以是一对一、一对多、多对多的关系，如表 7-4 所示。

表 7-4　表与表之间的关系

关系类型	描述	说明
一对一关系（1:1）	A 表中的每一记录仅能在 B 表中有一个匹配的记录，反之亦然	A、B 两表的关联字段都必须被设为主键或者有索引（无重复）
一对多关系（1:n）	A 表中的一个记录能与 B 表中的许多记录匹配，但 B 表中的一个记录仅能与 A 表中的一个记录匹配	A 表的关联字段都必须被设为主键或者有索引（无重复），B 表的关联字段都必须被设有索引（有重复）
多对多关系（m:n）	A 表中的一个记录能与 B 表中的许多记录匹配，反之亦然	

2．创建表间关系

创建表之间的关系时，相关联的字段不一定要有相同的名称，但必须有相同的字段类型，除非主键字段是个"自动编号"字段。表间的关联是通过表的主关键字来确定的，因此要建立表间关系必须先给表设置主键（设置方法前面已讲述），当数据表的主关键字段发生更改时，系统都会进行检查，并提醒用户是否违反了参照完整性。另外，不能在已打开的表之间创建或修改关系，因此定义关系之前必须关闭所有的表。

创建表间关系的方法如下：

（1）打开数据库，单击功能区中的"关系"按钮，打开"关系"窗口并弹出"显示表"对话框。

（2）在"显示表"对话框中添加需要建立关系的表，再单击"关闭"按钮，退出"显示表"对话框并返回到"关系"窗口。

（3）在"关系"对话框中选择 A 表的主键字段，若将 A 表的主键字段拖曳到 B 表中的主键字段上，则弹出"编辑关系"对话框中显示的关系类型是一对一；若将 A 表的主键字段拖曳到 B 表中的非主键字段上，则弹出"编辑关系"对话框中显示的关系类型是一对多。

（4）选择"实施参照完整性"复选框，单击"创建"按钮，"关系"窗口中两表之间产生一条两端标注有关系类型数据的连线。

（5）关闭"关系"窗口，无论是否保存对"关系"布局的更改，表间的关系都已自动保存到数据库中。

3. 编辑/删除表间关系

打开数据库，打开"关系"窗口，选中表间的关系连线并右击，在弹出的快捷菜单中，若选择"编辑关系"命令，则弹出"编辑关系"对话框，可对关系进行编辑；若选择"删除"命令，则将此关系删除。

7.5　查询

查询是 Access 数据库的一个重要对象，通过查询筛选出符合条件的记录，构成一个新的数据集合。也可以使用查询回答简单问题、执行计算、合并不同表的数据，甚至添加、修改或删除表中的数据。查询结果还可以作为窗体、报表和查询的数据来源，从而增加数据库设计的灵活性。

7.5.1　查询的分类

从功能上划分，查询可分为以下几类：

（1）选择查询。

选择查询是从一个或多个表中检索出满足条件的数据，还可以用来对记录进行分组、总计、计数、求平均值等操作。

（2）交叉表查询。

交叉表查询可以以一种紧凑的格式显示来源于表中某个字段的最大值、最小值、平均值和合计值等，并将它们分组，一组列在数据表的左侧，一组列在数据表的上部。

（3）操作查询。

操作查询可以在一个操作中更改多条记录，分 4 种情况：

- 追加查询：可从一个或多个表中将一组记录追加到另一个（或多个）表的尾部。
- 更新查询：可对一个或多个表中已有的数据作全局的更新修改。
- 删除查询：可从一个或多个表中将一组记录删除。
- 生成查询：可根据一个或多个表中的全部或部分数据生成一个新表。

（4）SQL 查询。

SQL 查询是用户使用 SQL 语句创建的查询。

7.5.2　查询的创建

1. 使用向导创建查询

使用向导创建一个基于"学生信息"表的学生基本信息查询。"学生信息"表中有学生的全部相关信息，要使用向导创建"学生部分信息"查询，要求显示学生的部分信息，所以在查询中可以包含以下部分字段：学号、姓名、性别和专业。

创建步骤如下：

（1）打开"学生基本信息"数据库，打开"学生信息"表。

（2）单击"创建"选项卡"查询"组中的"查询向导"按钮 。

（3）弹出"新建查询"对话框，如图 7-14 所示，选择"简单查询向导"选项，然后单击"确定"按钮，弹出"简单查询向导"对话框，如图 7-15 所示。

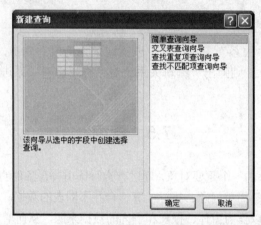

图 7-14　"新建查询"对话框

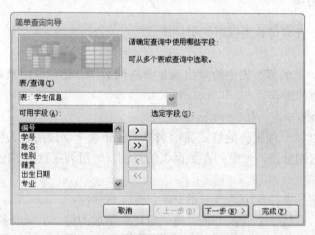

图 7-15　"简单查询向导"对话框 1

（4）在"表/查询"下拉列表框中选择"表：学生信息"选项。在"可用字段"列表框中选中"学号"，单击 > 按钮把它传送到"选定字段"列表框中，然后使用同样的方法依次选中"姓名"、"性别"和"专业"字段并把它们传送到"选定字段"列表框中，如图 7-16 所示。

（5）单击"下一步"按钮，进入如图 7-17 所示的界面，可以为该查询指定名称，既可以使用默认标题"学生信息查询"也可以自行输入标题，在此文本框中输入标题"学生部分信息"，单击"完成"按钮，至此使用向导创建查询的任务就完成了。

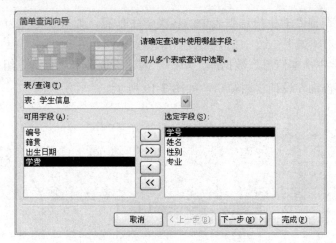

图 7-16　"简单查询向导"对话框 2

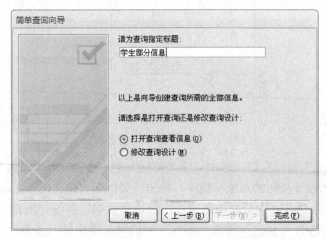

图 7-17　"简单查询向导"对话框 3

双击导航窗格中"查询"对象列表中的"学生部分信息"查询即可看到查询结果，如图 7-18 所示。

学生部分信息			
学号	姓名	性别	专业
20130101	张小红	女	计算机应用技
20130102	李康	男	计算机应用技
20130201	莫娇	女	应用电子技术
20130202	谢树	男	应用电子技术
20130501	梁虎	男	网络系统管理
20130502	黄飞	男	网络系统管理

图 7-18　"学生部分信息"查询结果

2. 使用设计视图查询信息

在设计视图中，通过设置各种查询条件，在"学生信息"表中查询满足条件的学生信息。

使用查询向导可以快速地创建一个查询，但是其能实现的功能比较单一，对于创建指定条件的查询则无法实现，因此，Access 还提供了另外一种查询方法，即查询的"设计视图"，它是创建、编辑和修改查询的基本工具，使用设计视图创建查询是最基本的方法。

使用设计视图查询"学生信息"表中的各类学生信息，如查询专业为"网络系统管理"的学生信息。操作步骤如下：

（1）打开"学生基本信息"数据库，单击"创建"选项卡"查询"组中的"查询设计"按钮 ，打开"查询"设计视图窗口，如图 7-19 所示。

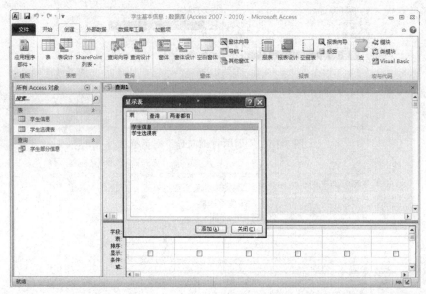

图 7-19　"查询"设计视图窗口

（2）在"显示表"对话框中，选中"学生信息"表，然后单击"添加"按钮，这时"学生信息"表就被添加到设计视图的对象窗格中，单击"关闭"按钮关闭"显示表"对话框。

（3）在"学生信息"表中分别拖动或双击所需要的字段到设计网格中。

（4）在设计网格的"专业"列的"条件"行的单元格中输入条件"网络系统管理"，如图 7-20 所示。

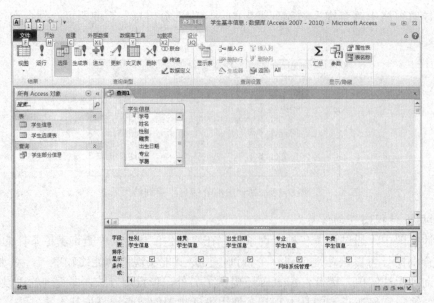

图 7-20　添加了表、字段和单个条件后的设计视图

（5）单击"设计"选项卡"结果"组中的"运行"按钮 ！，打开"查询"视图，显示查询结果，如图 7-21 所示。

图 7-21　"网络系统管理专业"学生信息的查询结果

（6）在快速访问工具栏中单击"保存"按钮，弹出"另存为"对话框，输入查询名称"网络专业学生信息"，如图 7-22 所示，单击"确定"按钮。

图 7-22　"另存为"对话框

Access 还为我们提供了其他的查询创建方法，根据计算机等级考试大纲要求，其他查询方法的创建在此就不作详细介绍了。

7.6　报表

报表是数据库打印输出格式化数据信息的一种对象。报表的主要功能有数据的格式化；分组组织与汇总数据；实现计数、求平均、求和等计算；可以包含子报表和图表数据。报表的种类有纵栏式报表、表格式报表、图表报表和标签报表。Access 2010 为报表提供了"布局视图"、"打印预览"和"设计视图"3 种视图。

1. 报表的组成

在报表的设计视图中可以看到，报表由报表页眉、页面页眉、主体、页面页脚和报表页脚这几部分组成，如图 7-23 所示。

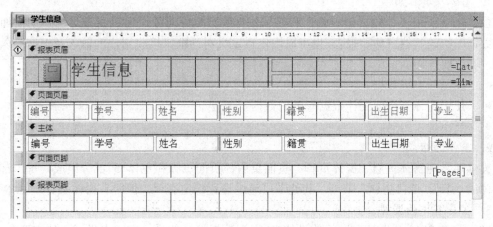

图 7-23　报表的组成

2. 报表的创建

创建报表的方法有 4 种：自动创建报表、创建空报表、利用报表向导创建报表、使用设计视图创建报表。

（1）自动创建报表。

使用"自动创建报表"，可以选择记录源和报表格式（包括纵栏式或表格式）来创建报表，该报表能够显示表中的所有字段和记录。基本操作步骤为：选中相关的数据表，单击"创建"选项卡"报表"组中的"报表"按钮。

（2）创建空报表。

创建空报表是指创建一个空白报表，然后再将选定的数据字段添加到报表中。注意数据源只能是表。基本操作步骤为：单击"创建"选项卡"报表"组中的"空报表"按钮，再单击"报表布局工具/设计"选项卡"工具"组中的"添加现有字段"按钮，出现字段列表，把字段拖放在空报表上。

（3）使用报表向导创建报表。

在使用报表向导创建报表时，需要选择在报表中出现的信息（包括报表标题、显示字段等），并从多种格式中选择一种格式以确定报表的外观。

基本操作步骤为：使用向导创建新报表；设置数据源及输出字段（数据源允许多表）；确定查看数据的方式（多表时的设置）；设置分组依据、排序依据和汇总选项；确定报表的布局和样式；确定报表的标题（亦即报表名称）。

（4）使用设计视图创建报表。

基本操作步骤为：单击"创建"选项卡→"报表"组中的"报表设计"按钮，再单击"报表设计工具/设计"选项卡"工具"组中的"添加现有字段"按钮，出现字段列表，把字段拖放在空报表上。

7.7　窗体

7.7.1　窗体及其类型

1. 窗体及其作用

窗体是主要用于在数据库中输入和显示数据的数据库对象。可以将窗体用作切换面板来打开数据库中的其他窗体和报表，也可以用作自定义对话框来接收用户的输入及根据输入执行操作。其主要作用如下：

- 显示与编辑数据。
- 使用窗体查询或统计数据库中的数据。
- 显示提示信息。

2. 窗体的组成

窗体通常由窗体页眉、窗体页脚、页面页眉、页面页脚和主体 5 部分组成，每一部分称为窗体的"节"，除"主体"节外，其他节可通过设置确定有无，但所有窗体必有"主体"节。

3. 常见窗体的类型

在 Access 2010 数据处理窗体的设计中，根据数据记录的显示方式提供了 6 种类型的窗体：纵栏式窗体、数据表窗体、表格式窗体、数据透视窗体、主/子窗体、图表窗体。

纵栏式窗体、表格式窗体、数据表窗体是对相同数据的不同显示形式，其中纵栏式窗体同时只显示一条记录，而表格式窗体和数据表窗体可同时显示多条记录。

7.7.2 创建窗体

在 Access 2010 中可以使用 3 种方法来创建窗体：自动创建窗体、使用窗体向导创建窗体、使用设计视图创建窗体。

创建窗体时，在某些情况下需要指定窗体的数据源。窗体的数据源可以是：表、查询、SQL 语句。

1. 自动创建窗体

自动创建窗体可以创建一个基于单表或查询的窗体。自动创建窗体的操作步骤很简单，不需要设置太多的参数，是一种快速创建窗体的方法。

（1）使用"窗体"按钮创建纵栏式窗体。

操作步骤如下：

1）在数据库的"导航"窗格中选择窗体的数据源（选定数据表）。

2）单击"创建"选项卡"窗体"组中的"窗体"按钮，系统将自动创建一个以选定数据表为数据源的窗体，并以布局视图显示此窗体。

（2）创建分割窗体。

分割窗体以两种视图方式显示数据：上半区域，以单记录方式显示数据，用于查看和编辑记录；下半区域，以数据表方式显示数据，可以快速定位和浏览记录。

两种视图基于同一个数据源，并始终保持同步。可以在任意一部分中对记录进行切换和编辑。

创建分割窗体的操作步骤如下：

1）在数据库的"导航"窗格中选择窗体的数据源。

2）单击"创建"选项卡"窗体"组中的"其他窗体"按钮，在下拉列表中选择"分割窗体"命令，系统将自动创建一个以指定数据表为数据源的分割窗体，并以布局视图显示此窗体。

2. 使用窗体向导创建窗体

使用向导创建窗体时创建窗体的格式更为丰富，用户可以选择窗体中所需要的字段、布局和背景样式。创建方法为：打开数据库，单击"创建"选项卡"窗体"组中的"窗体向导"按钮，在打开的"窗体向导"中选择用作数据源的表或查询，双击"可用字段"列表框中所需的字段，使之进入到"选定字段"列表框中，单击"下一步"按钮，按照向导的一步步提示对窗体使用的布局、样式、指定标题等做出选择即可完成窗体的创建。

3. 使用设计视图创建窗体

在设计视图中创建窗体，个性化的内容和格式更为灵活，创建方法与在设计视图中创建报表类似，通过在"主体"节中添加控件并对控件进行设置和更改从而获得所需要的功能。

创建的操作步骤如下：

（1）单击"创建"选项卡"窗体"组中的"窗体设计"按钮。

（2）单击"窗体设计工具/设计"选项卡"工具"中的"添加现有字段"按钮，出现字段列表，把字段拖放在空窗体上。

习题 7

1．什么是数据库？什么是数据库管理系统？什么是数据库系统？

2．数据库系统有哪些特点？

3．常用的数据模型有哪些？什么是关系数据模型？根据数据库所使用的数据模型可以把数据库分为哪几类？

4．关系数据库有哪些特点？

5．表与表之间可以表示为哪几种关系？

6．报表可分为哪几类？

7．简述窗体的组成。

第8章 网页（网站）设计

网页（网站）设计是一个把软件需求转换成用软件网站表示的过程，就是指在因特网上，根据一定的规则，使用 Dreamweaver、Photoshop、Fireworks 等工具制作的用于展示特定内容的相关网页的集合。简单地说，网站是一种通讯工具，就像布告栏一样，人们可以通过网站来发布自己想要公开的资讯（信息），或者利用网站来提供相关的网络服务（网络服务）。人们可以通过网页浏览器来访问网站，获取自己需要的资讯（信息）或者享受网络服务。

8.1 认识网页设计

8.1.1 网页的组成元素

一般网站的页面组成都有文字、图像、超链接、表格、表单、动画、框架等，下面就来详细介绍一下这些组成元素。

1. 框架

框架是网页的一种组织形式，将相互关联的多个网页的内容组织在一个浏览器窗口中显示。例如，可以在一个框架内放置导航栏，另一个框架中的内容可以随着单击导航栏中的链接而改变，这样只要制作一个导航栏的网页即可，而不必将导航栏的内容复制到各栏目的网页中去。

2. 文本

文本是网页中的主要信息。在网页中可以通过字体、字号、颜色、底纹、边框等来设置文本属性。这里的文字指的是文本文字，而不是图片中的文字。

在网页制作过程中，文字可以方便地设置成各种字体和大小，但是这里还是建议，用于正文的文字不要太大，也不要使用太多的字体，中文文字使用宋体、9 磅或者 12、14 像素左右即可。因为过大的字在显示器中显示时线条的显示不够平滑，颜色也不要使用太过复杂，以免影响用户的视觉。大段文本文字排列，建议参考一下优秀的报纸杂志等。

3. 图片

许多丰富多彩的网页都是因为网页中有了图像，可见图像在网页中的重要性。用于网页上的图片一般为 JPG 和 GIF 格式的，即以.jpg 和.gif 为后缀的文件。

4. 超链接

超链接是整个网站的通道，它是把网页指向另一个目的端的链接。例如指向另一个网页或相同网页上的不同位置。这个目的端通常是另一个网页，但也可以是图片、电子邮件地址、文件或者程序。超链接可以是文本或者图片。

超链接广泛地存在于网页的图片和文字中，提供与图片和文字相关内容的链接。在超链接上单击，即可链接到相应地址（URL）的网页。有链接的地方，鼠标指到光标会变成小手形状。可以说超链接正是 Web 的主要特色。

5. 表格

表格是网页排版的灵魂。使用表格排版是网页的主要制作形式之一。通过表格可以精确的控制各网页元素在网页中的位置。表格并不是指网页中直观意义的表格，范围要更广一些，它是 HTML 语言中的一种元素。表格主要用于网页内容的排列，组织整个网页的外观，通过在表格中放置相应的内容，即可有效地组合成符合设计效果的页面。有了表格的存在，网页中的元素得以方便地固定在设计位置上。一般表格的边线不在网页中显示。

6. 表单

表单是用来收集站点访问者信息的域集。站点访问者填写表单的方式是输入文本、单击单选按钮与复选框，以及从下拉列表中选择选项。在填写好表单之后，站点访问者便送出输入到数据库，该数据库就会根据所设置的表单处理程序以各种不同的方式进行处理。

7. 动画

动画是网页上最活跃的元素，通常制作优秀、有创意、出众的动画是吸引浏览者的最有效的方法。但太多的动画会让人眼花缭乱，无心细看。这就使得对动画制作的要求越来越高。通常制作动画的软件有 Flash、Web Animator 等。Macromedia 的 Flash 虽然出现时间不长，但已经成为最重要的 Web 动画形式之一。Flash 不仅比 HTML 易学得多，而且有很多重要的动画特征，如关键帧补间、运动路径、动画蒙板、形状变形和洋葱皮效果等。利用这个多才多艺的软件，不仅可以建立 Flash 电影，而且可以把动画输出为 QuickTime 文件、GIF 文件或其他许多不同的文件格式（JPEG、PNG 等）。

8. 其他

网页中除了这些基本元素外，还有横幅广告、字幕、悬停按钮、日戳、计数器、音频及视频等。

8.1.2 网页的设计理念

和其他类型的设计有所不同的是，网页设计一直在随着时代的发展而不断地变化着。因此，网页设计师们需要时常"升级"自己来紧跟设计潮流。这些年来，不断涌现的各种新思潮、新理念让网页设计领域呈现一种百花齐放的局面。下面就让我们来看看这些优秀的设计理念。

1. 用更具吸引力的方式呈现内容

有很多网站都想表现得与众不同。作为设计师，你可以用一些新颖的概念和布局来吸引用户访问。但是，你却不一定能保证用户会真的花时间去了解网站内容。当遇到这一问题时，可以考虑在设计方案中加入互动元素，比如以一种动态的方式将信息呈现给用户，以此来赢得用户更多的关注，而不是仅仅显示一个枯燥的文本内容。这样，用户在欣赏网站美观的设计时，还将会有心情消化这些呈现给他们的网站信息。

2. 改善所有普通元素的设计

任何一个具有创意的网站设计方案都会把目光聚焦在布局和色彩搭配上，而这也意味着，网页上有很多元素都没有得到它们应得到的关注。例如，站点地图通常以一种丑陋的格式挂在页面上。你可能不理解，为什么要关心这些元素的设计呢？原因很简单：你的任何一份设计都应该以不落窠臼的方式展现出来。因此，好好思考一下如何为站点地图的设计添加动态元素吧，你总不能强迫用户去访问站点地图吧。

3. 鼓励用户进一步操作

任何一个网站都有一个终极目标，那就是鼓励用户去点击、去操作。这些操作行为包括注册或者查询内容等。现在假设作为设计师的你要去预测用户的下一步操作，其中方法有很多，但最重要的是思考如何吸引用户的目光。同时，这也需要动态的设计。

4. 恰当添加交互性元素

在网站设计中加入动态交互元素可以为网站赢得不少赞誉。对于特定类型的网站，应该有一份特定的设计方案。开发者可以快速搭建一个交互性出色的网站，放心大胆地在设计方案中添加交互性元素。例如，当你访问一个购物网站时，能看到一堆的产品等着被商家销售。对于这类网站，把用户导向任何特定选项的设计都是愚蠢的。因为用户可能没有耐心，而又不得不忍着痛苦去对比类似的产品。因此，正确的做法是，给用户提供一个寻找货物的简易方法，这样，他们会真正参与到购物中来。

8.1.3　优化规划网站结构

网站的结构决定了一个网站的方向和前途，决定了一个网站面向的市场到底有多大，结构是战略层面上的，靠的是技术来表达。

合理的网站栏目结构，其实没有什么特别之处，无非是能正确表达网站的基本内容及其内容之间的层次关系，站在用户的角度考虑，使得用户在网站中浏览时可以方便地获取信息，不至于迷失。做到这一点并不难，关键在于对网站结构的重要性要有充分的认识。归纳起来，合理的网站栏目结构主要表现在以下几个方面：

- 通过主页可以到达任何一个一级栏目首页、二级栏目首页以及最终内容页面。
- 通过任何一个网页可以返回上一级栏目页面并逐级返回主页。
- 主栏目清晰并且全站统一。
- 通过任何一个网页可以进入任何一个一级栏目首页。

不同主题的网站对网页内容的安排会有所不同，但大多数网站首页的页面结构都会包括页面标题、网站 LOGO、导航栏、登录区、搜索区、热点推荐区、主内容区和页脚区，其他页面不需要设置得如此复杂，一般由页面标题、网站 LOGO、导航栏、主内容区和页脚区等构成。

常见的布局结构有"同"字形布局、"国"字形布局、"匡"字形布局、"三"字形布局和"川"字形布局等。

- "同"字形布局：所谓"同"字形结构，就是整个页面布局类似"同"字，页面顶部是主导航栏，下面左右两侧是二级导航条、登录区、搜索区等，中间是主内容区，如 http://www.china-channel.com。
- "国"字形布局：它是在"同"字形布局上演化而来的，它在保留"同"字形的同时，在页面的下方增加一横条状的菜单或广告，如 http://www.yesky.com。
- "匡"字形布局：这种布局结构去掉了"国"字形布局右边的边框部分，给主内容区释放了更多空间，内容虽看起来比较多，但布局整齐又不过于拥挤，适合一些下载类和贺卡类站点使用，如 http://nj.onlinedown.net。
- "三"字形布局：一般应用在简洁明快的艺术性网页布局中，这种布局一般采用简单的图片和线条代替拥挤的文字，给浏览者以强烈的视觉冲击，如 http://www.cphoto.com.cn。
- "川"字形布局：整个页面在垂直方向上分为三列，网站的内容按栏目分布在这三列中，最大限度地突出主页的索引功能，一般适合用在栏目较多的网站里，如 http://www.

sohu.com。

8.1.4 网页的色彩搭配

网页中色彩的应用是网页设计中极为重要的一环，赏心悦目的网页，色彩的搭配都是和谐优美的。在确定网站的主题后，我们就要了解哪些颜色适合站点使用，哪些不适合，这主要根据人们的审美习惯和站点的风格来定，一般情况下要注意以下几点：

- 忌讳使用强烈对比的颜色搭配作主色。
- 配色简洁，主色要尽量控制在三种以内。
- 背景和内容的对比要明显，少用花纹复杂的背景图片，以便突出显示文字内容。

8.1.5 网页设计软件 Dreamweaver CS5

1. Dreamweaver CS5 的启动与退出

单击"开始"→"所有程序"→Adobe Dreamweaver CS5 命令，即可启动 Dreamweaver CS5。单击"文件"→"退出"命令，可以关闭 Dreamweaver CS5 窗口。

2. Dreamweaver CS5 的工作界面

Dreamweaver CS5 是常用的制作网页和网站的工具软件。它集显示、编辑网页 HTML 源代码，插入文本、图片、声音、动画、表单、超链接和使用数据库与脚本语言，管理和发布站点的工具为一体，可以在同一界面中完成设计、制作、发布、管理站点的工作。

Dreamweaver CS5 的主界面由菜单栏、工具栏、文档窗口、状态栏、属性面板、面板组等组成，如图 8-1 所示。该软件标题栏在窗口的顶部，下面依次是菜单栏和工具栏。

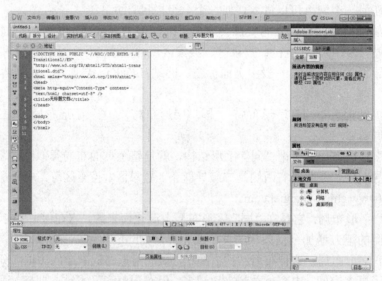

图 8-1　Dreamweaver CS5 的主界面

在工具栏的下面是 Dreamweaver CS5 工作界面中最大的两块区域，左边是主编辑窗口，右边是面板组。

主编辑窗口实际上是一个网页视图窗口，可以在其中创建、编辑网页文档。文档编辑区的顶部有三个视图选择按钮，通过它们可以在代码视图、拆分视图和设计视图之间进行切换，编辑完成后可以按 F12 快捷键对网页进行预览。

（1）菜单栏。

菜单栏包含了每个程序菜单的标题，如图 8-2 所示。可以单击一个菜单来显示其下面的项目，或者在按住 Alt 键的同时按标题栏中带下划线的字母键来访问，例如要访问"文件"菜单，可以按 Alt+F 组合键。

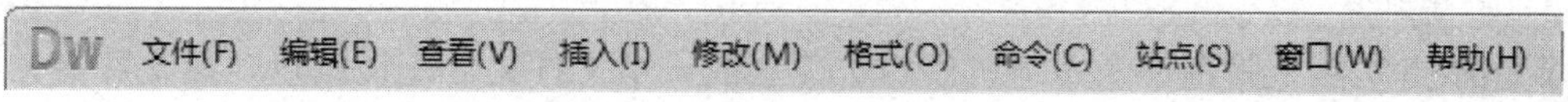

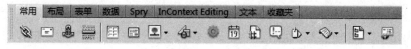

图 8-2　菜单栏

（2）工具栏。

在默认的状态下，Dreamweaver CS5 在菜单栏下面加载了插入工具栏，如图 8-3 所示。

图 8-3　插入工具栏

Dreamweaver CS5 还包括其他的工具栏，并且可以通过选择"窗口"菜单项，在弹出的菜单中勾选相应的命令来调用。用户还可以根据自己的需要来定制工具栏包含的选项。用户可以通过移动和处理工具栏与面板来创建自定义工作区。

（3）主编辑窗口。

主编辑窗口是制作、编辑网页的地方，我们将在这个区域里进行输入文字、插入图片、制作表格等操作。

主编辑窗口顶部有三个查看标签："设计"模式，用来编辑网页内容；"代码"模式，用来查看 Dreamweaver CS5 自动生成的 HTML 代码；"拆分"模式，窗口被分成两部分，左边是HTML 代码，右边是网页内容。单击"预览"按钮可以演示网页效果。

8.2　制作网页

8.2.1　新建站点

1．规划站点结构

站点是管理网页与素材的场所。规划站点结构是指利用不同的文件夹将不同的网页内容分门别类地保存，合理地组织站点结构，提高工作效率。建立站点应该事先在本地磁盘上创建一个文件夹作为站点的根目录，然后在文件夹下创建若干个子文件夹，形成合理的目录结构，将不同类型的文件分门别类地存放在不同的目录中，在网站设计中所有创建和编辑的网页都应当保存在该文件夹中。在发布站点时，只需将此文件夹中的所有内容上传到 Web 服务器上即可。

在站点规划中合理地为文件和文件夹进行命名也非常重要，好的名称容易理解，能够表达出网页的内容。新手通常不注意这些，随便乱起些名字，这样过些时候自己也搞不懂是什么了（特别是文件比较多的时候），我们要做到一看文件的名字就知道是什么内容的文件。行家的做法是：用英文或者拼音给文件命名（推荐英文），不要使用中文的名字（因为有的机器对中文支持不太好，有可能出现链接的错误，你自己以为正确的东西在别人看来有可能是错的）

且避免使用长文件名，如图片文件夹可以命名为 images 或 tupian。

制作网页所需的图片或动画等文件存放的位置也是规划站点结构时应该考虑的。如果是大型站点，可在站点根目录下创建一个名称为 images 的文件夹，用以存放主页中用到的图片和动画。

2. 新建站点

新建站点实际上是在你的本地机硬盘上建立的一个文件夹，在该站点（该文件夹）内可以建立若干个的网页文件，并对相应的网页内容进行编辑、修改、链接，最后通过 Dreamweaver CS5 把建立好的网站发布到某个 Web 服务器上（相当于把整个站点文件夹复制到 Web 服务器硬盘的某个位置），这个 Web 服务器可以是局域网的服务器，也可以是因特网上的某个 Web 服务器。

新建站点的操作步骤如下：

（1）单击"站点"→ "新建站点"命令，弹出"站点设置对象"对话框，如图 8-4 所示。

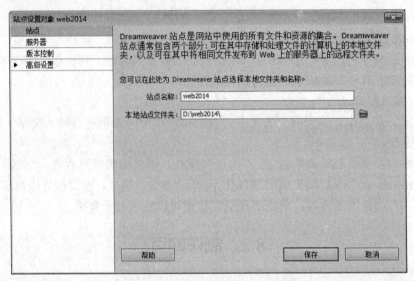

图 8-4 "站点设置对象"对话框

（2）在左侧选择"站点"选项，输入站点名称：web2014。站点名称即网站名称，网站名称显示在站点面板中的站点下拉列表中。站点名称不会在浏览器中显示，因此可以使用喜欢的任何名称。

本地站点文件夹即放置网站文件、模板以及库的本地文件夹。在计算机中选择事先命名好的 web2014 文件夹作为本地站点文件夹，如果本地根目录文件夹不存在，那么可以在"选择根文件夹"对话框中创建一个文件夹，然后再选择它。

（3）在"高级设置"中选择"本地信息"选项，如图 8-5 所示。

选择事先在 web2014 里创建的 images 文件夹作为默认图像文件夹，"链接相对于"选择"文档"，如果有网站网址，可以在 Web URL 文本框中输入网站完整的 URL。如果勾选"区分大小写的链接检查"复选项，在检查链接时则会有字母大小写的区分。若选择"启用缓存"复选项，则会创建一个缓存以加快资源面板和链接管理功能的速度；如果不选择此复选项，Dreamweaver CS5 在创建站点时会询问是否想创建一个缓存。

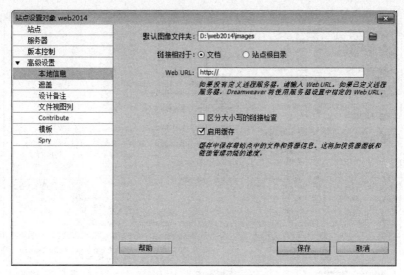

图 8-5　本地信息的设置

其他项可以根据需要设置，也可以在以后点击"站点"→"管理站点"命令，弹出"管理站点"对话框，再单击"编辑"按钮，弹出"站点设置对象"对话框，在其中进行设置。

（4）设置完毕后单击"保存"按钮。打开站点面板，可以看到我们刚才新建立的站点 web2014，如图 8-6 所示。

图 8-6　"文件"面板

3．新建网页

根据新建站点来创建网页 index.htm 是一种新建网页的方法，当网页独立存在时，也可以采用如下方法来创建网页：

（1）选择"文件"→"新建"命令，弹出"新建文档"对话框，如图 8-7 所示。在"页面类型"选项区中选择 HTML 文档，单击"创建"按钮后将自动新建一个网页，名称默认为 Untitled-1.htm。

（2）选择"文件"→"保存"命令，弹出"另存为"对话框，在"文件名"文本框输入首页名称 index，在"保存在"下拉列表框中选择 web2014 站点文件夹，单击"保存"按钮，如图 8-8 所示。

4．设置网页属性

网页属性是一个网页整体的属性，记录关于网页的非页面部分的相关信息，适当地设置可以达到增加网页美观和缩减网页文件大小的效果。

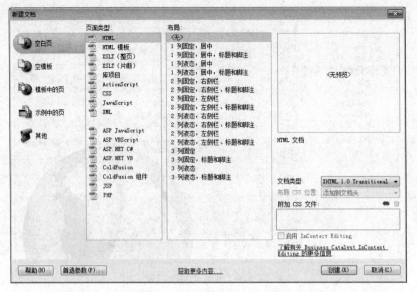

图 8-7　"新建文档"对话框

图 8-8　"另存为"对话框

（1）选择"窗口"→"属性"命令，打开"属性"面板，如图 8-9 所示。

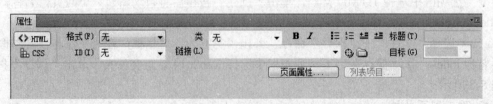

图 8-9　网页属性面板

（2）单击"属性"面板中的"页面属性"按钮，弹出"页面属性"对话框，如图 8-10 所示。在其中可以设置网页的外观样式、链接样式、标题样式、标题和编码等。

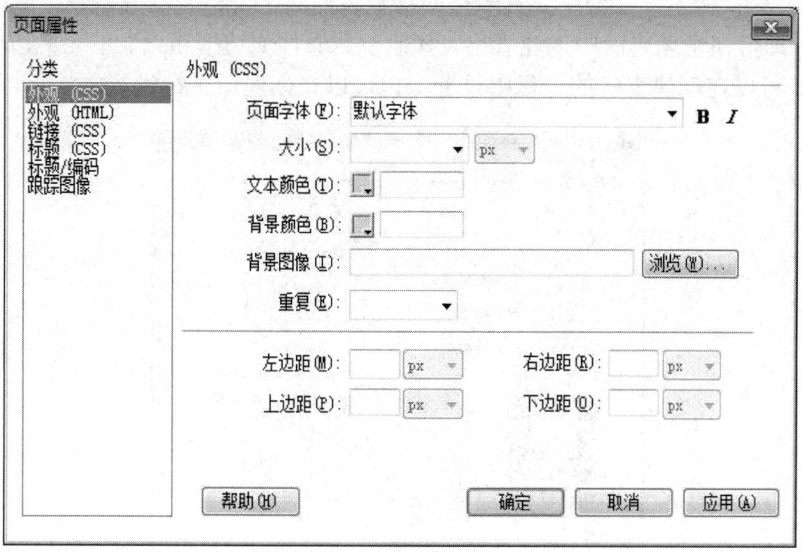

图 8-10　"页面属性"对话框

8.2.2　设计网页布局

目前常用的网页布局方式有 3 种：使用表格布局、使用 DIV+CSS 布局和使用框架布局。对于网页设计初学者来说，可以先从表格布局网页开始入手。

表格在网页制作中的作用有以下两个方面：

- 用于显示有一定格式的数据和信息。
- 用于对整个网页版面的控制，组织数据、排列网页元素（文本、图像、视频等）的空间位置。

表格在网页中的使用比较多，表格的引入使网页变得整齐美观，许多漂亮的网页都是利用表格实现布局的。

1. 使用表格

（1）表格的基本组成。

下面是 2013 级计算机应用专业学生信息表。

班级	姓名	学号	籍贯	户口所在城市
3011301	王晓川	301130101	广西梧州	广西梧州
3011301	吴小莉	301130102	广西南宁	广西南宁

- 单元格：由行列表线构成的矩形区域，是构成表格的基本元素，用来摆放数据和各种信息。
- 单元格间距：指单元格之间的间距，实际是单元格间表线的宽度。
- 单元格边距：指单元格文字内容与表线之间的最小距离。

（2）建立表格。

在 Dreamweaver CS5 中有 3 种方法可以创建表格：

- 利用"插入"→"表格"命令：选择"插入"→"表格"命令，弹出"表格"对话框，如图 8-11 所示，在其中设置表格的行数、列数、表格宽度等参数，单击"确定"按钮，即可在主编辑区中创建表格。其他参数属性如边框粗细、单元格边距、单元格间距等可以在创建表格的过程中设置，也可以在创建后进行设置。

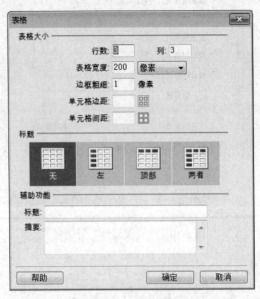

图 8-11　"表格"对话框

- 利用插入工具栏中的"插入表格"按钮：将插入点移到需要插入表格的地方，然后单击插入工具栏中的"常用"选项卡，再单击的"插入表格"按钮 田，弹出"表格"对话框，其余操作与命令方式的相同。
- 用 HTML 代码：打开主编辑区的代码视图，在<body>标签内编辑以下 HTML 代码：

```
<table width="200" border="1" cellpadding="0" cellspacing="0">
  <th>
    <td></td>
    <td></td>
  </th>
  <tr>
    <td></td>
    <td></td>
  </tr>
</table>
```

一个表格通常由<table>标记开始，到</table>标记结束。表格的内容由<tr>、<th>和<td>标记定义。<tr>说明表的一个行，<th>说明表的列数和相应栏目的名称（即表头），<td>用来填充由<tr>和<th>标记组成的表格（即单元格）。

在<table>标签的属性中，width 表示表格宽度，border 表示表格边框，cellspacing 表示单元格之间的间距，cellpadding 表示单元格内数据与单元格边框之间的间距。

（3）表格的编辑。

选中表格，此时"属性"面板中显示表格属性，可以进行表格行数、列数、宽度、表格填充、间距等参数的设置，通过改变行数、列数值来进行行或列的插入与删除，如图 8-12 所示。

图 8-12　表格属性面板

光标置于表格中的任一单元格，此时"属性"面板显示单元格属性，如图 8-13 所示。可以调整单元格的行高、列宽，进行拆分与合并单元格设置等。表格中数据的复制与移动可通过鼠标操作实现，直接用鼠标拖动到目标为移动，按住 Ctrl 键的同时拖动到目标为复制。也可以通过"复制"和"剪切"命令来实现。

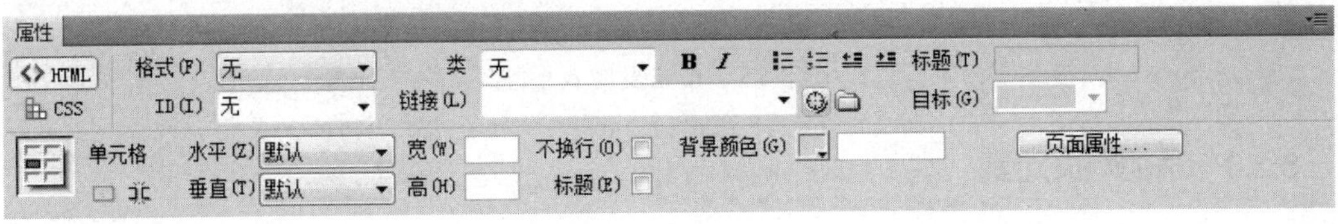

图 8-13　单元格属性面板

（4）表格嵌套。

表格嵌套指的是表格中再套表格，主要是解决合理使用网页空间的问题。

表格嵌套操作，将光标置于要套有一个表格的单元格中，再执行插入表格操作。这样新建立的表格就被嵌入到刚才那个单元格中了。

2．利用表格布局网页

如图 8-14 所示的"武侠书吧"网页就是利用表格来进行布局的。设计网页就像是做黑板报，应该事先在纸上画好版面的布局，然后用表格来实现制版，把模块内容放在相应的单元格内。这里的表格线只是起布局分隔作用，在浏览时用户不需要看到。所以设计时，应该将表格的表格线粗细设置为"0"。布局好的表格效果如图 8-15 所示。

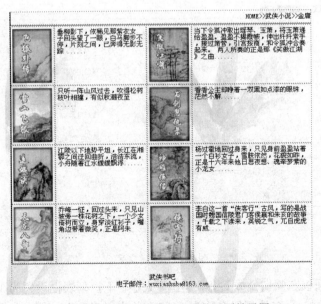

图 8-14　利用表格进行布局的网页效果图

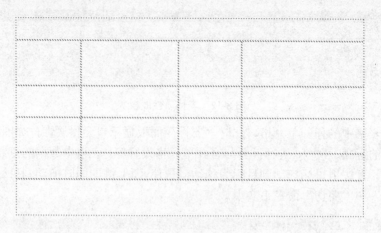

图 8-15　布局表格效果图

8.2.3　添加网页元素

1. 文本

（1）文本编辑。

在 Dreamweaver CS5 中改变文字的字体和字号与在 Word 中的操作是一样的。此外，在网页中输入文本时，如果已经达到网页边界，则文本会自动回滚到下一行继续输入，这种换行方式不会产生新行或一个新段落，随着网页边界的变化或编辑窗口的调整 Dreamweaver CS5 会自动调整这个回滚位置。

按 Shift+Enter 组合键将产生新行，即换行，新行与上一行之间没有回滚关系；按 Enter 键产生一个新段落。

1）在编辑区中输入文字，输入完毕后拖动鼠标选定"HOME>>武侠小说>>金庸"几个字，如图 8-16 所示。

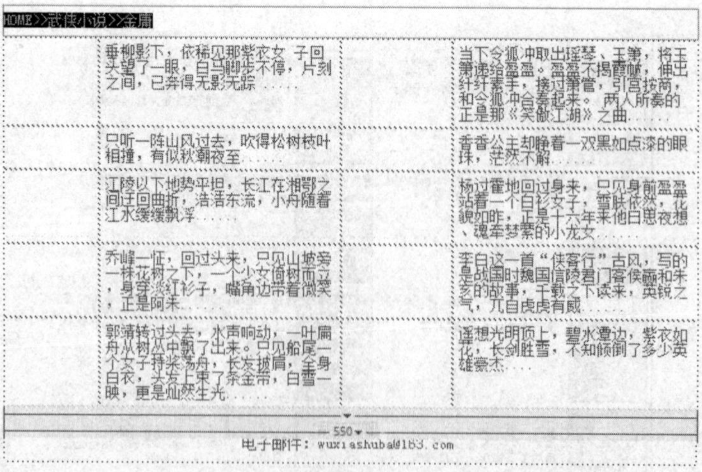

图 8-16　选定文字

2）在"属性"面板左侧切换成 CSS，单击"大小"下拉列表框设置为 14px，此时弹出"新建 CSS 规则"对话框，命名选择器名称为.font1，单击"确定"按钮，如图 8-17 所示。

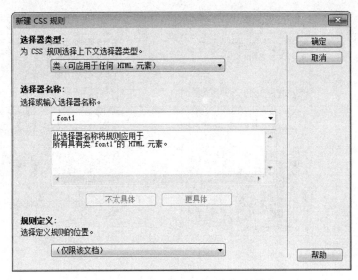

图 8-17 "新建 CSS 规则"对话框

3）单击"字体"下拉列表框，选择"编辑文字列表"，在弹出的"编辑字体列表"对话框的"可用字体"列表框中选择"隶书"，将其添加至"选择的字体"列表框中，单击"确定"按钮，如图 8-18 所示。重新单击"字体"下拉列表框，设置字体为"隶书"，如图 8-19 所示。案例中其他文字的操作这里不再赘述。文字编辑效果图如图 8-20 所示。

图 8-18 "编辑字体列表"对话框

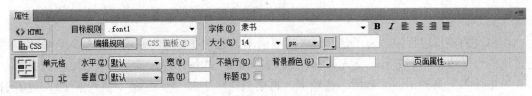

图 8-19 文字属性面板

（2）文字的对齐方式。

1）Dreamweaver CS5 提供了 4 种对齐方式：左对齐、居中、右对齐和两端对齐。选中"HOME>>武侠小说>>金庸"几个字，单击文字属性面板中的 ≡ 按钮，使"HOME>>武侠小说>>金庸"几个字右对齐显示。

2）选中"武侠书吧 电子邮件：wuxiashuba@163.com"几个字，单击文字属性面板中的 ≡ 按钮，使"武侠书吧 电子邮件：wuxiashuba@163.com"几个字居中显示，结果如图 8-21 所示。

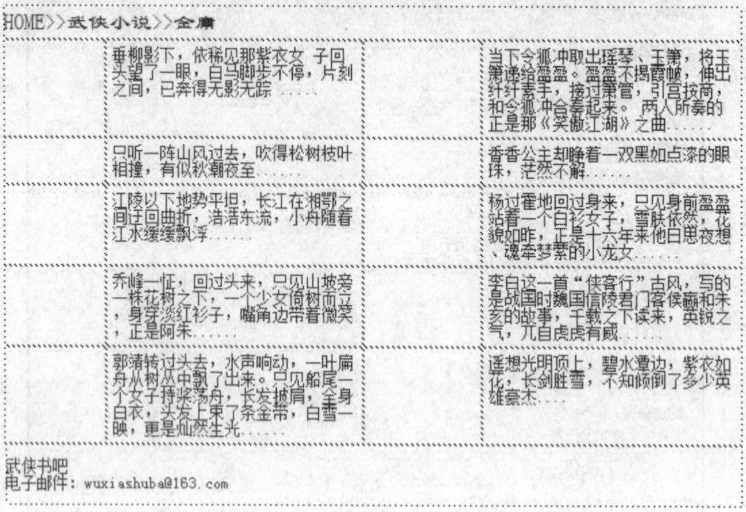

图 8-20　文字编辑效果图

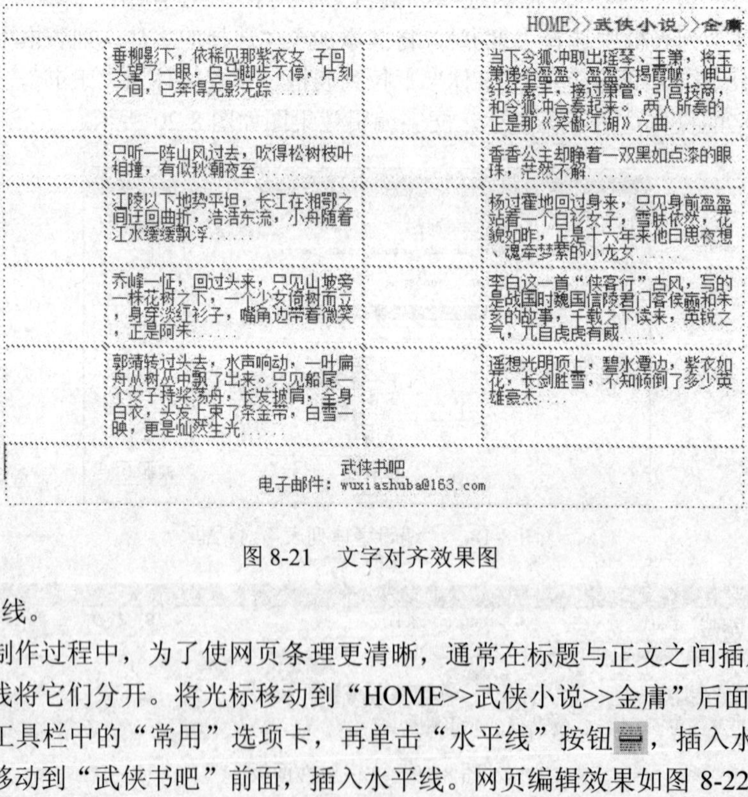

图 8-21　文字对齐效果图

（3）水平线。

在网页的制作过程中，为了使网页条理更清晰，通常在标题与正文之间插入一条水平线，通过这条水平线将它们分开。将光标移动到"HOME>>武侠小说>>金庸"后面。

单击插入工具栏中的"常用"选项卡，再单击"水平线"按钮 ▦ ，插入水平线。按同样的方法将光标移动到"武侠书吧"前面，插入水平线。网页编辑效果如图 8-22 所示。双击水平线，"属性"面板显示水平线属性，可对水平线的高度、宽度、对齐方式进行设置。网页预览效果如图 8-23 所示。

2. 图片

图片是网页中不可或缺的元素，它主要有两个作用：一是可以起到修饰的作用，使网页更美观，加深浏览者对网页的印象；二是图片本身也包含许多信息，实践表明，人们观看图片时接收信息的速度远远超过观看文字时接收信息的速度。正因为它的这些特点，图片在网页制作中非常受欢迎，企业网站喜欢用它介绍产品、发布广告，个人更喜欢用一些具有代表性的图片来增加网页的表现力和吸引力。

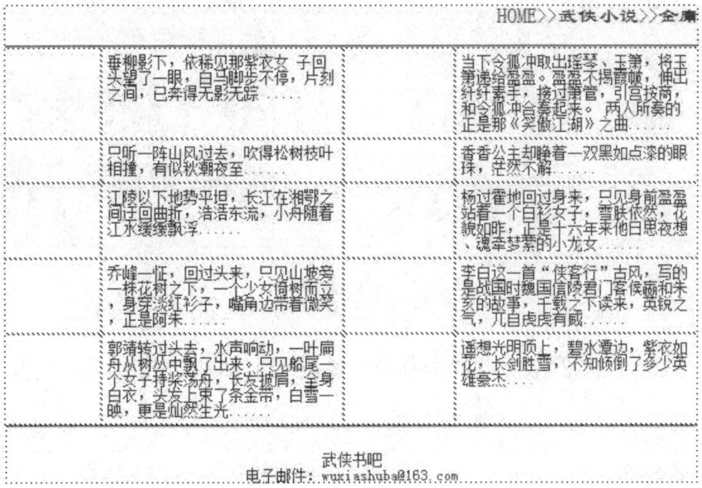

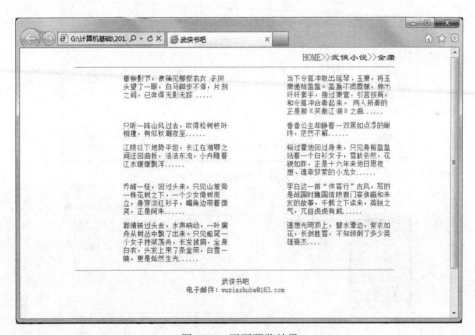

图 8-22　网页编辑效果

图 8-23　网页预览效果

（1）插入图片。

在插入图片之前，先把制作网站需要用到的图片素材复制到当前的站点的 images 文件夹中。

插入图片的操作步骤如下：

1）将光标定位在如图 8-24 所示的单元格里，将在这里插入一幅图片。

2）单击"插入"→"图片"命令，弹出"图片"对话框，如图 8-25 所示，在其中选中 b01.jpg 文件，单击"确定"按钮，便可得到如图 8-26 所示的效果。全部图片插入后如图 8-27 所示。

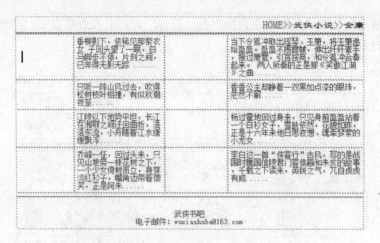

图 8-24　将光标定位在要插入图片的单元格中

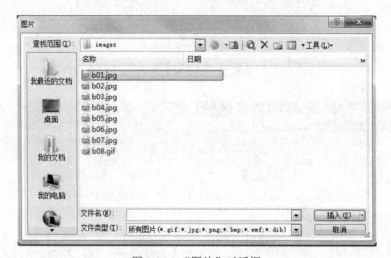

图 8-25　"图片"对话框

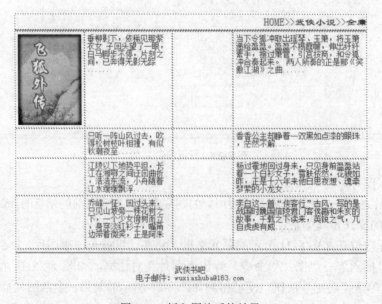

图 8-26　插入图片后的效果

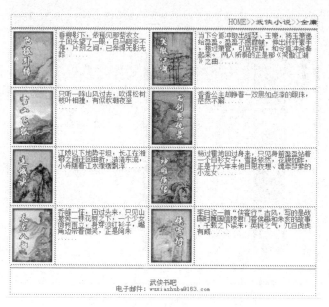

图 8-27　全部插入图片后的效果

（2）图片的调整。

选定所需的图片，"属性"面板中显示该图片的属性，如图 8-28 所示，可以在其中改变图片的大小，设置对齐方式和链接等。

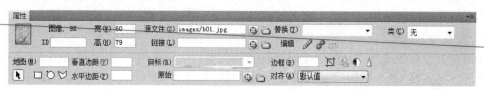

图 8-28　图片属性面板

（3）设置背景图片。

选择主编辑区左下角的<body>标签，或者将光标停留在网页 body 位置，在下方的"属性"面板中单击"页面属性"按钮，弹出"页面属性"对话框，如图 8-29 所示，在其中选择"跟踪图像"选项，再选择合适的图片作为网页背景。添加背景图片后的网页效果如图 8-30 所示。

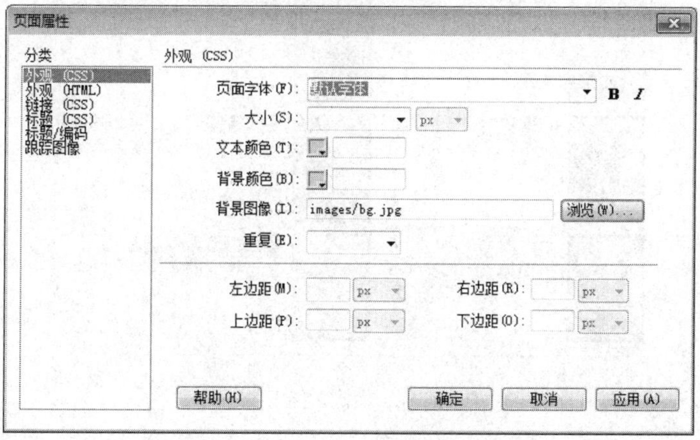

图 8-29　"网页属性"对话框

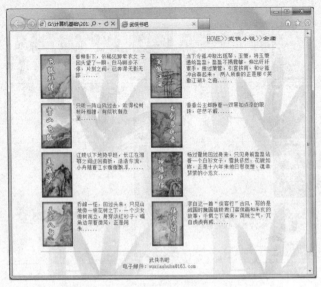

图 8-30　添加网页背景图片后的效果图

8.2.4　创建超级链接

1.　超级链接的概念

超级链接是从一个网页指向另一个目的地的指针，这个目的地可以是另一个网页或同一个网页中的其他位置，也可以是一个电子邮件、一个 Word 文档或一个应用程序。

2.　文本超级链接

在网页设计视图模式下选中用作超级链接的文本，如图 8-31 所示。单击插入工具栏中的"超级链接"按钮，弹出"超级链接"对话框，如图 8-32 所示。单击按钮浏览目标网页或文件所在的站点，选择 feihuwaizhuan.htm 网页文件，如图 8-33 所示，单击"确定"按钮。

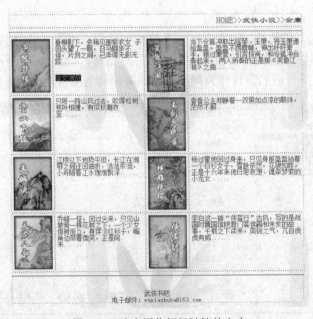

图 8-31　选中用作超级链接的文本

图 8-32　"超级链接"对话框

图 8-33　"选择文件"对话框

也可以创建指向互联网上的网页或文件的超链接，在此创建指向其他 Web 站点网页或图片的超级链接。如图 8-34 所示用鼠标选中用作超级链接的文本"起点中文网"。

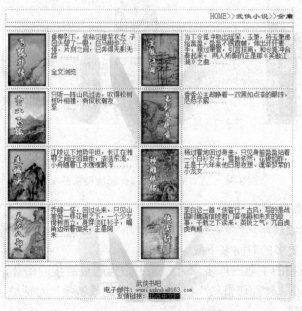

图 8-34　选中用作网址超级链接的文本

单击插入工具栏中的"常用"选项卡，再单击"超级链接"按钮，在弹出的"超级链接"对话框的"链接"组合框中输入http://www.qidian.com/Default.aspx，如图 8-35 所示。如果目标是用来传送电子邮件消息的超级链接，则在"链接"组合框中输入相应的电子邮件。如图 8-36 所示鼠标选中用作超级链接的文本"电子邮件："，单击插入工具栏中的"常用"选项卡，再单击"超级链接"按钮，在弹出的"超级链接"对话框的"链接"组合框中输入 mailto: wuxiashuba@163.com，如图 8-37 所示。

图 8-35　指向互联网的超级链接

图 8-36　选中用作电子邮件超级链接的文本

3. 图像超级链接

由于文本链接比较简单，一些网站更倾向于用图片做链接。用图片做链接的主要不足之处是需要比文本链接更多的时间来下载。

创建图像超级链接的主要操作步骤为：选中作为超级链接的图片，单击插入工具栏中的"常用"选项卡，再单击"超级链接"按钮，弹出"超级链接"对话框，之后的操作同文本超级链接，这里不再赘述。

图 8-37　插入电子邮件超级链接

4. 修改超级链接

要修改或编辑链接，应先选中文本链接或图像链接，然后单击插入工具栏"常用"选项卡中的"超级链接"按钮，在弹出的"超级链接"对话框中对其链接进行修改后单击"确定"按钮。或者选中文本链接或图像链接后右击，选择"更改链接"命令。

5. 验证超级链接

超级链接创建后，接下来有必要验证一下超级链接是否正确，单击主编辑区上方的"网页预览"按钮，在浏览器中预览网页，用鼠标单击创建了链接的载体，便可验证链接目的地。

6. 设置超级链接的状态颜色

在浏览器中浏览网页时，已经访问过的超级链接、尚未访问的超级链接和正在访问的超级链接应有不同的颜色显示，以使浏览者一目了然。

设置超级链接的状态颜色的方法为：打开"页面属性"对话框，选择"链接"选项，在右侧对超级链接的字体、字体大小、链接颜色等进行相应的设置，如图 8-38 所示。

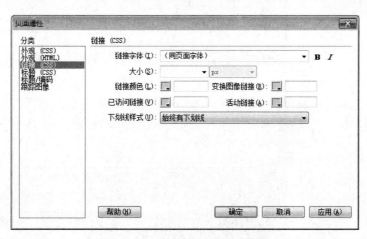

图 8-38　设置超级链接的状态颜色

8.3　发布网站

8.3.1　申请网站空间

在发布网站之前，首先要向发布网站的服务器申请 URL，在得到服务器给出的 URL 和密码后,就可以向服务器发布制作的网站了。

有许多网站都提供了免费或付费网站空间的申请,用户需要填写基本数据的表单,然后发送即可完成申请的过程。一般网站管理员会发送一封 E-mail 确认你被许可将网页放置在服务器上,并分配给你一个登录服务器的用户名和口令。

免费域名空间申请地址为 http://usa.5944.net/或 http://www.53dns.com/。当然还有其他一些域名空间申请网站,可以到网上自行搜索。

8.3.2 发布网站

发布一个站点是将站点上的文件复制到一个目的地,例如一个局域网或 Internet 中公共的站点服务器。

1. 准备工作

测试与发布前应先检查站点是否创建了本地站点,站点中所有的文件以及文件夹名称是否为英文或中文拼音,主页名称是否为 index.htm 或 index.html,主页是否保存在站点根文件夹下,是则进行网站的测试与发布。

2. 通过 Dreamweaver CS5 设置发布

可以使用 Dreamweaver CS5 直接将站点发布到 WWW,操作步骤如下:

(1) 单击"站点"→"管理站点"命令,弹出"管理站点"对话框,单击"编辑"按钮,弹出"站点设置对象"对话框,如图 8-39 所示。

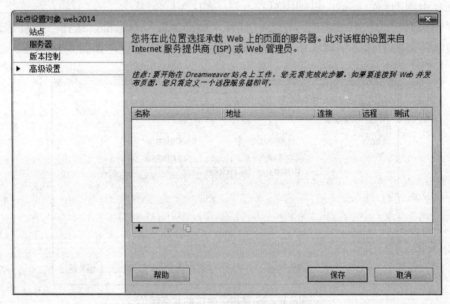

图 8-39 "站点设置对象"对话框

(2) 选择"服务器"选项,单击➕按钮,打开服务器设置,在"基本"选项卡中输入相应信息,输入 IP 地址、账号和密码后需要测试一下是否能链接到服务器,如果不能链接到服务器,需要在"更多选项"中检查设置,如图 8-40 所示。在"高级"选项卡中,如果勾选"保存时自动将文件上传到服务器"复选项,会在保存选项的同时实现文件上传,如图 8-41 所示。

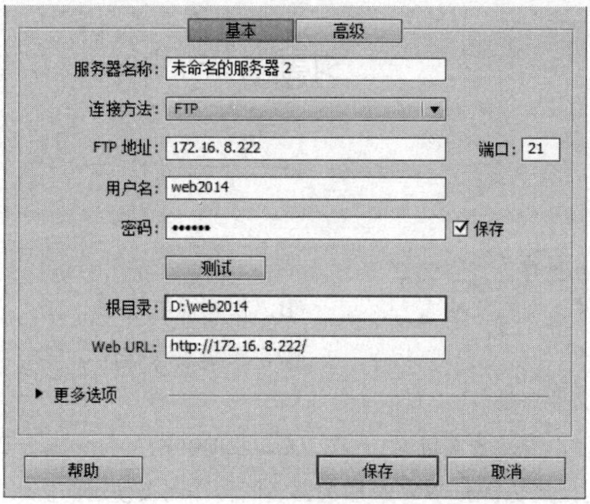

图 8-40　站点设置“基本”选项卡

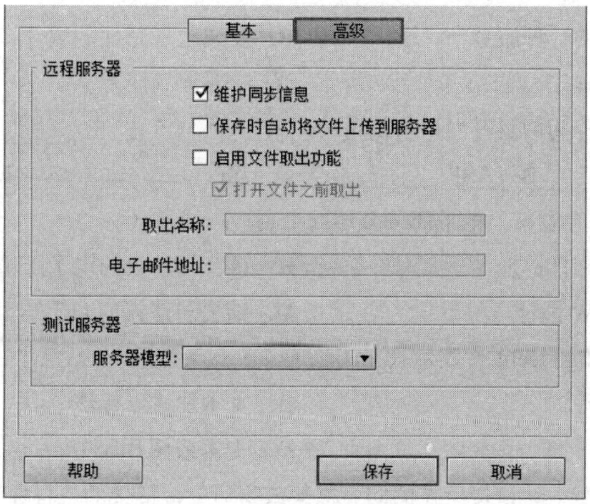

图 8-41　站点设置“高级”选项卡

3.　网页上传到服务器

选择需要上传的文件或文件夹，单击“上传”按钮 ⬆，如图 8-42 所示。

图 8-42　站点上传

上传完成后，打开浏览器，在地址栏中输入注册成功后系统提供的域名，即可浏览上传的网站了。

习题 8

一、选择题

1. 上网需要在计算机上安装（ ）。
   - A. 数据库管理软件
   - B. 视频播放软件
   - C. 浏览器软件
   - D. 网络游戏软件

2. 能保存网页地址的文件夹是（ ）。
   - A. 收件箱
   - B. 公文包
   - C. 我的文档
   - D. 收藏夹

3. 在 Internet 上浏览时，浏览器和 WWW 服务器之间传输网页使用的协议是（ ）。
   - A. HTTP
   - B. IP
   - C. FTP
   - D. SMTP

4. FTP 是因特网中（ ）。
   - A. 用于传送文件的一种服务
   - B. 发送电子邮件的软件
   - C. 浏览网页的工具
   - D. 一种聊天工具

5. 以下语言本身不能作为网页开发语言的是（ ）。
   - A. C++
   - B. ASP
   - C. JSP
   - D. HTML

6. 要在 Web 浏览器中查看某一电子商务公司的主页，应知道（ ）。
   - A. 该公司的电子邮件地址
   - B. 该公司法人的电子邮箱
   - C. 该公司的 WWW 地址
   - D. 该公司法人的 QQ 号

7. HTML 代码中，<align=center>表示（ ）。
   - A. 文本加注下标线
   - B. 文本加注上标线
   - C. 文本闪烁
   - D. 文本或图片居中

8. 将链接的目标文件载入该链接所在的同一框架或窗口中，链接的"目标"属性应设置成（ ）。
   - A. _self
   - B. _blank
   - C. _parent
   - D. _top

9. 在 IE 浏览器中预览网页的快捷键是（ ）。
   - A. F9
   - B. F10
   - C. F11
   - D. F12

10. 文档标题可以在（ ）对话框中修改。
    - A. 首选参数
    - B. 页面属性
    - C. 编辑站点
    - D. 标签编辑器

11. 下列（ ）不能在网页的"页面属性"对话框中进行设置。
    - A. 网页背景图及其透明度
    - B. 背景颜色、文本颜色、链接颜色
    - C. 文档编码
    - D. 跟踪图像及其透明度

12. 关于绝对路径的使用，以下说法错误的是（ ）。
    - A. 使用绝对路径的链接不能链接本站点的文件，要链接本站点的文件只能使用相对路径
    - B. 绝对路径是指包括服务器规范在内的完全路径，通常使用 http:// 来表示
    - C. 绝对路径不管源文件在什么位置都可以非常精确的找到
    - D. 如果希望链接其他站点上的内容，就必须使用绝对路径

13. 设置表格的行数和列数，不能采用的方法是（ ）。
    - A. 在插入表格时设置表格的行数和列数
    - B. 选中整个表格，在"属性"面板中修改其行数和列数

C．通过拆分、合并或删除行列来修改行数和列数

D．打开代码视图，在<table>标签中修改相应属性，以修改表格的行数与列数

二、操作题

创建新网页，具体要求如下：

（1）启动 Dreamweaver CS5，建立一个新网页。

（2）在网页的顶端输入"版主小档案"作为网页的标题文字，然后插入一个表格，如表 8-43 所示。

版主小档案

姓名		性别	
所在城市		年龄	
学校			
电子邮件地址			
爱好			

图 8-43　版主小档案表格

（3）根据自己的实际情况在表格中填入相应的内容，并设计字体和字号。

（4）在"学校"一行的下面插入一行"通信地址"。

（5）将"爱好"右端的空格拆分为三个单元格。

（6）将边框设为红色，表格的背景设为淡蓝色。

（7）设置表格内单元格间距为 4，边框宽度为 5。

（8）对网页进行存盘，保存到文件夹"网页练习"中，文件名为 banzhu.htm，网页标题为"版主档案"。

综合习题

总汇习题集

计算机基础知识

一、计算机的软件系统包括__1__两大部分，最基础最重要的系统软件是__2__，若缺少它，则计算机系统无法工作。某书城的书籍管理软件属于__3__。

1. A．应用软件和系统软件　　　　　B．主机和外部设备
   C．系统软件和管理软件　　　　　D．操作系统和数据库管理系统
2. A．操作系统　　B．管理系统　　C．文字处理系统　　D．数据库系统
3. A．工具软件　　B．应用软件　　C．系统软件　　　　D．数据库管理系统

二、计算机的硬件中，通常说的CPU是指__4__，它与__5__组成了计算机的主机。

4. A．存储器和运算器　　　　　　　B．存储器和控制器
   C．运算器和控制器　　　　　　　D．运算器和控制器、存储器
5. A．内部存储器　　　　　　　　　B．外部存储器
   C．控制器　　　　　　　　　　　D．电源、磁盘驱动器

三、计算机的机器指令在机器内部是以__6__代码形式表示的，它能被计算机直接执行。

6. A．二进制　　　　B．十六进制　　　　C．八进制　　　　D．十进制

四、下列__7__部件是内存储器的一部分，且CPU对其中的信息只能读不能写。

7. A．RAM　　　　B．ROM　　　　　C．随机存储器　　D．ZIP磁盘

五、微机的外部存储器现常用光盘存储器，其中的光盘驱动器有一个"倍速"指标，"倍速"指的是__8__。"倍速"越小，则__9__。

8. A．数据传输速率　　　　　　　　B．驱动器的转速
   C．激光速度的倍数　　　　　　　D．记录数据的压缩倍数
9. A．播放VCD效果越差　　　　　　B．纠错能力越弱
   C．所能读取光盘的容量越小　　　D．数据传输越慢

六、在下列4个不同数制的数中，与其余3个数不相等的数是__10__。

10. A．二进制数01001110　　　　　　B．八进制数116
    C．十六进制数4E　　　　　　　　D．十进制数83

七、计算机硬件结构主要包括3个组成部分，它们分别是__11__；如优盘容量为256MB，则可容纳__12__。

11. A．主机、输入设备、输出设备　　B．CPU、运算器、输入/输出设备
    C．CPU、控制器、输入/输出设备　D．CPU、输入设备、输出设备
12. A．256*512*1024个英文字符　　　B．256*512*1024个汉字
    C．256*1024*1024个汉字　　　　　D．256*1000*1024个英文字符

八、启动微型计算机所做的主要实质性工作是__13__。

13．A．接通计算机的电源

B．让计算机进行自检，检查硬件、软件是否良好齐全

C．将操作系统调进内存，使计算机处于待命状态

D．开动计算机，清理内存单元，赋予初始值

九、系统软件的特点是__14__。

14．A．为某个专门目的开发设计的软件

B．由厂商开发的计算机必不可少的最基本的通用软件

C．安装在计算机系统中的软件

D．由专业人员使用软件工程方法和软件工具开发的软件

十、编辑/数字键的作用由<Num Lock>键控制，当按了<Num Lock>键使 Num Lock 灯亮时，编辑/数字键的作用是__15__。

15．A．数字输入　　　　　　　　　　B．翻页

C．光标移动　　　　　　　　　　D．以上三项都可完成

十一、计算机之所以应用范围广、自动化程度高是由于__16__，计算机的工作原理和体系结构由__17__完整地提出并付诸实现。

16．A．设计先进、元器件质量高　　　B．CPU 速度快、功能强

C．内部采用二进制方式表示数据　D．采取程序控制工作方式

17．A．布尔　　　B．巴贝奇　　　C．冯·诺依曼　　　D．图灵

十二、计算机的主机由 CPU 与__18__组成。我国自行设计研制的银河系列计算机是__19__。

18．A．外部存储器　B．主机板　　　C．内部存储器　　D．输入输出设备

19．A．微型计算机　B．小型计算机　C．大型计算机　　D．巨型计算机

十三、使用计算机管理职工工资、用计算机进行定理的自动证明分别属于计算机的__20__应用领域。对船舶、飞机、汽车、机械、服装进行设计、绘图属于计算机的__21__应用领域。

20．A．数据处理、人工智能　　　　　B．科学计算、辅助设计

C．办公自动化、网络应用　　　　D．实时控制、数据处理

21．A．CAI　　　B．CAD　　　C．CAM　　　D．CAT

十四、ASCII 码编码方法用七位 0、1 代码串对英文字符、阿拉伯数字、标点符号进行编码，它实际上称为计算机通用的一种字符编码标准，因此__22__的说法是错误的。

22．A．用 ASCII 码编码的英文文档在所有的计算机上都可以处理

B．用 ASCII 码编码的标点符号与国标码的中文标点符号在计算机内的表示不同

C．用 ASCII 码编码的数字都作为符号来处理

D．用 ASCII 码编码的数字可以进行算术四则运算

十五、所谓目标程序是指__23__；下面关于计算机语言概念的叙述中__24__是错误的。

23．A．用高级程序设计语言编写的程序　　B．由程序员编写的源程序

C．计算机能直接执行的机器语言程序　D．由用户编写的应用程序

24．A．高级语言必须通过编译或解释才能被计算机执行

B．计算机高级语言是与计算机型号无关的计算机算法语言

C．由于一条汇编语言指令对应一条机器指令，因此汇编语言程序能被计算机直接执行

D．机器语言程序是计算机能直接执行的程序

十六、下面关于计算机软件系统的说法中，不正确的是　25　。下列软件中，属于系统软件的是　26　。

25．A．没有装配软件系统的计算机称为裸机，它不能作任何工作

　　B．如果两台计算机的指令系统不同，则它们的软件不能兼容

　　C．在冯·诺依曼计算机体系结构下，无论使用多任务或多用户的操作系统，还是使用其他软件，计算机都只能逐条执行指令

　　D．编译成可执行文件的应用程序可以脱离操作系统单独运行

26．A．C 语言编译软件、Windows NT

　　B．学籍管理软件、工资管理软件

　　C．MS Office 软件包、MS Internet Explorer

　　D．KV2000、Kill98

十七、以下 4 种外部设备中，　27　既可作为输入设备也可作为输出设备。显示器的规格中，数据 640*480、1024*768 等表示　28　。

27．A．显示器　　　　B．磁盘驱动器　　　C．扫描仪　　　　D．点阵式打印机

28．A．显示器屏幕的大小　　　　　　　B．显示器的显示分辨率

　　C．显示器显示字符的最大列数和行数　D．显示器的颜色指标

十八、光盘驱动器称为外部存储器，主要是因为　29　，在下列存储器中，读写访问速度最快的是　30　。

29．A．光盘可以取出计算机外单独存放

　　B．它不是 CPU 的一部分

　　C．CPU 要通过 RAM 才能存取其中的信息

　　D．它可以装在计算机主机箱之外

30．A．软盘存储器　　B．硬盘存储器　　　C．光盘存储器　　　D．内部存储器

十九、数字电子计算机内部能直接执行的程序是　31　。这是因为，这种计算机能接收和处理的信息是　32　。

31．A．高级语言程序　B．汇编语言程序　　C．机器语言程序　　D．源程序

32．A．多媒体信息　　B．单媒体信息　　　C．模拟量信息　　　D．数字化信息

二十、PC 机冷启动过程中，要先进行　33　，再启动 Windows 操作系统。若在开始启动时按　34　键，可进入 CMOS 设置。

33．A．用户登录　　B．接通显示器电源　　C．自检　　　　D．系统预热

34．A．Del　　　　　B．End　　　　　　C．Alt　　　　　D．Esc

二十一、在计算机内，数值数据用　35　表示；以下算式中，相减结果得到十进制数是 0 的是　36　。

35．A．二进制和八进制表示　　　　　B．二进制和十六进制表示

　　C．八进制表示　　　　　　　　　D．二进制计数制表示

36．A．$(55)_{10}-(101111)_2$　　　　B．$(109)_{10}-(1101101)_2$

　　C．$(45)_{10}-(101110)_2$　　　　D．$(110)_{10}-(1101100)_2$

二十二、ASCII 码是美国标准信息交换码的简称，用七位 0、1 代码串编码，在各国的计算机领域中广泛采用，它给出了　37　。

37. A. 表示拼音文字的方法和标准　　　　　B. 计算机通信信息交换的标准
　　C. 图形、文字的编码标准　　　　　　　D. 数字、英文、标点符号等的编码标准

二十三、计算机软件中，不属于系统软件的是 38 。

38. A. 诊断程序　　　B. 语言处理程序　　　C. 应用程序　　　　D. 汇编程序

二十四、PC 机属于 39 ；在 PC 机的各种存储器中，被 CPU 访问时速度最快是 40 ；下列关于存储器容量的关系中，错误的是 41 。

39. A. 巨型机　　　　B. 中型机　　　　C. 小型机　　　　　D. 微型机

40. A. 硬盘　　　　　B. 内部存储器　　　C. 软盘　　　　　　D. 光盘

41. A. 1KB = 1000 Bytes　　　　　　　　B. 1MB = 1024K Bytes
　　C. 1KB = 1024 Bytes　　　　　　　　D. 1GB = 1024M Bytes

二十五、通常所说的"裸机"是指 42 。用高级语言编写的程序 43 ，计算机的基本指令中， 44 规定了计算机进行何种操作。

42. A. 未装任何软件的计算机　　　　　　B. 主机暴露在外的计算机
　　C. 不带输入/输出设备的计算机　　　　D. 只装操作系统的计算机

43. A. 没有可移植性　　　　　　　　　　B. 不能在操作系统下直接执行
　　C. 运行速度比机器语言快　　　　　　D. 只能在某些类型的计算机上运行

44. A. 操作数　　　B. 操作指令　　　　C. 操作码　　　　D. 操作数地址码

二十六、PC 机的显示器上一般有两条引出线连接到主机，它们是 45 。

45. A. 电源线与信号线　　　　　　　　　B. 控制线与地址线
　　C. 电源线与控制线　　　　　　　　　D. 信号线与地址线

二十七、现代计算机之所以能自动地连续进行数据处理，主要是因为 46 。计算机内部采用二进制表示数是因为 47 。

46. A. 采用了二进制　　　　　　　　　　B. 采用了半导体器件
　　C. 具有存储程序的功能　　　　　　　D. 采用了开关电路

47. A. 二进制运算法则简单　　　　　　　B. 二进制运算速度快
　　C. 二进制在计算机电路上容易实现　　D. 二进制容易与八进制、十六进制转换

二十八、计算机硬件的五大基本构件包括：运算器、存储器、输入设备、输出设备和 48 。把内存中的数据传送到计算机的硬盘，称为 49 。

48. A. 显示器　　　B. 控制器　　　　C. 磁盘驱动器　　　D. 鼠标器

49. A. 显示　　　　B. 读盘　　　　　C. 输入　　　　　　D. 写盘

二十九、微型计算机的内存储器相对于外存储器来说， 50 。RAM 具有的特点是 51 。

50. A. 价格便宜且耐用　　　　　　　　　B. 存取速度更快
　　C. 存储容量更大　　　　　　　　　　D. 价格更贵，存储容量更大

51. A. 海量存储
　　B. 存储在其中的信息可以永久保存
　　C. 一旦断电，存储在其上的信息将全部消失且无法恢复
　　D. 存储在其中的数据不能改写

三十、计算机存储容量的基本单位是 52 ；下列数中最大的数是 53 。

52. A. 位（bit）　　B. 字节（Byte）　　C. 字长（word）　　D. 千字节（KB）

53. A. $(79)_{10}$　　　B. $(1001001)_2$　　　C. $(1010001)_2$　　　D. $(89)_{10}$

三十一、关于 ASCII 码在计算机中的表示方法准确的描述应是　54　。

54．A．使用 8 位二进制，最右边一位是 1　　B．使用 8 位二进制，最左边一位是 1
　　C．使用 8 位二进制，最右边一位是 0　　D．使用 8 位二进制，最左边一位是 0

三十二、计算机电路能直接识别的语言是　55　。为将一个汇编语言源程序或一个高级语言源程序变为机器可执行的形式，需要一个　56　。

55．A．机器语言（或称指令系统）　　　　B．汇编语言
　　C．高级程序语言　　　　　　　　　　D．自然语言

56．A．BASIC 解释程序　　　　　　　　　B．操作系统
　　C．目标程序　　　　　　　　　　　　D．语言翻译程序

三十三、分辨率是显示器的一个重要技术指标，关于显示器分辨率，下面叙述正确的是　57　。

57．A．在同一字符面积下，像素点越多，其分辨率越低
　　B．在同一字符面积下，像素点越多，其显示的字符越不清楚
　　C．在同一字符面积下，像素点越多，其分辨率越高
　　D．在同一字符面积下，像素点越少，其显示的字符越清楚

三十四、高速缓存 Cache 是一种速度较快的　58　，一般它被置放在内存和　59　之间。用来存放系统配置信息的存储器是　60　。

58．A．只读存储器　B．随机存储器　　C．外部存储器　D．磁盘存储器
59．A．外存　　　　B．CPU　　　　　　C．数据总线　　D．控制总线
60．A．DRAM　　　B．SRAM　　　　　C．CMOS RAM　D．SHADOW RAM

操作系统

一、Windows 2000 是一个　1　的操作系统，其主要特点是　2　。
1．A．基于 Windows 98　　　　　　　　　B．基于 Windows NT 技术
　　C．用于网络管理　　　　　　　　　　D．用于图形工作站
2．A．使用菜单和图标进行操作、连网方便
　　B．多媒体功能齐全、操作方便
　　C．学习容易、对用户要求低、对硬件要求高
　　D．多任务、图形窗口操作界面、多个用户共享一台 PC

二、在下面关于 Windows 窗口的叙述中，　3　是错误的。
3．A．打开多个窗口时，最先打开的窗口是活动窗口
　　B．窗口的滚动条用来移动窗口的显示内容
　　C．窗口的工具栏图标代表应用程序的一种操作或功能
　　D．窗口的最大化、最小化按钮用来改变窗口的大小

三、下列叙述中错误的是　4　。Windows 7 桌面的"任务栏"显示的是　5　。
4．A．计算机的冷启动是指在主机和显示器均未加电的情况下启动 Windows 2000
　　B．如果遇到死机而使用热启动无法启动时，只好使用冷启动重新启动
　　C．冷启动顺序是先打开显示器、打印机等外部设备的电源，再开主机电源
　　D．用户改变系统的软硬件配置后，需要用冷启动重新启动操作系统
5．A．系统正在运行的所有程序　　　　　B．系统前台运行的程序

C．系统后台运行的程序　　　　　　D．系统准备运行的程序

四、在以下方法中，要运行一个已经安装好的应用软件最方便的方法是＿＿6＿＿。如果关闭一个应用程序的窗口，则该应用程序＿＿7＿＿。

6．A．单击"桌面"上的"开始"按钮，移动条状光标到"运行"选项，单击鼠标左键，输入应用程序所在的目录和路径，回车后直接执行

B．单击"桌面"上的"开始"按钮，移动条状光标到"程序"选项，在列出的应用程序中单击欲运行的应用程序选项

C．双击该软件在"桌面"上对应的快捷图标

D．启动资源管理器，找到欲运行的应用程序名，双击此应用程序名

7．A．暂停运行　　　　　　　　　　B．从前台转向后台运行

C．停止运行　　　　　　　　　　D．以上都不对

五、当要启动应用程序或打开文档时，如果记不清文件在磁盘目录中的位置，可以＿＿8＿＿。不属于 Windows 7 的"资源管理器"的功能的是＿＿9＿＿。

8．A．单击"桌面"上的"开始"→"程序"，找到并单击需要的程序或文档名

B．单击"桌面"上的"开始"→"搜索"→"文件或文件夹"，输入要查找的文件或文件夹名

C．单击"桌面"上的"开始"→"文档"，找到并单击需要的程序或文档名

D．单击"桌面"上的"开始"→"运行"，找到并单击需要的程序或文档名

9．A．文件复制　　　　　　　　　　B．查看驱动器属性

C．格式化磁盘　　　　　　　　　D．创建新文件夹

六、在 Windows 7 系统中，下列关于对话框的说法不正确的是＿＿10＿＿。

10．A．对话框的外形与窗口类似，顶部为标题栏，对话框的大小可以随意改变

B．当用户选中了应用程序或文档窗口中的带省略号的菜单时就会出现对话框

C．对话框中通常有单选项、多选项、列表、输入文本框

D．对话框是系统提供用户输入信息或选择某项内容的矩形框

七、在打开"开始"菜单时，可以单击"开始"按钮，也可以使用＿＿11＿＿组合键。

11．A．Alt+Shift　　B．Ctrl+Alt　　C．Ctrl+Esc　　D．Tab+Shift

八、若想直接删除文件或文件夹，而不将其放入"回收站"中，可在拖到"回收站"时按住＿＿12＿＿键。

12．A．Shift　　　B．Alt　　　C．Ctrl　　　D．Delete

九、要更改系统配置，则在控制面板中双击＿＿13＿＿图标。

13．A．鼠标　　　B．系统　　　C．网络　　　D．辅助选项

十、双击任务栏右边的"音量"图标，将弹出＿＿14＿＿对话框。

14．A．音量　　　B．音量输出　　C．声音　　　D．音频属性

十一、在一个窗口中使用"Alt+空格"组合键可以＿＿15＿＿。

15．A．打开快捷菜单　　　　　　　B．打开控制菜单

C．关闭窗口　　　　　　　　　　D．以上答案都不对

十二、在计算机系统中，操作系统的主要作用不包括＿＿16＿＿。操作系统为用户提供了＿＿17＿＿。

16．A．提高系统资源的利用率

B．实现对处理器、存储器、设备和文件的管理

C．将源程序转换成目标程序

D．提供软件的开发与运行环境

17．A．用户可以使用计算机打字

B．用户可以用某种方式和命令启动、控制与操作计算机

C．用户可以用高级语言进行程序设计、调试和运行

D．用户可以使用声卡、光盘驱动器、视频卡等硬件设备

十三、在 Windows 2000 中给文件起名时不允许使用__18__；在 Windows 2000 下可直接运行扩展名为__19__的文件。

18．A．尖括号　　　　B．下划线　　　　C．空格　　　　D．汉字

19．A．.EXE、.COM、.BAT　　　　　　B．.ASC、.PRG

C．.LIB、.WPS、.BAK　　　　　　D．.OBJ、.FOX、.SYS

十四、下面有关 Windows 2000 磁盘目录结构的表述，正确的是__20__。

20．A．与 DOS 完全相同，都是树型目录结构，但是将"目录"称为"文件夹"

B．与 DOS 完全不同，不但将"目录"称为"文件夹"，而且显示方式也不同

C．采取长文件名，因此在 DOS 方式下无法表示这些文件

D．用图形方式表示文件和目录之间的路径关系，因此完全不必使用盘符、路径等概念

十五、在 Windows 2000 中，"桌面"本身是一个隐含的目录，它的路径是__21__。下面关于 Windows 2000 桌面的说法中正确的是__22__。

21．A．\Desktop　　　　　　　　　B．\WINNT\Desktop

C．\Windows\Program\Desktop　　D．\Windows\Start Menu\Desktop

22．A．桌面上所有的图标都可以删除

B．桌面上所有的图标都可以改名

C．桌面上的图标不能放到任务栏上的"开始"菜单中

D．桌面上的图标可以放到任务栏上的"开始"菜单中

十六、与"我的电脑"相比，"资源管理器"的功能有些不同。下列表述中，正确的是__23__，错误的是__24__。

23．A．"资源管理器"能复制、删除文件，而"我的电脑"不能

B．"我的电脑"能格式化磁盘及磁盘全盘复制，而"资源管理器"不能

C．"资源管理器"能格式化磁盘及磁盘全盘复制，而"我的电脑"不能

D．"我的电脑"和"资源管理器"均能访问文件

24．A．"我的电脑"包含在"资源管理器"窗口中，"资源管理器"也包含在"我的电脑"窗口中

B．"我的电脑"和"资源管理器"都是管理系统资源的程序

C．"我的电脑"和"资源管理器"窗口中均包含"控制面板"

D．"资源管理器"窗口包含"桌面"，而"我的电脑"窗口不包含

十七、不能正确打开 Windows 2000 资源管理器的方法是__25__，然后选择"资源管理器"选项。不属于资源管理器右侧窗格显示方式之一的是__26__。

25．A．单击"开始"按钮，出现"开始"菜单，将鼠标移到"程序"项

B．右击"开始"按钮，出现快捷菜单

C. 右击桌面上的空白处，出现快捷菜单

D. 右击桌面上的"我的电脑"图标，出现快捷菜单

26. A. 大图标　　　　B. 小图标　　　　　C. 列表　　　　　　D. 自动

十八、关于 Windows 快捷方式的说法中，正确的是___27___。关于 Windows 文件管理功能，资源管理器不能实现的是___28___。

27. A. 快捷方式是指向文件夹或文件的一个指针

　　B. 快捷方式图标是文件夹或文件的备份

　　C. 建立在桌面上的快捷方式，其对应的文件位于 C 盘根目录上

　　D. 建立在桌面上的快捷方式，其对应的文件位于 C:\WINNT 内

28. A. 文件复制　　　　　　　　　　B. 硬盘全盘拷贝

　　C. 磁盘格式化　　　　　　　　　D. 创建新文件夹

十九、在 Windows 2000 中，不能用来创建文件夹的操作是___29___，不能用来删除某一文件夹的操作是___30___。

29. A. 在"我的电脑"窗口的"文件"菜单中执行"新建"命令

　　B. 在"资源管理器"窗口的"文件"菜单中执行"新建"命令

　　C. 在 MS-DOS 方式下执行 MD 命令

　　D. 在"开始"菜单中用"运行"选项执行 MD 命令

30. A. 用鼠标选中文件夹，按 Del 键

　　B. 右击该文件夹，打开快捷菜单，然后选择"删除"命令

　　C. 双击该文件夹，直接执行删除操作

　　D. 用鼠标选中文件夹，在"文件"菜单中选择"删除"命令

二十、操作系统是计算机中最重要的___31___；下列软件中不属于操作系统的是___32___。

31. A. 系统软件　　B. 应用软件　　C. 编译软件　　D. 实用软件

32. A. DOS　　　　B. Office　　　C. OS/2　　　D. Windows 2000

二十一、下面关于 DOS 操作系统的 4 条叙述中，正确的是___33___。Windows 2000 具有许多 DOS 所不具备的功能特点，例如___34___。

33. A. DOS 是单用户多任务操作系统　　B. DOS 是实时操作系统

　　C. DOS 是单用户单任务操作系统　　D. DOS 是分时操作系统

34. A. 可以同时运行多个程序，用户与这几个程序之间可同时进行交互操作

　　B. 完全利用鼠标器，从而不能再使用键盘进行各种操作

　　C. 可以使计算机不需要应用程序，用户只需要用 Windows 2000 就能完成各种任务

　　D. 支持硬件即插即用，当在计算机中插入一个新卡后再开机，操作系统会自动识别该卡并进行相关的配置

二十二、Windows 2000 的所有操作都可以从___35___开始。在接通电源启动 Windows 时，机器会___36___对系统的硬件进行检测。为了正常退出 Windows，用户的正确操作是___37___。

35. A. 资源管理器　　　　　　　　　B. 我的电脑

　　C. 桌面快捷方式　　　　　　　　D. "开始"按钮

36. A. 按照操作者输入的命令　　　　　B. 根据将要进行的操作任务类型

　　C. 按照外部供电电压的稳定度以及气候条件　D. 自动

37. A. 直接关掉计算机主机的电源

B. 选择"开始"菜单中的"关机"命令进行人机对话

C. 确认没有应用程序执行，关掉计算机主机的电源

D. 确认没有任何程序执行，按 Alt+Ctrl+Esc 键

二十三、在 Windows 2000 中，文件名最多可以长达　38　个字符。文件名通配符"*"号可代替　39　。

38. A. 128　　　　B. 256　　　　C. 255　　　　D. 512

39. A. 任意个字符　　B. 1 个字符　　　C. 2 个字符　　　D. 3 个字符

二十四、Windows 2000 的磁盘目录结构　40　；格式化软盘，即　41　。

40. A. 与 DOS 完全相同，都是树型目录结构，但是将"目录"称为"文件夹"

B. 与 DOS 完全不同，不但将"目录"称为"文件夹"，而且结构和显示方式也不同

C. 采取长文件名，因此在 DOS 方式下无法表示这些文件

D. 用图形方式表示文件和目录之间的路径关系，完全不必使用盘符、路径等概念

41. A. 保留软盘上的原有信息，对剩下空间格式化

B. 擦除软盘记录的所有数据

C. 删除软盘上原有信息，在盘上建立一种操作系统能识别的格式

D. 删除软盘上的文件

二十五、下面关于"我的电脑"与"资源管理器"异同的叙述中，　42　是正确的。在"我的电脑"或"资源管理器"窗口中，使用　43　可以选择按名称、类型、大小、日期排列窗口右区中的内容。

42. A."资源管理器"能复制、删除文件，而"我的电脑"不能

B."我的电脑"能格式化磁盘及磁盘全盘复制，而"资源管理器"不能

C."资源管理器"能格式化磁盘及磁盘全盘复制，而"我的电脑"不能

D."我的电脑"和"资源管理器"都能访问文件、格式化磁盘

43. A."编辑"菜单　B."查看"菜单　　　C."文件"菜单　　　D. 快捷菜单

二十六、在 Windows 2000 中，当一个应用程序窗口被最小化后，该应用程序的状态是　44　；当需要选择不连续的多个文件或文件夹时，正确的操作是　45　。

44. A. 结束该程序的运行

B. 暂时中断该程序的运行，但随时可以由用户恢复

C. 转入后台继续工作

D. 中断该程序的运行，而且用户不能恢复

45. A. 单击第一个文件或文件夹，按住 Shift 键，再单击其他想选定的文件或文件夹

B. 单击第一个文件或文件夹，按住 Ctrl 键，再单击其他想选定的文件或文件夹

C. 单击第一个文件或文件夹，按住 Alt 键，再单击其他想选定的文件或文件夹

D. 连续单击想选定的文件或文件夹

文字处理软件 Word 2010

1. Word 文档文件的扩展名是（　　）。

A. .TXT　　　　B. .DOC　　　　C. .GIF　　　　D. .BMP

2. Word 正常启动后会自动打开一个名叫"文档 1"的新文档，"文档 1"是该文档的（　　）文件名。

  A．新的 　　　　　B．正式 　　　　　C．临时 　　　　　D．旧的

 3．在 Word 的编辑状态下，按先后顺序依次打开了 d1.doc、d2.doc、d3.doc、d4.doc 四个文档，当前的活动窗口是（   ）。

  A．d1.doc 的窗口 　　　　　　　B．d2.doc 的窗口

  C．d3.doc 的窗口 　　　　　　　D．d4.doc 的窗口

 4．在 Word 中，段落是指（   ）。

  A．以回车键结束的文字

  B．任何以段落标记为结束的文字、图形、公式或图表等形式构成的内容

  C．屏幕上并行的一行

  D．文档中用空行分开的部分

 5．在 Word 中，撤消或重复最近一次所做的操作的方法是（   ）。

  A．单击"常用"工具栏中的"撤消"或"重复"按钮

  B．单击"编辑"下拉菜单中的"撤消"或"重复"命令

  C．按快捷键 Ctrl+Z 或 Ctrl+Y

  D．以上三种全正确

 6．在 Word 2010 文档中修改图形的大小时，若想保持其长宽比例不变，不正确的操作为（   ）。

  A．用鼠标拖动四角上的控制点

  B．按住 Shift 键，同时用鼠标拖动四角上的控制点

  C．按住 Ctrl 键，同时用鼠标拖动四角上的控制点

  D．在"设置图片格式"中锁定纵横比

 7．新建文档时，Word 默认的字体和字号分别是（   ）。

  A．黑体、3 号 　　B．楷体、4 号 　　C．宋体、5 号 　　D．仿宋、6 号

 8．第一次保存 Word 文档时，系统将打开（   ）对话框。

  A．保存 　　　　　B．另存为 　　　　　C．新建 　　　　　D．关闭

 9．Word 编辑文档时，所见即所得的视图是（   ）。

  A．普通视图 　　B．页面视图 　　C．大纲视图 　　D．Web 视图

 10．Word 中，用拖动的方法复制文本是先选择要拷贝的内容，然后（   ）。

  A．拖动鼠标到目的地后松开左键

  B．按住 Ctrl 键并拖动鼠标到目的地后松开左键

  C．按住 Shift 键并拖动鼠标到目的地后松开左键

  D．按住 Alt 键并拖动鼠标到目的地后松开左键

 11．在使用 Word 软件时，下列说法中正确的是（   ）。

  A．在设置字体格式时，"黑体"字体效果与"加粗"字形效果相同

  B．改变行间距是在"格式"菜单的"字体"选项中实现的

  C．改变字间距是在"格式"菜单的"字体"选项中实现的

  D．设置"制表位"是在"插入"菜单中实现的

 12．Word 提供了以下几种段落对齐方式（   ）。

  A．左对齐、小数点对齐、右对齐、居中对齐

  B．左对齐、右对齐、两端对齐

C．左对齐、右对齐、两端对齐、居中对齐、分散对齐

D．左对齐、小数点对齐、两端对齐、居中对齐

13．如果希望在每一段文字前加上标号（如1．、2．），最简捷的方法是设置（　　）。

A．项目符号和编号　　　　　　　B．段落

C．序号　　　　　　　　　　　　D．直接输入标号

14．Word具有分栏功能，下列关于分栏的说法中正确的是（　　）。

A．最多可以设两栏　　　　　　　B．各栏的宽度必须相同

C．各栏的宽度可以不同　　　　　D．各栏的间距是固定的

15．在Word的编辑状态下设置了一个由多个行和列组成的空表格，将插入点定在某个单元格内，用鼠标单击"表格"命令菜单中的"选定行"命令，再用鼠标单击"表格"命令菜单中的"选定列"命令，则表格中被"选择"的部分是（　　）。

A．插入点所在的行　　　　　　　B．插入点所在的列

C．一个单元格　　　　　　　　　D．整个表格

16．在Word的表格中，关于拆分单元格，以下说法正确的是（　　）。

A．拆分单元格只能在行上进行

B．拆分单元格只能在列上进行

C．拆分单元格既能在行上进行，也能在列上进行

D．以上说法都对

17．有关格式刷，下列说法中错误的是（　　）。

A．首先双击格式刷，然后在段落中多次单击

B．首先将光标插入点定位在目标段落中，再双击格式刷

C．首先将光标插入点定位在源段落中或选中源段落，再双击格式刷

D．取消格式刷工作状态，不能用Esc键

18．在Word文档中，关于设置字号，说法正确的是（　　）。

A．最大字号为"初号"

B．可在工具栏的"字号"框中直接输入自定义大小的字号，例如200

C．最大字号为"72"号

D．最大字号可任意指定，无限制

19．在Word中输入"叁万贰千捌佰肆拾柒"，最便捷的方法是（　　）。

A．利用"插入"→"数字"的方法，再选择"壹，贰，叁…"数字类型

B．利用查找替换

C．插入特殊符号

D．插入符号

20．下列说法中不正确的是（　　）。

A．状态栏位于文档的底部，可以显示页号、节号、页数、光标所在的列号等内容

B．滚动条是位于文档窗口右侧和底边的灰色条

C．通常情况下，菜单栏中有8个菜单

D．标题栏可以显示软件名称和文档名称

21．新建文档的快捷键是（　　）。

A．Alt+N　　　　　B．Ctrl+N　　　　　C．Shift+N　　　　　D．Ctrl+S

22. 在 Word 2010 中，"页面设置"命令在（ ）菜单中。
    A．格式　　　　　B．文件　　　　　C．视图　　　　　D．插入
23. 在 Word 2010 中，使用（ ）可以设置已选段落的边框和底纹。
    A．"格式"菜单中的"段落"命令
    B．"格式"菜单中的"字体"命令
    C．"格式"菜单中的"边框和底纹"命令
    D．"视图"菜单中的"边框和底纹"命令
24. 在 Word 2010 文档的某段落内，快速三次单击鼠标左键可以（ ）。
    A．选定当前"插入点"位置的一个词组
    B．选定整个文档
    C．选定该段落
    D．选定当前"插入点"位置的一个字
25. 下列（ ）不属于 Word 2010 窗口下的菜单。
    A．打印　　　　　B．窗口　　　　　C．帮助　　　　　D．文件
26. 在选择打开文件时，在"打开"对话框左侧所提供的快捷查找范围不包括（ ）。
    A．我的电脑　　　　　　　　B．My Documents
    C．历史　　　　　　　　　　D．桌面
27. Word 2010 下，"复制"和"粘贴"按钮位于（ ）。
    A．常用工具栏　　B．格式工具栏　　C．标题栏　　　　D．菜单栏
28. 要改变字体第一步应该（ ）。
    A．选定将要改变成何种字体　　　B．选定原来的字体
    C．选定要改变字体的文字　　　　D．选定文字的大小
29. Word 2010 最大的缩放比例是（ ）。
    A．150%　　　　　B．200%　　　　　C．250%　　　　　D．300%
30. "合并字符"位于（ ）菜单下。
    A．文件　　　　　B．编辑　　　　　C．格式　　　　　D．工具
31. 在 Word 2010 中，丰富的特殊符号是通过（ ）输入的。
    A．"格式"菜单中的"插入符号"命令
    B．专门的符号按钮
    C．"插入"菜单中的"符号"命令
    D．"区位码"方式下
32. 下列有关页眉和页脚的说法中不正确的是（ ）。
    A．只要将"奇偶页不同"这个复选框选中，就可以在文档的奇偶页中插入不同的页眉和页脚内容
    B．在输入页眉和页脚内容时还可以在每一页中插入页码
    C．可以将每一页的页眉和页脚的内容设置成相同的内容
    D．插入页码时必须每一页都要输入页码
33. Word 2010 应用程序窗口中的各种工具栏可以通过（ ）进行增减。
    A．"视图"菜单中的"工具栏"命令
    B．"文件"菜单中的"属性"命令

C."工具"菜单中的"自定义"命令

D."文件"菜单中的"页面设置"命令

34．下列关于"自动调整操作"的说法中不正确的是（　　）。

　A．选中"固定行宽"单选项时即可在其数据输入框设置表格的列宽

　B．在"固定列宽"选项的数据输入框中可以选择"自动"选项

　C．选中"根据窗口调整表格"单选项，使创建的表格总是比页面小

　D．选择"根据内容调整表格"选项，使表格的列宽自动地适应内容的宽度

35．在 Word 2010 下打印文档时，下述说法不正确的是（　　）。

　A．在同一页上，可以同时设置纵向和横向打印

　B．在同一页文档上，可以同时设置纵向和横向两种页面方式

　C．在打印预览时可以同时显示多页

　D．在打印时可以指定需要打印的页面

36．在 Word 2010 的编辑状态中，对已经输入的文档进行分栏操作，需要使用的菜单是（　　）。

　A．编辑　　　　B．视图　　　　C．格式　　　　D．工具

37．在 Word 的编辑状态下打开了一个文档，对文档进行了修改，进行"关闭"文档操作后（　　）。

　A．文档被关闭，并自动保存修改后的内容

　B．文档不能关闭，并提示出错

　C．文档被关闭，修改后的内容不能保存

　D．弹出对话框，并询问是否保存对文档的修改

38．在 Word 2010 中，如果要使文档内容横向打印，在"页面设置"中应选择的标签是（　　）。

　A．纸张大小　　B．纸张来源　　C．版面　　　　D．页边距

39．在 Word 2010 的编辑状态中，如果要输入希腊字母 Ω，则需要使用的菜单是（　　）。

　A．编辑　　　　B．插入　　　　C．格式　　　　D．工具

40．在 Word 2010 的编辑状态，连续进行了两次"插入"操作，当单击一次"撤消"按钮后，（　　）。

　A．将两次插入的内容全部取消　　B．将第一次插入的内容全部取消

　C．将第二次插入的内容全部取消　　D．两次插入的内容都不被取消

41．在 Word 2010 的视图方式下，可以显示分页效果的是（　　）。

　A．普通　　　　B．大纲　　　　C．页面　　　　D．主控文档

42．若要输入 y 的 x 次方，应（　　）。

　A．将 x 改为小号字

　B．将 y 改为大号字

　C．选定 x，然后设置其字体格式为上标

　D．以上说法都不正确

电子表格软件 Excel 2010

1．在 Excel 中，一个工作簿最多只能有（　　）个工作表。

　A．1　　　　　B．255　　　　　C．16　　　　　D．3

2. Excel 工作簿文件的扩展名约定为（　　）。

    A．.DOX   B．.TXT   C．.XLS   D．.DBF

3. 向 A1 单元格中输入字符串时，其长度超过 A1 单元格的显示长度，若 B1 单元格为空，则字符串的超出部分将（　　）。

    A．被截断，加大 A1 单元格的列宽后被截部分照常显示

    B．显示#######

    C．作为另一个字符串存入 B1 中

    D．继续超格显示

4. 如果将选定单元格（或区域）的内容消除，单元格依然保留，称为（　　）。

    A．重定   B．清除   C．改变   D．删除

5. 函数=SUM(10,20,70)的结果是（　　）。

    A．10   B．20   C．30   D．100

6. 对单元格中的公式进行复制时，（　　）地址会发生变化。

    A．相对地址中的偏移量   B．相对地址所引用的单元格

    C．绝对地址中的地址表达式   D．绝对地址所引用的单元格

7. 当向 Excel 工作表的单元格输入公式时，使用单元格地址 D$2 引用 D 列 2 行单元格，该单元格的引用称为（　　）。

    A．绝对地址引用   B．交叉地址引用

    C．混合地址引用   D．相对地址引用

8. 在 Excel 中，图表是工作表数据的一种视觉表示形式，图表是动态的，改变图表（　　）后，Excel 会自动更新图表。

    A．X 轴数据   B．Y 轴数据   C．所依赖的数据   D．标题

9. 打开 Excel 2010，按（　　）组合键可快速打开"文件"清单。

    A．Alt+F   B．Tab+F   C．Ctrl+F   D．Shift+F

10. Excel 2010 是一种主要用于（　　）的工具。

    A．画图   B．上网   C．放幻灯片   D．绘制表格

11. 在 Excel 2010 中，"工作表"是用行和列组成的表格，分别用（　　）区别。

    A．数字和数字   B．数字和字母   C．字母和字母   D．字母和数字

12. 有关"新建工作簿"有下面几种说法，其中正确的是（　　）。

    A．新建的工作簿会覆盖原先的工作簿

    B．新建的工作簿在原先的工作簿关闭后出现

    C．可以同时出现两个工作簿

    D．新建工作簿可以使用 Shift+N

13. 在 Excel 2010 有关"另存为"命令选择的保存位置下面说法中正确的是（　　）。

    A．只可以保存在驱动器根目录下

    B．只可以保存在文件夹下

    C．既可以保存在驱动器根目录下又可以保存在文件夹下

    D．既不可以保存在驱动器根目录下又不可以保存在文件夹下

14. 在"文件"菜单中选择"打开"选项时（　　）。

    A．可以同时打开多个 Excel 文件   B．只能一次打开一个 Excel 文件

C．打开的是 Excel 工作表　　　　　　D．打开的是 Excel 图表

15．右击一个单元格出现快捷菜单，下面（　　）不属于其中。

A．插入　　　　B．删除　　　　C．删除工作表　　　　D．复制

16．在 Excel 2010 中，编辑栏中的公式栏中显示的是（　　）。

A．删除的数据　　　　　　　　　　B．当前单元格的数据

C．被复制的数据　　　　　　　　　D．没有显示

17．若要重新对工作表命名，可以使用的方法是（　　）。

A．单击表标签　　　　　　　　　　B．双击表标签

C．按 F5 键　　　　　　　　　　　D．使用窗口左下角的滚动按钮

18．要改变数学格式可使用"单元格格式"对话框的（　　）选项。

A．对齐　　　　B．文本　　　　C．数字　　　　D．字体

19．若要在工作表中选择一整列，方法是（　　）。

A．单击行标题　　B．单击列标题　　C．单击全选按钮　　D．单击单元格

20．Excel 2010 中，添加边框、颜色操作是从下列（　　）菜单开始的。

A．视图　　　　B．插入　　　　C．格式　　　　D．工具

21．在 Excel 2010 中，单元格中的内容还会在（　　）中显示。

A．编辑栏　　　　B．标题栏　　　　C．工具栏　　　　D．菜单栏

22．下列对"删除工作表"的说法中，正确的是（　　）。

A．不允许删除工作表　　　　　　　B．删除工作表后，还可以恢复

C．删除工作表后，不可以再恢复　　D．以上说法都不对

23．Excel 2010 中，下列有关改变数据区中行高、列宽的操作正确的是（　　）。

A．改变数据区中行高、列宽不能都从菜单栏中的"格式"菜单进入

B．改变行高或列宽之前，要先选择要调节的行或列

C．如果行高或列宽设置有误，可单击"撤消"按钮消除

D．以上说法全正确

24．假设当前活动单元格在 B2，然后选择了"冻结窗格"命令，则冻结了（　　）。

A．第一行和第一列　　　　　　　　B．第一行和第二列

C．第二行和第一列　　　　　　　　D．第二行和第二列

25．下列对 Excel 2010 中的筛选功能描述正确的是（　　）。

A．按要求对工作表数据进行排序

B．隐藏符合条件的数据

C．只显示符合设定条件的数据，而隐藏其他

D．按要求对工作表数据进行分类

26．Excel 2010 中，"排序"对话框中的"主要关键字"有（　　）排序方式。

A．递增和递减　　B．递减和不变　　C．递增和不变　　D．递增、递减和不变

27．Excel 2010 中，在单元格中输入文字时，默认的对齐方式是（　　）。

A．左对齐　　　　B．右对齐　　　　C．居中对齐　　　　D．两端对齐

28．如果用户需要打印工作簿中的一个或多个工作表，可以按住（　　）键不放，然后对要打印的工作表进行选择。

A．Shift　　　　B．Alt　　　　C．Ctrl　　　　D．Tab

29. 在某一列有 0、1、2、3、…、15 共 16 个数据，单击"自动筛选"按钮后出现下拉箭头，如果我们选择下拉箭头中的"前十个"，则（　　）。

    A. 16 个数据剩下 0~9 十个数据

    B. 16 个数据只剩下 9 这个数据

    C. 16 个数据只剩下 10~15 这 6 个数据

    D. 16 个数据没什么变化

30. Excel 2010 中，"排序"对话框中的"递增"和"递减"指的是（　　）。

    A. 数据的大小　　B. 排列次序　　　C. 单元格的数目　　D. 以上都不对

31. Excel 2010 中，前两个相邻的单元格内容分别为 3 和 6，使用填充句柄进行填充，则后续序列为（　　）。

    A. 9,12,15,18,…　B. 12,24,48,96,…　C. 9,16,25,36,…　　D. 不能确定

32. 若在工作表中插入一列，则一般插在当前列的（　　）。

    A. 左侧　　　　　B. 上方　　　　　C. 右侧　　　　　D. 下方

33. 若选择了 A5~B7 和 C7~E9 两个区域，则在 Excel 2010 中的表示方法为（　　）。

    A. A5:B7C7:E9　　　　　　　　B. A5:B7,C7:E9

    C. A5:E9　　　　　　　　　　 D. A5:B7:C7:E9

34. Excel 2010 中，要对某些数字求和，则采用下列函数（　　）。

    A. SUM　　　　　　B. AVERAGE　　C. MAX　　　　　D. IP

35. 假设有一个包含计算预期销售量与实际销售量差异的公式的单元格，如果实际销售量超过预期销售量，则给该单元格加上绿色背景色；如果实际销售量没有达到预期销售量，则给该单元格加上红色背景色，这时可以应用（　　）。

    A. 单元格格式　　B. 条件格式　　　C. IF 函数　　　　D. IF…THEN 语句

36. 一般情况下，Excel 2010 的列标题为（　　）。

    A. 1，2，3，…　B. A，B，C…　　C. 甲，乙，丙…　 D. I，II，III…

37. 在 Excel 2010 中，工作簿文件的扩展名是（　　）。

    A. .xlw　　　　　　B. .xlt　　　　　　C. .xls　　　　　　D. .xlc

38. 在对某个数据库进行分类汇总之前，必须（　　）。

    A. 不应对数据库排序　　　　　　B. 使用数据记录单

    C. 应对数据库的分类字段进行排序 D. 设置筛选条件

39. 将单元格 E1 的公式 SUM(A1:D1)复制到单元格 E2，则 E2 中的公式为（　　）。

    A. SUM(A1:D1)　B. SUM(B1:E1)　C. SUM(A2:D2)　　D. SUM(A2:E1)

计算机网络技术

1. 计算机网络的主要目的是（　　）。

    A. 分布处理　　　　　　　　　　B. 提高计算机的可靠性

    C. 将多台计算机连接起来　　　　D. 实现资源的共享

2. 计算机网络是（　　）相结合的产物。

    A. 计算机技术与网络技术　　　　B. 计算机技术与信息技术

    C. 计算机技术与通信技术　　　　D. 信息技术与通信技术

3. 一个计算机网络组成包括（　　）。

A．主机和通信处理机　　　　　　B．通信子网和资源子网

C．传输介质和通信设备　　　　　D．用户计算机和终端

4．网络协议是（　　）。

A．网络用户使用网络资源时必须遵守的规定

B．网络计算机之间进行通信的规定

C．网络操作系统

D．用于编写通信软件的程序设计语言

5．用以太网形式构成的局域网，其拓扑结构为（　　）。

A．环型　　　　B．总线型　　　　C．星型　　　　D．树型

6．在 Internet 上用于收发电子邮件的协议是（　　）。

A．TCP/IP　　　B．IPX/SPX　　　C．POP3/SMTP　　　D．NetBEUI

7．对同一幅照片采用以下格式存储时，占用存储空间最大的格式是（　　）。

A．.JPG　　　　B．.TIF　　　　C．.BMP　　　　D．.GIF

8．扩展名为.MOV 的文件通常是一个（　　）。

A．音频文件　　B．视频文件　　C．图片文件　　D．文本文件

9．在计算机网络中，通常把提供并管理共享资源的计算机称为（　　）。

A．服务器　　　B．工作站　　　C．网关　　　D．网桥

10．调制解调器的作用是（　　）。

A．数字信号和模拟信号相互转换　　B．把数字信号转换为模拟信号

C．把模拟信号转换成为数字信号　　D．防止外部病毒进入计算机中

11．在传输介质中，抗干扰能力最强的是（　　）。

A．微波　　　　B．光纤　　　　C．同轴电缆　　　D．双绞线

12．当两个以上的同类网络互连时，必须使用（　　）。

A．中继器　　　B．网桥　　　　C．路由器　　　D．网关

13．若需要将两个完全不同的网络连接起来，必须使用（　　）作为网间协议转换。

A．网桥　　　　B．网关　　　　C．中继器　　　D．路由器

14．"因特网"定义为若干网络间的一种联接，使用的是协议（　　）。

A．TCP/IP　　　B．NETBEUI　　　C．IPX/SPX　　　D．Netware

15．Internet 上有许多应用，其中主要用来浏览网页信息的是（　　）。

A．E-mail　　　B．FTP　　　　C．Telnet　　　D．WWW

16．Internet 上有许多应用，其中用来传输文件的是（　　）。

A．FTP　　　　B．WWW　　　　C．E-mail　　　D．Telnet

17．IP 地址由一组（　　）的二进制数字组成。

A．8 位　　　　B．16 位　　　　C．32 位　　　D．64 位

18．IP 地址的表示方法为 hhh.hhh.hhh.hhh，其每段的取值范围是（　　）。

A．1～254　　　B．0～255　　　C．1～126　　　D．0～15

19．下面（　　）是一个合法的 IP 地址。

A．202.96.209.5　　　　　　　B．202,120,111,19

C．202:130:114:18　　　　　　D．96;12;18;1

20．下面顶级域名中表示教育机构的是（　　）。

A．com   B．edu   C．gov   D．net

21．指出以下统一资源定位器各部分的名称（从左到右），正确的是（   ）。

   http: // home.microsoft.com / main / index.html
            1   2   3   4

   A．1 主机域名 2 服务标志 3 目录名 4 文件名

   B．1 服务标志 2 主机域名 3 目录名 4 文件名

   C．1 服务标志 2 目录名 3 主机域名 4 文件名

   D．1 目录名 2 主机域名 3 服务标志 4 文件名

22．超文本之所以称之为超文本，是因为它里面包含有（   ）。

   A．图形   B．声音

   C．与其他文本链接的文本   D．电影

23．在通过 IE 浏览 Web 网的过程中，如果你发现自己喜欢的网页并希望以后多次访问，应当使用的方法是将这个页面（   ）。

   A．建立地址簿   B．建立浏览

   C．用笔抄写到笔记本上   D．放到收藏夹中

24．如果用户希望查找 Internet 上的某类特定主题的信息资源，可以使用（   ）。

   A．BBS   B．搜索引擎   C．Outlook   D．OICQ

25．电子邮件是（   ）。

   A．网络信息检索服务

   B．通过 Web 网页发布的公告信息

   C．通过网络实时交互的信息传递方式

   D．一种利用网络交换信息的非交互式服务

26．在使用 Web 浏览器访问 Web 主页系统时（   ）。

   A．打开 Web 浏览器时永远是自动访问浏览器生产厂商的主页

   B．打开一个 Web 浏览器窗口可以同时访问多个 URL 地址对应的服务

   C．在 Web 浏览器窗口可以显示或播放各种格式的多媒体内容

   D．要同时访问多个 URL 地址对应的服务可以而且必须打开多个 Web 浏览器窗口

27．在 Outlook 中，要想知道收件人是否收到邮件，可以设置（   ）。

   A．回执   B．阅读   C．连接   D．签名

28．在 Internet Explorer 中，要想查看本机以前的上网记录，可以点击（   ）。

   A．搜索   B．历史   C．收藏夹   D．媒体

29．在描述信息传输中 bps 表示的是（   ）。

   A．每秒传输的字节数   B．每秒传输的指令数

   C．每秒传输的字数   D．每秒传输的位数

30．从本质上讲，计算机病毒是一种（   ）。

   A．细菌   B．文本

   C．程序   D．微生物在一所大学里，每个系都有

31．下列说法中错误的是（   ）。

   A．计算机病毒是一种程序

   B．用防病毒卡和查病毒软件能确保微机不受病毒危害

C. 计算机病毒具有潜伏性

D. 计算机病毒是通过运行外来程序传染的

32. 下列关于计算机病毒的叙述中，正确的是（   ）。

A. 计算机病毒只感染.exe 文件

B. 计算机病毒可以通过读写软件、光盘或 Internet 网络进行传播

C. 计算机病毒是由于软盘表面不清洁而造成的

D. 计算机病毒是通过电力网进行传播的

33. 下列关于计算机病毒的叙述中，错误的是（   ）。

A. 计算机病毒具有传染性

B. 感染过计算机病毒的计算机具有对该病毒的免疫性

C. 计算机病毒是一个特殊的寄生程序

D. 计算机病毒具有潜伏性

演示文稿软件 PowerPoint 2010

1. 在 PowerPoint 中，若将演示文稿保存为一般格式的演示文稿，默认的扩展名是（   ）。

A. pps   B. doc   C. ppt   D. html

2. 在 PowerPoint 中移动一张幻灯片时，下列说法正确的是（   ）。

A. 在任意视图下均可以移动

B. 只能在普通视图下进行移动

C. 只能在大纲视图下进行移动

D. 除了幻灯片放映视图的其他任意视图下都可以移动

3. 在 PowerPoint 中，对模板的说法不正确的是（   ）。

A. 模板指一个演示文稿整体上的外观设计方案

B. 系统所提供的每个模板都表达了某种风格

C. 模板文件默认放在 Office 的 Template 文件夹中

D. 一个模板文件只能用于一张幻灯片中

4. 在 PowerPoint 中，正式启动幻灯片放映时（   ）方式能从当前位置开始放映。

A. 执行"视图"菜单中的"幻灯片放映"命令

B. 执行"幻灯片放映"菜单中的"观看放映"命令

C. 按 F5 键

D. 单击窗口左下角的"幻灯片放映"按钮

5. 在 PowerPoint 中，幻灯片"切换"效果是指（   ）。

A. 幻灯片切换时的特殊效果

B. 幻灯片中某个对象的动画效果

C. 幻灯片放映时，系统默认的一种效果

D. 幻灯片切换效果中不含"声音"效果

6. 在 PowerPoint 中，下列说法正确的是（   ）。

A. 幻灯片中的所有对象都可进行动作设置

B. 只能在动作按钮上设置动作

C. 不能在组织结构图上设置动作

D．不能在图表上设置动作

7．多媒体计算机系统指的是计算机具有处理（　　）的功能。

　　A．交互式　　　　　　　　　　B．照片、图形

　　C．文字与数据处理　　　　　　D．图、文、声、影像和动画

8．下面硬件设备中（　　）不是多媒体硬件系统应该包括的。

　　A．计算机最基本的硬件设备　　B．CD-ROM

　　C．音频输入、输出和处理设备　　D．多媒体通信传输设备

9．下列关于多媒体系统的描述中，（　　）是不正确的。

　　A．数据压缩是多媒体处理的关键技术

　　B．多媒体系统只能在微型计算机上运行

　　C．多媒体系统可以在微型计算机上运行

　　D．多媒体系统是对文字、图形、声音等信息及资源进行管理的系统

10．在多媒体软件用户界面中，将最终成为计算机的主要输入手段的是（　　）。

　　A．鼠标　　　　B．触摸屏　　　　C．语音识别　　　　D．键盘

11．以下不是扫描仪的主要技术指标的是（　　）。

　　A．分辨率　　　　B．色深和灰度　　C．扫描幅度　　　D．厂家品牌

12．一般来说，要求声音的质量越高，则（　　）。

　　A．量化级数越低和采样频率越低　　B．量化级数越高和采样频率越高

　　C．量化级数越低和采样频率越高　　D．量化级数越高和采样频率越低

13．两分钟双声道，16位采样位数，22.05kHz采样频率声音的不压缩的数据量是（　　）。

　　A．5.05MB　　　B．10.58MB　　　C．10.35MB　　　D．10.09MB

14．下列选项中，音质最好的是（　　）。

　　A．CD唱片　　　B．调频广播　　　C．调幅广播　　　D．电话

15．下列采集的波形声音质量最好的是（　　）。

　　A．单声道、8位量化、22.05 kHz采样频率

　　B．双声道、8位量化、44.1 kHz采样频率

　　C．单声道、16位量化、22.05 kHz采样频率

　　D．双声道、16位量化、44.1 kHz采样频率

16．在多媒体计算机中常用的图像输入设备是（　　）。

　　①数码照相机　　②彩色扫描仪　　③视频信号数字化仪　　④彩色摄像机

　　A．仅①　　　　B．①、②　　　C．①、②、③　　　D．全部

17．用八位二进制数表示每个像素的颜色时，能表示（　　）种不同的颜色。

　　A．8　　　　　　B．16　　　　　C．64　　　　　　D．256

18．以下叙述正确的是（　　）。

　　A．位图是由一组指令集合来描述图形内容的

　　B．分辨率为640×480，即垂直共有640个像素

　　C．表示图像的颜色位数越少，同样大小的图像所占的存储空间越小

　　D．彩色位图的质量仅由图像的分辨率决定

19．以下有关MP3的叙述中，正确的是（　　）。

　　A．具有高压缩比的图形文件的压缩标准

B．采用无损压缩技术

C．目前流行的音乐文件压缩格式

D．具有高压缩比的视频文件的压缩标准

20．以下叙述正确的是（　　）。

A．解码后的数据与原始数据一致称不可逆编码法

B．解码后的数据与原始数据不一致称有损压缩编码

C．解码后的数据与原始数据不一致称可逆编码法

D．解码后的数据与原始数据不一致称无损压缩法

21．下列音频文件格式中，波形文件格式是（　　）。

A．WAV　　　　B．CMP　　　　C．PCM　　　　D．MID

22．以下文件格式中不是视频文件格式的是（　　）。

A．MOV　　　　B．AVI　　　　C．JPG　　　　D．MPG

23．（　　）是常用的图像处理软件。

A．Access　　　B．Photoshop　　C．PowerPoint　　D．金山影霸

数据库技术

1．在 Access 2010 中，如果一个字段中要保存长度多于 255 个字符的文本和数字的组合数据，选择（　　）数据类型。

A．文本　　　　B．数字　　　　C．备注　　　　D．字符

2．Access 2010 中，（　　）可以从一个或多个表中删除一组记录。

A．选择查询　　B．删除查询　　C．交叉表查询　　D．更新查询

3．数据库文件的扩展名为（　　）。

A．.mdb　　　　B．.dbf　　　　C．.dbc　　　　D．.dct

4．要为新建的窗体添加一个标题，必须使用下列控件（　　）。

A．标签　　　　B．文本框　　　C．命令按钮　　　D．列表框

5．Access 2010 中，可以使用逻辑运算符（　　）。

A．NOT　　　　B．ABS　　　　C．DAY　　　　D．IN

6．下列属于操作查询的是（　　）。

①删除查询　②更新查询　③交叉表查询　④追加查询　⑤生成表查询

A．①②③④　　B．②③④⑤　　C．①③④⑤　　D．①②④⑤

7．Access 2010 中，数据访问页以（　　）格式存储。

A．.DOC　　　　B．HTML　　　C．.XLS　　　　D．.TXT

8．报表中的报表页眉用来（　　）。

A．显示报表中的字段名称或对记录的分组名称

B．显示报表的标题、图形或说明性文字

C．显示本页的汇总说明

D．显示整份报表的汇总说明

9．一间宿舍可住多个学生，则实体"宿舍"和"学生"之间的联系是（　　）。

A．一对一　　　B．一对多　　　C．多对一　　　D．多对多

10．以下关于 Access 表的叙述中，正确的是（　　）。

A．表一般包含一到两个主题的信息

B．表的数据表视图只用于显示数据

C．表设计视图的主要工作是设计表的结构

D．在表的数据表视图中，不能修改字段名称

11．使用表设计器定义表中的字段时，（　　）不是必须设置的内容。

A．字段名称　　　B．数据类型　　　C．说明　　　　　D．字段属性

12．如果想在已建立的 tSalary 表的数据表视图中直接显示出姓"李"的记录，应使用 Access 提供的（　　）。

A．筛选功能　　　B．排序功能　　　C．查询功能　　　D．报表功能

13．下面显示的是查询设计视图的"设计网格"部分。

字段：	姓名	性别	工作时间	系别
表：	教师	教师	教师	教师
排序：				
显示：	☑	☑	☑	☑
条件：		"女"	Year（[工作时间]）<1980	
或：				

从所显示的内容中可以判断出该查询要查找的是（　　）。

A．性别为"女"并且 1980 年以前参加工作的记录

B．性别为"女"并且 1980 年以后参加工作的记录

C．性别为"女"或者 1980 年以前参加工作的记录

D．性别为"女"或者 1980 年以后参加工作的记录

14．关系数据库系统中的关系是（　　）。

A．一个 mdb 文件　　　　　　B．若干个 mdb 文件

C．一个二维表　　　　　　　D．若干二维表

15．关系数据库系统能够实现的三种基本关系运算是（　　）。

A．索引、排序、查询　　　　B．建库、输入、输出

C．选择、投影、联接　　　　D．显示、统计、复制

16．数据库是（　　）组织起来的相关数据的集合。

A．按一定的结构和规则　　　B．按人为的喜好

C．按时间的先后顺序　　　　D．杂乱无章的随意的

17．Access 的主要功能是（　　）。

A．修改数据、查询数据、统计分析

B．管理数据、存储数据、打印数据

C．建立数据库、维护数据库、使用数据库交换数据

D．进行数据库管理程序设计

18．单击"工具"菜单中的"选项"后在"选项"对话框中选择（　　）选项卡，可以设置"默认数据库文件夹"。

A．"常规"　　　B．"视图"　　　C．"数据表"　　　D．"高级"

19．多个表之间必须有下列（　　）才有意义。

A．查询　　　　B．关联　　　　C．字段　　　　D．以上皆是

20. Access 2010 中表和数据库的关系是（   ）。

    A. 一个数据库可以包含多个表   B. 一个表只能包含两个数据库

    C. 一个表可以包含多个数据库   D. 一个数据库只能包含一个表

21. 数据表中的"行"叫做（   ）。

    A. 字段   B. 数据   C. 记录   D. 数据视图

22. 定义字段的默认值是指（   ）。

    A. 不得使字段为空

    B. 不允许字段的值超出某个范围

    C. 在未输入数值之前，系统自动提供数值

    D. 系统自动把小写字母转换为大写字母

23. Access 表中的数据类型不包括（   ）。

    A. 文本   B. 备注   C. 通用   D. 日期/时间

24. 有关字段属性，以下叙述错误的是（   ）。

    A. 字段大小可用于设置文本、数字或自动编号等类型字段的最大容量

    B. 可对任意类型的字段设置默认值属性

    C. 有效性规则属性是用于限制此字段输入值的表达式

    D. 不同的字段类型，其字段属性有所不同

25. 若要在"出生日期"字段设置"1982 年以前出生的学生"有效性规则，应在该字段有效性规则处输入（   ）。

    A. <#1982-01-01#   B. <1982 年以前出生的学生

    C. >#1982-01-01#   D. 1982 年以前出生的学生

26. 下列关于建立表之间的关系的叙述不正确的是（   ）。

    A. 一个关系需要两个字段或多个字段来确定

    B. 建立了的关系可以修改和删除

    C. 可以在某两个同时打开的表之间建立或修改关系

    D. 关闭数据表之后要切换到数据库窗口建立关系

27. 在 Access 数据库中，专用于打印的是（   ）。

    A. 表   B. 查询   C. 报表   D. 页

28. 条件中"Between 70 and 90"的意思是（   ）。

    A. 数值 70 到 90 之间的数字（包含这两个数）

    B. 数值 70 和 90 这两个数字

    C. 数值 70 和 90 这两个数字之外的数

    D. 小于 70（包含）大于 90（包含）的数

29. 查看工资表中实发工资为 2000 元（除 2000 元）至 4000 元（除 4000 元）的人员记录，表达式为（   ）。

    A. 实发工资>2000 OR 实发工资<4000

    B. 实发工资>2000 AND 实发工资<4000

    C. 实发工资>=2000 AND 实发工资=<4000

    D. 实发工资（Between 2000 and 4000）

30. 以下列出了"新建窗体"对话框中一些创建窗体的方式及说明：

①设计视图：用户不需要向导，自主设计新的窗体

②窗体向导：向导根据用户所选定的字段创建窗体

③自动创建窗体：纵栏式，向导根据用户所选定的表或查询自动创建纵栏式窗体

其中正确的有（   ）。

    A. ②③   B. ①②   C. ①③   D. ①②③

31. Access 的对象一般都有多种视图，下列说法正确的是（   ）。

    A. 窗体的视图有 3 种：设计视图、数据表视图、SQL 视图

    B. 表的视图有 2 种：设计视图、数据表视图

    C. 报表的视图有 2 种：设计视图、打印预览

    D. 查询的视图有 3 种：设计视图、数据表视图、版面预览

32. 字段定义为（   ），其作用是使字段中的每一个记录都必须是唯一的，以便于索引。

    A. 索引   B. 主键   C. 必填字段   D. 有效性规则

33. 下列关于查询的叙述中，正确的是（   ）。

    A. 只能根据数据表创建查询

    B. 只能根据已建查询创建查询

    C. 可以根据数据表和已建查询创建查询

    D. 不能根据已建查询创建查询

参考答案

计算机基础知识

1-5	A A B C A	6-10	A B A D D	11-15	A B C B A
16-20	D C C D A	21-25	B D C C D	26-30	A B B C D
31-35	C D C A D	36-40	B D C D B	41-45	A A B C A
46-50	C C B D B	51-55	C B D D A	56-60	D C B B C

操作系统

1-5	B D A D A	6-10	C C B C A	11-15	C A B B B
16-20	C B A A A	21-25	A D D A C	26-30	D A B D C
31-35	A B C D D	36-40	D B C A A	41-45	C D B C B

文字处理软件 Word 2010

1-5	B C D B D	6-10	A C B B B	11-15	C C A C D
16-20	C C B A C	21-25	B B C C A	26-30	A A C B C
31-35	C D C C A	36-40	C D D B C	41-42	C C

电子表格软件 Excel 2010

1-5	B C D B D	6-10	B C C A D	11-15	B C C A C
16-20	B B C B C	21-25	A C C A C	26-30	A A C A B
31-35	A A B A B	36-39	B C C C		

计算机网络技术

1-5	D C B B B	6-10	C C B A A	11-15	B C B A D
16-20	A C A A B	21-25	B C D B D	26-30	D A B D C
31-33	B B B				

演示文稿软件 PowerPoint 2010

| 1-5 | C D D D A | 6-10 | A D D B C | 11-15 | D B D A D |
| 16-20 | D D C C B | 21-23 | A C B | | |

数据库技术

1-5	C B A A A	6-10	D B B B D	11-15	C A A C C
16-20	A C A B A	21-25	C C C B A	26-30	C C A B D
31-33	B B C				